# 穿越计算机的迷雾

（第2版）

李 忠 著

电子工业出版社
Publishing House of Electronics Industry
北京·BEIJING

## 内容简介

本书从最基本的电学知识开始,带领读者一步一步、从无到有地制造一台能全自动工作的计算机。在这个过程中,读者可以学习大量有趣的电学、数学和逻辑学知识,了解它们是如何为电子计算机的产生创造条件,并促使它不断向着更快、更小、更强的方向发展的。通过阅读本书,读者可以很容易地理解自动计算实际是如何发生的,而现代的计算机又是怎么工作的。

以此为基础,在本书的后面集中介绍了现代计算机的组成和主要功能,以及计算机的核心与外部设备的接口,并对以操作系统为核心的软件进行了介绍。

未经许可,不得以任何方式复制或抄袭本书之部分或全部内容。
版权所有,侵权必究。

图书在版编目(CIP)数据

穿越计算机的迷雾/李忠著. —2版. —北京:电子工业出版社,2018.1(2025.9重印)
ISBN 978-7-121-33271-5

Ⅰ.①穿… Ⅱ.①李… Ⅲ.①电子计算机－普及读物 Ⅳ.①TP3-49

中国版本图书馆 CIP 数据核字(2017)第 308891 号

策划编辑:缪晓红
责任编辑:董亚峰
印　　刷:北京七彩京通数码快印有限公司
装　　订:北京七彩京通数码快印有限公司
出版发行:电子工业出版社
　　　　　北京市海淀区万寿路 173 信箱　邮编　100036
开　　本:710×1 000　1/16　印张:16.75　字数:322 千字
版　　次:2011 年 1 月第 1 版
　　　　　2018 年 1 月第 2 版
印　　次:2025 年 9 月第 21 次印刷
定　　价:86.00 元

凡所购买电子工业出版社图书有缺损问题,请向购买书店调换。若书店售缺,请与本社发行部联系,联系及邮购电话:(010)88254888,88258888。
质量投诉请发邮件至 zlts@phei.com.cn,盗版侵权举报请发邮件至 dbqq@phei.com.cn。
本书咨询联系方式:(010)88254760。

# 序　言

　　56年前，我从大学毕业后，被分配到北京的中国科学院计算技术研究所工作。那时，中国还没有自己的计算机，国家建立我们这个研究所，就是为了研发中国自己的计算机。我很幸运，能够进入计算所，亲身参与了新中国在计算机事业上从零到有的发展历程。

　　今天，人们可能认为计算机没什么了不起，可能每个人身上都带着好几个计算机，随时随地都可以叫计算机给自己做事，但是在我们那个时候，计算机是非常神秘、非常稀罕的。就拿中国自己设计的第一台计算机为例，这台计算机称为"119机"，每秒钟运算5万次，是用"电子管"做的，人们称为"第一代计算机"，这是最早的技术。后来发展到"第二代计算机"，是用"晶体管"做的，然后发展到"第三代计算机"，是用"集成电路"做的，最后发展到"第四代计算机"，就是用"大规模集成电路"做的。沿着这条路径，计算机发展就和集成电路的发展融合起来了。现在可以说，集成电路是计算机的核心技术，是计算机的载体，是计算机的主要成分，集成电路的发展决定着计算机的未来……

　　不过，人们都有探索自然奥秘的好奇心，尽管计算机已经随手可得，有人还会有兴趣去了解：计算机怎么会一步步地变得能干起来、变得越来越"聪明"了？了解这些事，对人们求得自己的进步也有意义，这其实就是科普的价值，通过科普来普及科学技术知识、倡导科学方法、传播科学思想、弘扬科学精神，等等。

　　本书作者有志于科普计算机的知识，向广大读者奉献了这本普及计算机知识的《穿越计算机的迷雾》一书，这其实是很有挑战性的工作。因为对于生活在今天信息技术高度发展的时代，要把人们"拉回"到计算机发展的早期，让他们了解那些早期困惑计算机工作者的难题，这有点像对计算机进行"考古"的味道了！对于很多小朋友来说，他们生活在一个有智能手机、平板电脑、可以随时随地上网、打电话、聊天交友、购物的时代，他们会认为这个世界一直就是这样，为什么还要去"考古"呢？

　　然而实际上，几十年前的生活并不是这个样子。我们现在所享受的这些便利，都起源于上世纪五十年代，是从世界上第一台电子计算机的诞生而开始的。第一台电子计算机的诞生使信息处理数字化、自动化，随后，利用电子计算机的技术原理，人类成功地把更多的事物数字化，例如声音、图像、文字、图纸、生产流程、交易记录、商品参数，等等；并产生了很多像电脑终端、智能手机、数字电视、交换机、路由器这样的数字信息处理设备，这就形成了我们今天可以在电脑和手机上抢购商品、看视频、即时通话，无现金支付、网上就医……的技术基础。

我们生活的这个星球就像一个村子，每个国家都是一个村户，我们每一个人都是这个地球村的村民。然而，从古到今，这都不是一个和平宁静的村庄，战争、饥饿威胁着人类，经济和科技的发展也极不均衡。在历史上，中国曾长期遭受西方发达国家的禁运制裁和技术封锁。今天，中国在航空航天、量子通信、超算、核能、高铁、港口龙门吊、挖泥船、高温超导、纳米科技、量子计算、正负电子对撞机、高性能计算机、北斗导航等方面的进步与突破基本上都是在外国的技术封锁下自主研发、自主创新完成的。

科学技术是一个国家的命脉，事关一个国家和民族的生死存亡。习近平总书记多次对中国互联网事业作出重要指示：网信事业要发展，必须贯彻以人民为中心的发展思想；依法加强网络空间治理，加强网络内容建设；必须突破核心技术这个难题，争取在某些领域、某些方面实现"弯道超车"。中共十九大报告提出，加强应用基础研究，拓展实施国家重大科技项目，突出关键共性技术、前沿引领技术、现代工程技术、颠覆性技术创新，为建设科技强国、质量强国、航天强国、网络强国、交通强国、数字中国、智慧社会提供有力支撑。

青少年是国家的未来，是国家的希望，要建设数字中国，发展核心电子器件、高端通用芯片和基础软件，提高我国信息产业的核心竞争力，必须从娃娃抓起。这就需要唤起他们对科学的兴趣，在他们的心里播下热爱科学的种子，而这正是广大科普工作者的工作。

在此，我再次向广大的青少年推荐这本《穿越计算机的迷雾》的计算机科普著作，这是一本妙趣横生、引人入胜的科普读物，它既讲清了电子计算机的工作原理，也能够极大地激发青少年对于信息技术的兴趣，引导他们走进科学的殿堂。

倪光南

二〇一八年二月八日

# 第二版前言

本书自 2011 年首次出版以来，网上网下收获了很多评论。其中，有一篇来自豆瓣网的评论给我的印象较深，名字叫"穿越计算机的迷雾心得"，作者的网名叫"寻找任大侠"，他是这么说的（网上的文章在遣词造句和用语上都很随意，你懂的。既然是要印在书上，我肯定得帮他改改错字，修修语法方面的问题）：

"如其名，穿越计算机的迷雾。

计算机应该是二十世纪最伟大的发明了，毫无疑问。但是国内计算机方面的科普知识真的很匮乏。在我上大学之前连硬盘、驱动、编程等一些基础的概念都不知道。

实在不敢恭维国内的基础教育。一本教材不该仅仅只是介绍几个知识，让你对着做几道题就可以完事了。知识是怎么一步一步来的，这个往往是当学生的最大困惑。这本《穿越计算机的迷雾》算我真正的计算机入门书了。全书只有两百多页，初中知识就够读懂。从介绍电开始，到逻辑电路、继电器、加法机，慢慢延伸到一台计算机，最后到现在的个人计算机，让我真正知道这个跨时代的伟大的发明——计算机，是怎么来的。书本的最后还科普了一些图形界面显示器、操作系统和软件的概念（这部分内容在第二版里有所删减。编者按），只是点到为止，让我有种想继续深入了解计算机的这些知识的意愿。

我是个偏执的人，对什么东西都感兴趣，尤其是事物的本质，上大学的时候我第一次接触 C 语言这门课。所有这些课程都只关心给你一个工具，一些规则，让你去写出来一些程序，至于更底层的东西对于非计算机专业的人来说一无所知。语言为什么可以控制计算机？程序是怎么工作的？很突兀的感觉。当时还是很抵触 C 语言的，当然其实很大一部分原因是学校编的教材看不进去。如果在我初高中的时候就有一本这样的书，我想我可能会早早地走上程序员的道路。

总体来说这本书填补了我这个计算机盲和计算机软硬件之间的沟壑吧！而且作者笔调很诙谐，像是老爸给你讲故事一样，很容易读下去。我这个很少看完一本书的人，也能认真地读完了。这本书有个亮点是关于加法机的制作，这也是全书的一个重要线索。再次向当年发明加法机的先辈们致敬！最后建议每个非计算机专业的小伙伴都读一读这本书。"

不过遗憾的是，尽管读者们非常喜爱，本书自 2011 年首次出版至今，期间并无加印或者再版，以至于不断有网友询问哪里才能买到纸质书收藏，就连出版社的编辑也来问当初给我的样书还有没有，因为他也想留一本做为纪念，但苦于出版社也没有库存。

终于下定决心再版是今年年初的事，出版社的编辑给出了一些再版的建议，总的意思就是希望加入一些能跟上技术发展的新内容。我是个懒人，在本书第一版的序言里已经做了自我批评，但几年下来丝毫没有改观，因此前半年晃晃悠悠，没有真正定下心来做这件事。直到后来，编辑一再催促，才紧锣密鼓地开始第二版的创作。为此，我要在第二版的前言里再批评自己一次。

世界上没有完美的东西，一本书也是如此，在完成出版的若干年后回头再看，肯定会发现诸多不足之处。有时候，是废话太多；有时候，是内容陈旧；有时候，是内容可有可无，当讲的，没有讲或者言之不详，不当讲的、与主题关系不大的，讲了一堆。有鉴于此，新版在内容上做了如下修改和调整：

一，对原来那些错误的文字和插图予以更正，这样一来，就不会再有人为读不明白而抓耳挠腮；

二，删除了一些冗余的文字，这些文字在现在看来有些拖沓，对表达原有行文的意思没有任何帮助，删除它们有益无害；

三，在修改的过程中发现有些知识讲解得不够充分，所以为部分章节增加了新的内容和插图；

四，考虑到这本书的主旨，太过于详细地描述处理器、内存与外设的通信细节实际上并无必要。因此第二版大幅度地调整了原第14章的内容，并将其标题改为"核心和外部设备"；

五，原书的最后两章侧重于讲述程序设计的内容，比较琐碎，而且现在看来也与本书的主旨不符。因此第二版删除了最后两章，也就是原第 15 和 16 章，并增加了一章"数字化时代"，加入了数字化浪潮、互联网和移动智能设备的相关内容。

这次再版更新了部分插图，这些插图是由董掬阳绘制的，我们未曾谋面，只能在此郑重表示感谢。

图书在出版的过程中要走很多流程，经历很多环节，而出版社的编辑大人就是居中联络的关键人物。本书第一版的责任编辑是董亚峰，我们合作得很好，关系不错。但是这个同志很有问题，特别不像话，领导觉得他很有能力，让他去当分社社长，他居然答应了！舍弃了他原来的编辑重任，也舍弃了这本书的编辑工作。

好在董同学又给我指定了一名新编辑，叫缪晓红。一段时间下来，发现缪编辑工作态度端正，做事很快，待人热情，总能提出很多新的、有建设性的想法，真可谓是新编辑新气象，于是我又开始坚决支持和拥护董同学去当他的社长。

李忠<br>
2018 年 1 月

# 第一版前言

欢迎来到计算机的世界！

这是一本在若干年前就应该写成的书。之所以一直没有写成，主要是因为两个原因：第一，我是个懒惰的人，总以为往后有的是时间和机会来做这件事情，但却从来不曾有过；第二，我和你一样，每天都得吃饭，因为不像其他动物一样有毛，所以还得买衣服穿。总之，为了衣食住行而挣钱是需要浪费一个人很多时间的。（这段话还没写完，我那两个要好的哥们儿周世峰和张勇又打电话让我去吃饭和游泳。尽管我百般推辞，最终还是去了。你看看，要想抽出哪怕是一点点时间来干些正事儿，是多么的不容易呀！）

我从小就没有当作家的梦想。我的梦想仅仅是让星期天快点到来，这样我就能痛痛快快地下河摸鱼。尽管小时候我是一个淘气包，但还是干了一些正事儿。5岁的时候，我二姐在家门前的桃树下放了一张桌子，当时正值春天桃花满树盛开的季节，她在纸上画了一朵桃花，让我照着她的方法去画。尽管我进步很快，但很快我就觉得这没有上树掏鸟、下河摸鱼洗澡有意思。

后来我又练习书法。教会我干这事儿的，又是我二姐，甚至我第一次刷牙也是她教的。除此之外，她做的最多的还是在我干了坏事之后，在妈妈面前告我的状。

等到我不再觉得用竹竿捅马蜂窝有意思的时候，又在大哥的影响下迷上了无线电。那时除了做功课之外，看电路图、装调收音机成了我的全部爱好，这样一直持续到大学毕业之后走上社会。迷上电子计算机是后来的事情，本来我学的不是计算机专业，也并不知道这世界上还有这玩意儿，学习它完全是我的好朋友张辉撺掇的结果。

我基本上属于这样一种人：如果我对一个核桃感兴趣，我一定会想办法把它砸开，看看它里面到底是怎么回事儿。于是我找了一大堆计算机专业教材来学习，但很快我就不得不放弃了。原因很简单，第一，这些教材太多、太深奥，我实在读不下去。我读的第一本书是《数字逻辑和逻辑电路》，这还不错，能够看明白（真是庆幸，好在我还学过无线电）。但是很不凑巧的是，我读的第二本书是《离散数学》，这本书我看了5页就再也看不下去了。我比较有自知之明，知道趴在这些知识上打瞌睡是一种不敬的行为，所以只能将其束之高阁。第二，我接触的是现实的计算机,看到别人在键盘上敲些东西就能调出一些有意思的画面,感到很羡慕,但是自己却做不到。为了也有这些本事,我就在这些专业教材里找啊找,但是我发现那里根本不涉及这些现实的内容。后来我才知道,计算机的原理和它的具体实现之间还是有相当的距离的。

我意识到,我需要找一些难度适中的入门书来看看,这些书既能讲清楚计算机到底是怎么工作的,又不会深奥到学完之后可以到中科院上班的程度。但非常遗憾的是,这也并不容易。如果你对此没有体会,可以看看下面这段话,这还是从一本据说是非常初级的入门书中摘抄下来的:

"中央处理部件 CPU 是微机的核心部件,由控制器和运算器组成,负责控制整个微机自动、连续、协调地完成算术和逻辑的运算。"

作为一本书的开篇,这段文字让人在读完之后越发糊涂。一本书如果浅显到如此肤浅的程度,那它离成为一本天书就不远了。说实话,我也是从那个时候才开始知道,这个世界上最抽象的学问除了哲学之外,还有计算机。

所幸的是,我毕竟是走过来了。但是这段艰难的学习历程我一生都不会忘记。若干年后,当我回想起这段时光的时候,我唯一的想法和愿望就是我要自己编写一本通俗易懂的计算机入门书籍——既不会深奥到让人觉得面目可憎、难以卒读,又不完全是在肤浅的层面上夸夸其谈。

**关于本书的内容**

这是一本有关电子计算机工作原理的入门读物,侧重于那些摆在办公室和家里的个人计算机。要想知道计算机是怎样工作的,最好是从头开始了解它为什么要像现在这样工作。所以这本书的目标是带领读者从头开始,从无到有地构建一台现代的计算机。现代计算机是在电走进人类的生活之后才出现的,并且从此以后一发不可收拾地进化着,就像你平时所坐的椅子:一开始叫板凳,只有四条腿和一块木板;接着人们发现后背没有支撑坐着太累,于是带靠背的椅子出现了;再后来,当人们斜躺在椅子上的时候发现要么手没处放,要么木板太硬硌屁股,从此椅子就有了扶手和柔软的垫子。

所以,像介绍椅子的发展史一样详细地为你介绍现代计算机的发展过程,直到你读完后能够对计算机的工作原理"再明白不过",这就是本书的任务。不过需要说明的是,这不是一本严格意义上的计算机发展史或者和计算机有关的人物传记,也不是一本生硬的教科书(至少我的本意并不希望它生硬)。书店里充斥着大量这样的书籍,在互联网上你可以轻易搜索到不计其数相关的主题和内容。这本书不准备重复这些,重复这些东西对于学习计算机知识没有太大裨益,而且这确实是相当乏味的工作,只能使许多人昏昏欲睡。

尽管我已经说过,这是一本入门读物,但并不是在肤浅的层面上向大家介绍计算机的内幕。它讲述了计算机世界里最底层、最核心的秘密,但是并没有拘泥

# 第一版前言

于通常只有专家们才会注重的技术细节（打个比方说，椅子上的螺钉应该采用哪种材料来制造才是最好的）。如果非要这样做的话，这本书就不是现在的一本，而是有相同厚度的几十本书了。

**谁适合阅读本书**

任何一个作者都希望拥有大量的读者，甚至希望最好每个中国公民人手一本。遗憾的是这种愿望不可能实现，一是因为没有哪本书能迎合所有人的喜好；二是有些人，比如我的妈妈和我的岳母，以及我那一岁多的女儿，她们不读书。

所以，这本书是否适合你，这是一个大问题。为了节约你的时间（这样你就可以有更多的时间浪费在浩如烟海的书堆里，寻找那本你心目中的最爱），我得让你知道这本书是否适合你读。

这本书对于它潜在的读者没有太多的限制，如果你已经从哪位严肃的校长手里拿到了初中毕业证，而且还有些使用计算机的经验，这就足够了。当然，前提是你愿意了解这些东西，喜欢一页一页地听我在书里面唠叨。当放完牛、干完农活、下了班、泡完吧、跳完舞、打完保龄球、在歌厅里喊过了之后，如果头脑还算清醒，还有那么点闲心的话，可以拿出来翻翻。

我知道有很多人并不是真的想从事计算机方面的工作，他们只是觉得好奇，希望多了解一些有趣的知识；而另一部分人则怀揣着在这个行业里有所作为的梦想。总体上，这两个群体都能从本书中找到他们所要的东西，但是对于后者，仅仅有这本书是不够的。尽管学习《离散数学》不那么容易，但是，要想有一个强健的体格就不能挑食，对吗？所以，我希望这本书能够像一个站在计算机科学大门口的仆人，把那些喜欢学习的人拉进来，并将那些已经进来的人朝正确的方向推一把。

**致谢**

在一本书的前言部分里说一些客套话或者对同事和朋友及家人表示感谢已经成了一种堪称经典的固定模式。我不想坏了这个规矩，但的确是真心实意的。

首先要感谢的是现在正捧着这本书的人——也就是你，谢谢你能给我捧场，但我更希望你把它买下来，而且只有在看到你捧着它走出书店我才放心。

感谢我的父母和家人，是我的妻子一直给予我鼓励和支持，并坚持阅读……哦，很遗憾，事实上除了第 1 章外，她再也没有读过这本书。这不能怪她，她已经做了她力所能及的事——分担家务、照顾孩子，使每天的生活正常进行。所以，她理应得到我的感谢。

感谢吴昊和张辉，没有他俩在学生时代的影响，我不会进入计算机行业。我为我们三个人兄弟般的情谊感到自豪。我们在学生时代以及步入社会之后所经历过的种种有趣的事情已经可以写一本书了——只是现在肯定不行。

我还想提一下三个长春人——周世峰、张勇和张树雨，我们在同一个单位里共事，有着兄弟般的情谊。他们仨对我写书的进度是那么的关注，使我不得不在这里表示感谢。至于他们的动机，据周世峰老弟自己供称，是因为他们居委会的大妈又跟他要糊墙纸了。

同样是兄弟和朋友，少一个都不行，所以我还得提一下我老家的朋友李文行，还有在北京工作的朋友龙浩，他们也是我亲密的兄弟，虽然他们并不知道我在写作，但是我不想让他们怪我。从另一方面来说，有这么多兄弟也的确值得在这里炫耀一下。

感谢我那些全国各地、各行各业的网友们。这些可爱的朋友们在网上阅读我的作品，为我提供各种各样的意见和建议，邀请我方便的时候和他们一起把酒言欢，共论天下之事，甚至希望我在书中加上这样一段话："哦，这里还要提到柳小民，柳小民对本书没有任何贡献，这里提到他是因为他希望在这本书里看到自己的名字。"

谢谢我的女儿，谢谢她让我和她的妈妈看不成电影、没时间旅游和代表着资本主义腐朽生活方式的浪漫情调决裂，而且还得是发自内心深处、心甘情愿的感谢。她虽然不懂事，甚至还不知道"爸爸"意味着什么，但并不妨碍她让我在充满了欢乐的家庭氛围中完成这本书的写作。作为一个父亲，当然很想知道自己在女儿心目中的位置，现在就是一个机会：

"宝宝，你喜欢妈妈还是喜欢爸爸？"

"喜（欢）妈妈。"

"……"

李忠，2006年12月8日星期五
电子邮件：leechung@126.com
本书博客：http://www.lizhongc.com/

# 目 录

**1 第1章**
**了解计算机，要从电开始**
    1.1  有的东西能导电，而有的则不能 / 2
    1.2  电的老家是原子 / 3
    1.3  为什么有些东西可以导电 / 6
    1.4  电流是怎样形成的 / 8
    1.5  电路和电路图 / 12

**17 第2章**
**用电来表示数**
    2.1  怎样用电来代表一个数字 / 18
    2.2  古怪的二进制计数法 / 22
    2.3  二进制数就是比特申 / 26
    2.4  用开关来表示二进制数字 / 27

**31 第3章**
**怎样才能让机器做加法**
    3.1  我们是怎样用十进制做加法的 / 31
    3.2  用二进制做加法其实更简单 / 32
    3.3  使用全加器来构造加法机 / 34

**39 第4章**
**电子计算机发明的前夜**
    4.1  电能生磁 / 40

4.2 继电器和莫尔斯电码 / 42

4.3 磁也能生电 / 46

4.4 电话的发明 / 48

4.5 爱迪生大战交流电 / 49

4.6 无线电通信的开端 / 55

## 61 | 第 5 章
## 从逻辑学到逻辑电路

5.1 逻辑学 / 61

5.2 数理逻辑 / 73

5.3 数字逻辑和逻辑电路 / 78

## 91 | 第 6 章
## 加法机的诞生

6.1 全加器的构造 / 91

6.2 加法机的组成 / 96

## 98 | 第 7 章
## 会变魔术的触发器

7.1 不寻常的开关和灯 / 98

7.2 反馈和振荡器 / 99

7.3 电子管时代 / 103

7.4 记忆力非凡的触发器 / 108

7.5 触发器的符号 / 113

## 114 | 第 8 章
## 学生时代的走马灯

8.1 能保存一个比特的触发器 / 114

8.2 边沿触发 / 118

8.3 揭开走马灯之谜 / 120

8.4 这个触发器很古怪 / 122

## 124 | 第9章
## 计算机时代的开路先锋

9.1 纯电子化的计算时代 / 124

9.2 晶体管时代 / 127

9.3 新材料带动技术进步 / 132

## 136 | 第10章
## 用机器做一连串的加法

10.1 把一大堆数加起来 / 136

10.2 轮流使用总线 / 140

10.3 简化操作过程 / 143

10.4 这就是传说中的控制器 / 147

## 152 | 第11章
## 全自动加法计算机

11.1 咸鸭蛋坛子和存储器 / 152

11.2 磁芯存储器 / 159

11.3 先存储，后计算 / 161

11.4 半自动操作 / 165

11.5 全自动计算 / 169

## 172 | 第12章
## 现代的通用计算机

12.1 更多的计算机指令 / 173

12.2 当计算机面临选择时 / 177

12.3 现代计算机的大体特征 / 181

12.4 为什么计算机如此有用 / 184

## 187 | 第 13 章
### 集成电路时代

- 13.1 电子管和晶体管时代 / 187
- 13.2 集成电路时代 / 190
- 13.3 流水线和高速缓存技术 / 196
- 13.4 掌上游戏机和手机就是计算机 / 200

## 203 | 第 14 章
### 核心与外部设备

- 14.1 I/O 接口 / 204
- 14.2 键盘 / 210
- 14.3 显示设备 / 214
- 14.4 辅助存储设备 / 227

## 235 | 第 15 章
### 数字化生存

- 15.1 数字化浪潮 / 236
- 15.2 互联网时代 / 243
- 15.3 大数据和人工智能 / 253

# 第 1 章

# 了解计算机，要从电开始

这是一本讲述计算机奥秘的书，我想我亲爱的读者们已经准备好痛痛快快地开始了。但是，在此之前我们先要了解电，这是必须的。计算机的工作需要电力，只有打开电源，它才会亮起来，才会听你的指挥，也才会呈现出你想要的结果。相反，如果没有电，无论你如何心烦意乱，它都无动于衷。这意味着，要想知道计算机是怎么造出来的，又是如何工作的，你必须先和电交朋友，了解它的性格和脾气。

电是人类最好的朋友之一，尽管我们了解它，并学会与之友好相处只是最近几个世纪的事情，而且这个过程也不是那么一帆风顺的。电给我们带来了光和热，以及可以用来同情古人的文明（非常遗憾，从现在开始再过几百年，你我也必将成为令人同情的古人），也导致了电子计算机的产生。可以说，如果没有电，我这一生中决不会想到应该写这样一本书，而科学家们也许正躺在风和日丽的沙滩上想：既然可以训练猴子上树帮我们摘椰子，为什么不把它们训练成会跑善算的猴子计算机？

时至今日，电对于大多数人来说还是相当神秘的，尽管它一直就在你的身边为你服务。它点亮电灯，以免在漆黑的夜晚你毫无道理地用额头和膝盖去揍无辜的石头；或者让你能够坐在电视机前，愤怒地抱怨那些无休止的广告。要是突然有一天没了电，你一定会觉得生活不便、世界黯淡，不知道该如何继续过下去。虽然电是如此有用，我们也如此的离不开它，但是大多数人对它并不了解，甚至对这个朋友还心存恐惧。社会在不断进步，人们也越来越忙，甚至忙到对大多数事情习以为常而不去深究其中的奥妙。要是对你宠信有加的老板今天早上在电梯里一句话也没跟你说，你可能会为这事儿琢磨一上午。但如果被电了一下，人们却很少会想："电怎么这么厉害？老子今天倒要看看这是怎么回事儿！"

在电与人类的关系方面，过去和现在的情况始终是——就拿电灯来说——先有了电，于是才有了电灯。电灯为什么要这样构造？那是因为我们发现只有这样构造，电才能为我们发光。不了解电，你永远也不会明白电子计算机为什么非得是这个样子，它到底是怎么工作的。不过你也不用害怕，毕竟这只需要一些基本的电学知识就够了，怎么说也比训练一台猴子计算机来得容易。那么，让我们现在就开始吧！

## 1.1 有的东西能导电，而有的则不能

电学是我们身边的科学，电灯电话电梯电视机，我们每天都会在家里家外接触到各种不同的电器。也许正是因为人们对电的依赖性太强了，我才会在网上看到有人说："唉，明天又停电，什么事也做不成，只好躺在床上看一天电视了。"

要输送电，通常只能借助于电线，而不是一车一车地往家里拉，这是小孩子都知道的。根据我们在日常生活中得到的经验，电只能通过金、银、铜、铝、铁、锡、铅等物质来传播，而对于干燥的木头、纸张、塑料、陶瓷等物质则不行。这基本上属于常识。回忆一下，你是否在家中遭到过电击？那并不是因为你碰到了插座的外壳或者电线的外皮，而是因为你不小心接触了里面的金属，最讨厌的是那天为什么没有停电。

生活在现今这个时代还是很幸福的，电线哪里都有，随处都能找到。有一次手头上的电线用完了，出去买又太远，于是我就找啊找，很快找到一根。你知道我是在哪里找到的吗？说出来不怕你笑话——垃圾堆！想想几个世纪以前电学刚刚起步的时候，普通人根本不知道电线为何物。为了做实验，大师们都得自己想办法制作电线，现在看起来还真有些艰苦卓绝的味道。

像金银铜铁铝那样能导电的物质叫导体，而通常情况下不导电的物质叫绝缘体。但也不总是这样，有时候，像木头这样的东西，在被雨水淋湿之后也会导电。可见导体和绝缘体之间的界限并不是十分绝对。人体也能导电，和淋湿的木头差不多。有时候当人触了电，那一声怪叫就是明证。

尽管看不见，但几乎所有人都会"感觉"电更像非常微小的颗粒，它们可以在导体中游走。看起来这是一种人人都会有的直觉，不管是谁，在他安静下来认真思考这件事情的时候，都会想到这一点。原则上这种认识并没有错，从18世纪以来，科学家们就在思考和研究这件事情，并把这种非常微小的粒子起名叫电子。

你可以随意想象电子在物体里穿行的样子，比如你可能认为它是一束束地在导体里面游动的，导体有空隙而绝缘体没有，所以绝缘体不能导电。但需要指出的是，实际情况并非如此。要弄清楚这一点，需要了解世间万物的微观构造。

## 1.2 电的老家是原子

理论上，任何物质都可以无限分割。比如一根铅笔，你把它从中间折断后，余下的两段又可以分别从中间折断，就这样不停地分割下去。这个分割的过程一旦开始，你就不可能停下来，因为不管每一段有多短小，它依然是实际存在的物质，而只要是物质就必然可以被拦腰劈成两半。

所有物质都可以无限分割，这只是一种理论上的假设，在意念上——也仅仅只是在意念上它才是正确的。但是在生活中没有谁能够把物质无休止地分割下去，因为找不出那样薄的刀片，而人的眼睛也看不清太小的东西（能够将物体无限放大的显微镜还没有制造出来，估计是永远也造不出来了）。

"分割"是一种非常粗暴的行为，常常带有破坏性。当你分割一头牛后，它再也不能喷着响鼻站在牛圈里吃草，也不能下地干活，只能拿到熙熙攘攘的市场上任人挑选，最后可能会变成你今天中午吃的一碗牛肉面。

与分割不同，远在古代就有人通过观察发现很多物质自然就能分解成细微的组成部分。比如空气，尽管看不见，但是它能飞沙走石，也能在我们的身体里进进出出，让我们活着感觉到它必定是由非常微小的颗粒组成的。

再比如糖块，平时它是固体，硬硬的，即便是碾成粉末，那也是看得见的小颗粒，但丢进水里之后就消失得无影无踪。当水蒸发掉之后，它又变成了可以用手捏起来的糖（真是奇怪，连味道都没变）。这意味着，像糖这样的东西应该是由非常细小的微粒组成的，只不过这些微粒太小，人眼看不见。

事实上，不仅仅是空气和糖，这个世界上的所有东西都是由肉眼看不见的微粒组成的，包括你自己和你眼前的这本书。"组成"意味着某种东西是由另外一些东西相互结合在一起形成的，就好比一支铅笔，它是由铅笔芯、圆木组成的，它们都能单独存在，并有各自的用处。

那么，组成所有物质的最小微粒究竟是什么呢？不同的人有不同的回答，下面就是一些答案。

父亲：噢？好小子，你居然想到了这个问题……去问你的老师吧！
母亲：我已经够忙的了，你能不能去干点别的？
同事：大哥，你是不是小学没毕业啊？！
我的女儿：zzzzzzzzzzzzzzzzdgvvn8jfgggggggggggN　M　　　FV（那时她才一岁半，而且显然希望通过计算机键盘用长篇大论来发表她的观点，但是我只保留了第一行，因为我觉得这一行对于阐明她的理论来说已经足够充分了）。

物理老师：物质都是由原子构成的。物质不同，构成它的原子也不同。

这难道就是结论吗？

在古代没有原子的概念，但只要思想是一样的，采用什么表达方式和什么术语都无所谓。在国内，这种思想可以追溯到春秋战国时代；而在西方，第一个具有这种思想的则是古希腊人德谟克里特。

德谟克里特绝对是一个伟大的人。不过但凡伟大的人都很奇怪。这个败家的人游历过很多地方，为的是增长见识、开阔视野（而他的确见多识广，生性乐观豁达）。他到过的地方很多，甚至远到埃及、印度这些地方，就这样花光了祖上留给他的大量财产，活生生地证明了"知识就是金钱"这句话果然不假，千真万确。

德谟克里特活着的时候距离我们现在足足有两千多年。那个时代好像没有什么好发明的，伟大的人通常都以伟大的思想见长。德谟克里特研究过很多东西，包括数学、动物解剖、社会伦理、政治和教育等，也写过不少作品，但遗憾的是大都失传了。他的很多思想（比如关于原子的思想）对后世产生了很大影响，连马克思都称赞他是"有经验的自然科学家和希腊人中第一个百科全书式的学者"。

在他关于原子的思想里，整个世界只有两样东西：原子和除了原子之外的"什么也没有"（也就是所谓的"虚空"）。原子是不可再分的，它组成了五颜六色、形态各异的世间万物。

注意，这基本上符合我们的直觉，因为你的目光所及之处，差不多就是他所说的"有"和"没有"。尤其可贵的是，他还意识到原子在数量上是无限多的，万物之所以各不相同，是因为组成它们的原子在数量、形态和排列方式上存在差异。德谟克里特关于原子的思想在很大程度上是错误的，但是他生活在什么时代，再看看你自己又生活在什么时代，特别是你还能知道他、记住他，这很能说明问题。

显然，用原子的眼光来审视我们的生活是很奇特的：我们都由原子组成，放眼望去，哪里都是原子。人们吃原子、喝原子、享受原子，甚至有些不文明的人在公共场所随地吐原子——当然，这实际上是由数不清的原子形成的特殊物质，也就是我们平时称之为"痰"的东西。但是，你大可不必惊恐到这样的程度：连吃东西的时候都不敢用力嚼，生怕原子们被你咬疼。事实上，无论你怎样粗暴地对待它们都没有关系，因为它们没有生命。

德谟克里特之所以非常有名气，很大的一个原因是他那朴素的原子思想与现代的科学发现比较接近。但是在他活着的时候，大部分人对他的说法持怀疑态度。不过这还算好的，要说糟的，那就是他也拥有很多敌人，这些人反对他的说法，觉得这完全是胡说八道。用他们的话说，"德谟克里特是一个疯子，就爱胡说八道"。真正完整意义上的、科学的原子理论，是在18世纪的时候，由一个名叫道尔顿的人完成的。

# 第1章
## 了解计算机，要从电开始

道尔顿的故乡在英国，他1766年出生于一个清贫的织布工家庭，唯一的优势就是——用一些传记作家的话来说——从小就聪明过人，12岁的小小年纪就当上了当地一所小学的校长。不过同时作家也不无疑惑地写道："这也许说明了道尔顿的早熟，也说明了那所学校的状况，也许什么也说明不了。"

道尔顿患有色盲症——也就是不能像正常人那样分辨颜色的疾病，比如会将红色看成黑色。他是当时基督教新教的一个派别——贵格会的教徒，每次去做祈祷的时候都穿着色彩鲜亮的红色长袍。作为一名保守、稳重的贵格会成员，这是极不恰当的。道尔顿不是精神病人，所以他意识到自己在色彩分辨上存在问题。

这种毛病不会要人的命，但却让人烦恼。想想看，如果有一天你在厨房里忙活，一不小心把手指当成豆角切了个小口子，恰好你又不知道自己患了色盲症，在发现自己的血液竟然颜色发黑的时候，你该是多么惊恐啊！一般来说，人类总是倾向于热心研究发生在自己身上的各种怪异之事，于是他就成了第一个研究色盲的人。也正是因为这个原因，色盲症事实上还有另一个名称：道尔顿症。

1808年，道尔顿写了一本书，叫做《化学哲学的新体系》。这本书足足有900多页，让他出了名。在这本书的前面，说明了差不多是现代概念上的原子。没有人能创造原子，从世界开始的那一天，它一直就存在着。"创造或者毁灭一个氢原子，"他写道，"也许就像向太阳系引进一颗新的行星或毁灭一颗已存在的行星那样不可能。"

在我们身边有着数不清的东西——简直是数不清，大小不同、形状各异、黑白分明。有的赏心悦目，有的面目可憎；沁人心脾的很多，臭气熏天的也不少。别的不说，光是地球上有多少种动植物，也从来没有哪一个人能说得清。很显然，这个五彩缤纷的大千世界不可能只由同一种类型的原子构成。

道尔顿研究了不同类型原子之间的相对大小，以及它们各自的性质和相互之间结合的方法，尽管在他那个时代，已经知道的原子类型还很少。比如，他当时就认为我们平时喝的水（无论一碗还是一滴）是由氢原子和氧原子按1:7的比例构成的。他的观点当然并不准确，因为我们现在已经知道，这个比例实际上是2:1。

原子不是靠你用小刀就能分割出来的，从世界存在的那个时候起它就一直在那里。你可能很想知道原子到底有多大，答案是大约等于1mm的1/10 000 000。要想在头脑中对此有个概念，你可以试着将1mm放大到差不多等于笔直修一条从东到西横贯中国的公路，那么，一个原子的直径就和一个汽车轮子的直径相当。因此我们不得不说，原子实在是太小了。

尽管在原子是否存在的问题上所有人都达成了一致，但始终还是没办法看见它们。人们承认它，只是因为有越来越多的实验表明它肯定是存在的。一开始，人们觉得原子有可能是方的，像砌墙用的砖。这听起来似乎有些道理，因为它能很好地解释为什么像金属和钻石这样的东西竟然有那么高的硬度。然而更多的科学家则倾向于认为它更像一个实心球。

时间过得可真快，到20世纪初，人们已经普遍知道原子并不是个实心球，它实际上还具有更小的组成部分——原子内部绝大部分都是空的，在它的中央有一个非常微小的核心，由数量不等的质子和中子聚集在一起构成，称为原子核。在原子核的外面，有围绕着它的核外电子，简称电子。

说实在的，原子内部的世界是什么样子，大多数时间我们只能依靠想象，这的确是一件遗憾的事情。但是就算你能观察到它，那也会觉得很没意思：它很空旷，尽管有一个原子核和一些核外电子，但这些东西相对于原子内部的巨大空间来说实在是太微不足道了。那里基本上没有什么东西，没有餐馆，没有网吧，更没有足球比赛和花果山水帘洞（所以可能就连孙悟空也不愿意去，虽然以他的神通来说，到这样的地方应该没问题）。你所能看到的，也许只是电子在离你非常遥远的地方呼啸而过——如果那里有风的话。不过那里当然没有风，也不可能有空气，因为在我们的现实生活中，空气和风实际上也是由原子构成的，而你此时此刻正在原子内部逗留访问。

我们知道，原子有很多种，光是你现在看的这本书，它所使用的原子起码就有10来种。看起来并不算多，可是你要知道，迄今为止，人类只发现了百十来种原子，正是它们组成了这个五彩缤纷的大千世界。没错，原子们真是太能干了！

通常，一个原子不同于另一个原子的原因，是它们原子核内的质子数不同。比如，构成氢气的氢原子只有一个质子，是所有原子中最简单的；构成铁丝或铁块的铁原子却有56个质子。前面已经说过，目前已知的原子有一百多种，这就意味着，就最复杂的原子来说，它的质子数会达到一百多个。

不同的原子具有不同的性质和特点。用一本科普书上的话说，"质子数决定了原子的身份，电子数则决定了原子的性情。"但是由于我们一般接触不到单个的原子，所以也就无法确切地感受到这一点。

## 1.3 为什么有些东西可以导电

到现在为止我们已经用了大量的篇幅来披露原子的内幕，希望人类不会因为好奇心的驱使前去参观而带来环保问题。说实在的，我们已经离题太远了，在这一节里，我想从另外一个角度重新探讨一下导体和绝缘体。

研究原子是单调和乏味的工作，所以我们通常认为这是物理和化学专家们的份内事，自己则跑去喝茶、看电视、钓鱼，或者到演唱会现场给歌星们助兴。我们不喜欢原子，但是却喜欢原子构成的大西瓜、大米饭、炸小黄花鱼、垃圾食品

（我们大家心里跟明镜似的，却管不住自己的嘴）和汽车。看得出这绝对是一种细活儿，大自然是怎么做到的呢？

没有用来把原子们粘在一起的胶水，在原子一级的微观世界里是没有胶的。非常明显，同时也非常关键的是，如果没有办法把原子们结合到一起，它们就只能像沙子一样什么也形成不了，永远都只能是一盘散沙。不过，作为也是由原子组成的你，既然能够有机会在这里探讨这个问题，说明大自然早就找到了解决的办法。

奥秘就在于要形成物质，原子们必须依靠共用外层电子的方法来抱成团。在物质里，原子们密密麻麻地挤在一起，一个原子会有一个以上的邻居，而它的邻居们也一样拥有别的邻居。当共用发生的时候，每个原子外层的电子会定期到别的原子那里待一会儿。这有点儿像两个无聊的邻居，今天你住我家，我住你家，明天再换回来，就这样不停地折腾，也不知道为什么。由于电子和原子核之间有引力作用，所以当电子在原子之间共用时，电子充当了原子之间的黏合剂。

在原子那里，它们之间的黏合剂是它们各自最外层的电子，具体方式就是电子共用。共用通常只发生在相邻的原子之间，但这也不可能是随随便便就可以的，不同的原子，也会在"邻居"的类型和数量上有所挑剔。在生活中，你也不是和所有人都能称兄道弟的。俗话说"人以类聚、物以群分"，就是这个道理。

从大的、看得见的宏观层面上来说，物质分为两大类型。第一种类型的物质，它们的共同特点是由同一种原子结合而成的。比如金、银、铜、铁、锡、铝和钠等，它们都是分别由相应地金原子、银原子、铜原子、铁原子、锡原子、铝原子和钠原子组成的。从现在起，当你神气活现地把金戒指戴在手上的时候，别忘了正是因为有不可胜数的金原子愿意手拉手聚在一起，才成就了你脸上那灿烂而自信的笑容。

第二种类型的物质，其组成方式较第一种类型复杂，但在生活中更常见，包括所有的动植物、食品、纸张、化工原料等，包括你自己躯体上的每一个组成部分。我们平时喝的水，它是无色透明的，也没有难闻的怪味儿（如果不是这样，而你又喝了它，随后所发生的一切我们称之为坏肚子）。但是你有可能不知道的是，这种你天生就离不开的东西却是由两种表面上看起来极不相干的东西结合而成：氢和氧。氢气和氧气单独来说是气体，它们分别由氢原子和氧原子组成。特别是氧气，你根本就离不开它，为了依靠它活命，你说话和唱歌的时候必须换换气儿，即使是在睡着的时候，你那令人不爽的鼾声也表明它依旧在你的身体里进进出出。但是当氢气和氧气混合起来燃烧的时候，氢原子和氧原子就会通过共用电子形成水。

再比如我们平时吃的盐，你简直想不到它居然是由两种极其危险的物质构成的，即钠和氯，所以食盐在化学上又称为氯化钠。钠是一种金属，呈银白色，可以导电。奇怪的是同样属于金属，它却非常软，可以用小刀切成片。最麻烦的是它对于我们生活的环境非常恐惧（我们呼吸的空气中有21%是氧气，它很容易就能与钠打起来生成一种氧化钠的东西),所以只好将它放在煤油里——也只能待在这里,要是你把它丢进水里,那可就太危险了,它会在水面上打转,并"咝咝"地使劲儿叫唤,就像那种燃放之后会在地上打转的烟花,简直让人不知所措。如果更严重的话,还会爆炸,给你整整容。而氯气呢,则是有毒的气体。总之,如果你吃了一块钠,或者吸入了过量的氯气,通常的结局只能是伸腿瞪眼、四脚朝天、呜呼哀哉。有句话叫"吃饱了骂厨子",但是你瞧,如果饭菜里不放盐,情况也好不到哪儿去。

原子之间通过共用电子来形成各种各样的物质,这并不是一件轻而易举、稀松平常的事儿。如果不是这样的话,你穿的衣服就会长在皮肤上,形成一种新的、稀奇古怪的皮肤;当你想从椅子上站起来的时候,会发现椅子已经长在屁股上了,成了你身体的一部分——总之,整个世界会慢慢地融合到一起,从而彻底变个样儿。好在这种事情没有发生,我们据此也知道原子们的脾气着实古怪。不同类型的原子,其最外层的电子数不同,离原子核的远近也不同,这使得原子们都有着各自不同的性格特征。它喜欢什么样的伙伴、能与它的伙伴结成哪种形式的关系,都是不同的。有时候,伙伴关系平平常常就形成了,有时候则需要很高的温度,或者很高的气压。总之,它们是什么样,就意味着它们想要那样,那样对它们来说是最自然、最合适的。

正常情况下,电子不会无缘无故地从原子里跑出来,因为原子是很稳定的。而且,对于大多数物质来说,除非灾难降临,否则电子的共用只在相邻的原子之间进行。在这种情况下,电子从一个地方到另一个很远的地方去串门儿是非常困难的,这就是我们通常所说的绝缘体。

与绝缘体相反,在导体里,通常用于共用的电子都不太安分,在自己的岗位上待一会儿就感到腻味得慌,于是就溜了号。如果别的地方正好有个职位空缺(当然是另一个不安分的家伙刚刚留下的),它就迫不及待地奔赴过去。在这些物质里,几乎充满了这样可耻的、不负责任的家伙,可以想象,这些物质里会乱成啥样。

在经典物理学里,这些不负责任的家伙,名字叫自由电子。它们的存在,是导体能够导电的根本原因。换句话说,当你用墙上插座里的电子来推动导体里的自由电子朝着一个方向前进时,"导电"这个过程就发生了。

## 1.4 电流是怎样形成的

在金属导体里,当电子们像马路上的汽车一样,朝着同一个方向持续不断地前进时,就形成了所谓的"电流"。电流的速度很快,快到什么程度?哎呀,我想

# 第1章
## 了解计算机，要从电开始

大家都已经听说过：每秒30万千米，和光速一样。如果从地球到月亮之间有一根电线的话，电流从一头到达另一头也就是一眨眼的工夫。看起来电子的运动速度还是蛮快的，能够迅速地从电线的一头跳到另一头，不管它有多长。

不要犯傻，这可不是电子的移动速度。从这头到30万千米之外的另一头，电子的跳跃速度比孙悟空翻筋斗还快，这让人觉得很不可思议，更何况自由电子名义上很"自由"，但毕竟还受原子核的束缚，而且它是在原子的丛林中前进的，难免还要磕磕碰碰。

在上物理课的时候我们知道，电子的移动速度其实很慢，每秒移动的距离一般不到1mm，比毛毛虫和蜗牛都慢。但是，当导体两端的电子同时开始移动时（就像正在行军的士兵们），我们觉得好像电子真的在一瞬间从一头到达了另一头。

感觉到电流的速度是"一瞬间"，或者认为它快到不需要用"速度"来衡量，这只是我们人类的一种普遍的错觉，因为我们无法制造出一根长到让电流显得很慢的电线。如果在太阳和地球之间扯一根电线，那么，当我们在地球这边接通电源，差不多要在8min之后，太阳那一端的灯泡才能亮起来。

电流不是自发形成的。一根随随便便扔在墙角的电线，它里面是不会有电流的。要形成电流，据我所知，最简单的方法就是找一节电池、一个小灯泡和一根电线，并把它们按图1.1那样连接起来。

图1.1 能让灯泡发光的装置

这是一个几乎人人都很熟悉的例子，灯泡的一端接电池正极，另一端通过电线接负极，然后这个"玻璃瓶子"就亮了，就这么简单。

除了这个实验之外我们还知道，所有电器只能在发电厂开工的时候才会工作。这意味着——而且看上去的确很像——电池或者发电厂会制造电子，而且会源源不断地把造出来的电子送出去，电流就是这样形成的。在灯泡或者其他用电的东西那里，电子被吃掉、被消耗，也许是消失了，总之变成了光、热、使轮子旋转的动力，等。

这是真的吗？

如果这是真的，那么发电站必须找一个大瓶子，将大量的电子灌进去，然后用一根电线插到瓶子里，电线的另一头则通到千家万户。这有点儿像液化气站，在那里贮存了大量的液化气，当要做饭时，只需要一开阀门，液化气就来了。

真是个好主意，可是到哪里去找这么多电子呢？要知道，这可不是个小数目，而且，电子们可不是萤火虫儿，能够随随便便说逮就逮的。这事儿从来没有人能办到，永远也办不成，除非像有人（我忘了是谁）所说的那样，"直到虾学会吹口哨，或者没有镜子能看到自己的耳朵。"

没错儿，这种想法确实过于天真了，而且会让科学家们很生气。要想真正了解电流的成因，需要深入到电池内部。在图 1.1 中，当那个装置开始工作，灯泡开始发光时，电池的作用就像内部安了一个电泵，和水泵一样，它促使整个线路中的电子像水流一样不停地循环流动，整个过程如图 1.2 所示，图中的小白点代表正在流动的电子。

很清楚，电子不是凭空产生的，而"发电"也不是劳动人民在制造电子，而是让导体中原有的电子循环流动。

图 1.2　电流的成因

有几种方法可以让电子们运动起来形成电流，最常用、同时规模也很大的方法是建设大型发电厂。在那些地方，工程师们想办法借助水流或者蒸汽的力量来驱赶电子，让它们循环往复地流动，这种方法参与的电子多，电流也很强大。相比之下，我们平时所用的电池就属于无能之辈了。

在原子的层面上，我们知道，电线内部的原子是极大量的、数不清的。当"电泵"开始工作时，它的任务是驱赶自由电子，将它们从电池一端的原子那里夺走，并使它们沿电路绕一圈再回到失去了自由电子的原子那里。这样，失去电子的原子很着急，而得到电子的原子也不会因为自己的电子多了而高兴，它们都急切地想要找回电子或者扔掉包袱而重新达到稳定状态。在这种情况下，用物理学家们的话说，"电压产生了。"

电压是一种吸引力，是由于失去电子和希望重新得到电子而引起的。这是比较抽象的概念，通常只有远离家门的游子和慈爱的父母才有可能理解。当然，也可以把它想象成一种压力，把一桶水拎到高处时，它就具备了流动的可能性。

电压的存在是导致电流产生的原因。在图 1.2 中，由于整个电路是处处连通的（灯泡其实也只是一段能发光的导线），所以在"电泵"的作用下，电子在整个电路中循环流动。一个原子被迫丢掉电子后，它马上又从别处得到电子，然后不断地重复这个过程，除非"电泵"停止工作。而一旦它停止工作，电压也就不复存在了。

像大型发电厂里的"电泵"一样，能够产生电压的装置称为电源。如果要严格一些来说的话，电源的作用是产生持续的电压和电流。如果你的视力没有问题，我认为你应当注意到"持续"二字，这是很重要的，否则当你在月黑风高的夜晚赶路时，你的手电筒只亮了一下就没有电了，而恰巧离你不远的前面有个大坑，到那个时候你再意识到"持续"二字的重要性，恐怕就来不及了。

另一种电源是电池。这是我们都很熟悉的东西，它和前面所讲的发电原理基本一样，但稍有不同。电池当然非常重要，它使得你可以在任何远离大型发电站的地方轻便地使用电能来提供照明、发动汽车引擎，接打手机或者边走边听音乐。同样，也正是因为有了它，一些摩托车才有机会放着震耳欲聋的音响，在城市里一路招摇，好不聒噪。在中学的化学课上，电池的原理已经说得很清楚了。为了不让那些复杂的化学方程式把本书和你的大脑搞乱，我就不再继续多说什么了。最主要的是，电池无论如何也不能制造电子，它只是把电子从电池的一端搬到另一端而已。

我们知道电池有两个极：正极和负极。很多教科书告诉我们，电从电池的正极出来，然后流回负极。实际上，这里有一个小小的误会，往后你会明白，真实的情况是，电子的运动方向其实是从负极出来，流回正极的。电学的先驱们犯了一个小错，但无伤大雅，所以就一直沿用下来了。

当然，能够产生电压和电流的东西很多，但不一定都能持久，所以用来作为电源可能不会很理想。比如在严寒的北方冬季里，你的身体经常会带电，当你碰到门把手的时候，会产生火花，并伴随着噼啪声，甚至会有一些轻微的疼痛感。从微观上来说，这同样是因为有些原子失去了电子而另一些原子得到了电子，如果你给它们机会，这些原子当然会迫不及待地重新达到稳定状态，并给你一点点疼痛，作为你把它们分开这么久的报答。

除了身上的静电之外，雷电也是电。当天上的云层和地面分别因为得到电子和失去电子而带上静电的时候，如果时机合适，放电过程就在隆隆的雷声中开始了，而且能看到一个明亮的大树杈。认识到天上的雷电也是电，这是最近几个世纪的事儿，要在过去，西方人认为它与上帝有关，是上帝发怒的表现。在《上帝也疯狂》这部电影里，原始部落里的人们觉得这是上帝吃多了，肠胃不太舒服。而在国内，人们一直认为这件事儿是雷公干的。我曾经看过一部电视连续剧《大染坊》，里面有一首诗很有意思，名叫《闪电咏》，是这样写的：

　　　　天空突然一闪练，
　　　　莫非上帝想抽烟？
　　　　要是上帝不抽烟，

**怎么又是一闪练！**

　　1752年，美国人富兰克林（1706—1790年）冒着生命危险做了一个风筝实验。当乌云四合、电闪雷鸣的时候，天上的雷电被引下来产生了火花，与我们在生活中看到的电火花毫无二致。这激发了他的兴致，喊他的儿子拿一只火鸡来电电。谁知道火鸡还没拿来，他倒先被电晕了。这个实验证明了雷电和我们平时接触到的电的确是一回事。

　　到现在为止，我们已经见识了很多种类型的电源。通常，衡量一个电源的重要指标是电压，也就是它驱动电流的能力。不同的电源，所提供的电压也不相同。世界上第一个电池是由意大利人伏特于1800年发明的，后来物理学界就用他的名字作为衡量电压大小的单位，简称为"伏"，或者用大写的字母"V"来表示。

　　除了"伏"之外，其他的单位还有千伏（kV）、毫伏（mV）等，它们的关系是

$$1kV = 1\,000V$$
$$1V = 1\,000mV$$

　　我们平时所使用的电池，它的电压是1.5V，这种大小的电压可以让手电筒里的小电珠正常发光，但对人体构不成危害（据我的一个同学说他有一次用手捏着电池的两极睡觉，早上醒来后感觉手很麻木。是不是真的，还有待考证，不巧的是这个同学再也找不到了）。如果电压超过36V（这个电压称为安全电压，如果电压比它低，则不会危害到人），你会觉得手臂发麻，有电击感，不过仍能在众人面前装作若无其事的样子。如果电压达到220V，也就是我们家里所使用的电压，你除了会突然发出一声怪叫，并跳起一支有史以来最难看的舞蹈之外，决不会还有心情去考虑自己的姿势在别人看来是否算得上优雅。当然，这并不是最高的电压。从大型发电厂出来的输电线路上通常会有几万伏、几十万伏甚至更高的电压，这样高的电压是致命的。光是2006年一年，我就从电视上看到过至少两例这样的惨剧，一个是因为盗割高压电线引起的；另一个则是站在高架桥上往下小便时，水柱碰到了桥下的高压电线。不管在哪种情况下，人都会被吸在上面，很难挣脱。人的生命是最宝贵的，希望每一年、每一天都不会再有这样的事情发生。

## 1.5　电路和电路图

　　前面已经讲了电源、电压和电流，它们的存在给了人类最充分的理由去不断发明各种各样的新型电器，有的甚至让人觉得很可笑，比如"太阳能手电筒"。你别说，这个创意很好，不过据我所知晚上是不会出太阳的。电器的例子不胜枚举，在这里我只想说说电灯泡。

电灯泡的发明用到了电子在导体中流动时的一个特点。前面已经说过，在常规条件下，电子在导体中流动的时候并不是那么顺畅，差不多是在原子的密林中磕磕碰碰。换句话说，导体实际上对它的流动具有阻碍作用。在电学中，影响电子流动的这种特性叫电阻。

电阻的作用是让电子的运动不那么顺畅。它不是导体独有的，通常情况下任何东西都有电阻。一些电阻较小的物质，比如菜刀，被称为导体；而另一些电阻很大很大的物质，比如纸张，被称为绝缘体。在正常情况下，同样长的一段电线，用银来制作的话，电阻是最小的（遗憾的是，银又是最昂贵的物质之一。真令人费解，大自然为什么非要这样安排）。

从能量的角度来看，电子的流动是因为电源赋予了电子能量。"能量"这种说法我们差不多每个人都听说过，但通常也只是停留在意会的层面上，因为谁也看不到它，更无法捉摸，但能量却是无处不在的。你拿起这本书需要能量；当你看书的时候，同样需要能量维持眼球的转动；为了能在运动会上得到一个其实并不能用来喝水的金属杯子，运动员们通常要付出更多的能量。

关于能量的一个很重要、同时也很有意思的特点是，它可以从一个物体传递到另一个物体，也可以从一种形式转化成另一种截然不同的形式。烈日当空、艳阳高照的时候，被太阳晒到的地方就会发热，这说明太阳能转变成了地球表面的热能。在地球表面，不同区域所接收到的太阳能是不一样的，在温差的作用下，风就吹起来了。当大风刮起来的时候，它具有令人恐怖的能量，会将大树吹折、汽车掀翻，这叫做风能。风越大，它具有的能量越多。当它吹过防风林的时候，由于一部分能量会传递给树木，这种能量有可能将树木折断，但更通常的情况是使树木像喝醉了酒一样摇摇摆摆，因为失去了能量，所以风会变小——而这正是林业部门的人所希望的。如果风吹在风力发电机上，还能发出电来。也就是说，风能转变成了电能。

太阳能也可以转变成化学物质贮存在我们所吃的植物里，比如大米和水果蔬菜。这样我们在吃了它们之后才能有力气蹦蹦跳跳、说说笑笑，自由自在地生活在地球上。

总之，用物理学上的说法就是"能量既不会凭空产生，也不会凭空消失，它只能从一种形式转化为别的形式，或者从一个物体转移到别的物体，在转化或转移的过程中其总量不变"。这叫做能量守恒定律，1847年由德国物理学家、生理学家赫尔姆霍茨（1821—1894年）首先提出。不过这并不是说，你可以在不高兴的时候把公司的财务报表给烧了。尽管烧完之后物质总量没有变——只不过化成了等量的灰和气体，但是你再也无法从灰和气体上看到这个季度公司挣了多少钱，就为这个，你的老板决不会原谅你。

通过前面的介绍我们可以看出，能量是无处不在、变化多端的。当电源开始工作的时候，它把自己的能量源源不断地传给电子，迫使它们带着能量——通常也是在能量的作用下——开始流动形成电流。

像大树从风中获得能量而摇摆一样，由于电阻的存在，电子会在电线中释放出它们的一部分能量，使得组成电线的原子比平时格外活跃，以我们人类的视角来看——电线发热了。通常情况下这不是个太大的问题，充其量只是一部分电能白白浪费掉了，而电线上的热量也会很快散发到空气中。但是在另外一些极端的情况下，由于电压太高、电流太大，产生的热量不能及时散发，就会烧红电线，导致火灾。从另一个立场来看，这也是灯泡能够发光的工作原理。

一个灯泡、一段电线和一节电池，这几样东西装配在一起就能工作得很好，这称为电路[①]。不用说，要组成一个电路，有几样东西是必需的：电源、导线和依靠电工作的各种器件。如果不通过用电器直接用电线接通电源的两极，时间长了后果不堪设想，这叫做短路。想想你发明电源的目的是什么？电子像潮水一般涌出来的时候当然是携带了能量的，这些能量要么传递给用电器，要么将电源烧坏、电线烧红——总之，当它们被逼着从电源里怒气冲冲地跑出来时，当然需要一个撒气儿的地方，除非赶快想办法将电路断开。

不同的电路有不同的用途，而为了不同的用途也需要发明不同的电路。为了向别人展示你新发明的电路，你可能得跑到他们面前把这个电路重新连接一遍。这么干是非常不方便的，要想坐在家里就能让别人明白你是怎么干的这活儿，最好是拿一张纸把它画出来，就像前面的图1.1和图1.2那样，画好之后把它拿出来一展示就行了。要是拿到印刷机上一印，嘿，无论再多的人也能同时欣赏。当然，你画得越逼真越好，这样别人才能看得清楚明白。

今天，由于考虑到画实物图很费事，而且有些人在美术方面的能力也着实太糟糕，画什么不像什么，所以大家一致认为必须采用一些简单的符号来代表各种电路器件。一些比较简单的，如电池、灯泡和电线，它们的实物图及符号如图1.3所示。其中，电池的符号是两条线段，其中又细又长的那条代表正极，又粗又短的那条代表负极。要表示一根电线是最简单的，只需要画一根线条就可以了。

图1.3　电池、灯泡和电线的实物图及符号

---

[①] 直观上来理解的话就是"电流或者电子的通路"。的确，要想达到我们人类使用电的目的，应该给它们修建属于它们自己的道路。

有了这些符号之后，再来画图 1.1 那个电路就很省事儿了（图 1.4）。

图 1.4　电路的符号化表示

电路复杂的时候，会经常遇到电线交叉的情况。如果它们并没有接通，就表示成图 1.5（a）那样；如果它们是连接在一起的，则表示成图 1.5（b）那样。

（a）　　　　　（b）

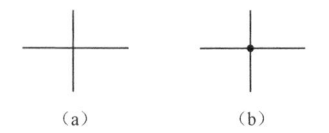

图 1.5　线路交叉的两种情况

这里有一个很好的例子说明了电线是如何交叉连接的，如图 1.6 所示。它表明了如何用一节电池让两只灯泡同时发光。左边是实物图，右边是它的电路图。

图 1.6　一个电路图的例子

电力是我们能得到的最好、最清洁的能源。当你用电的时候，它不会冒着烟、滴着水，或者因为泄漏而中毒，这些情况通常只有在烧煤或者燃油的时候才会出现。不过，电能从来都不曾充足到我们可以随意浪费的地步，更何况我们还得为它付钱。就算你不心疼钱，也不关心人类的前途和国家的命运，你也不能保证电不会危害你。当你触了电，或者因为用电不当发生了火灾，你不能指望通知几千千米之外的发电厂停工，这个时候最明智的做法是就近切断电流。总之，能够随意控制电流的通断是很重要的，而要做到这一点，我们需要另外一样东西——我想你已经知道了，是的，这就是开关。

开关这种东西人人都知道，而且种类繁多，家家都有。所有开关都干一样的活儿，那就是将电路断开或者接通。咱们国家幅员辽阔，同一样东西，在每个地方的叫法可能都不一样。有一种东西，在东北叫"壁火"，但是出了山海关，再壁火壁火地叫这种东西，大家就不知道是什么了。其实说白了，这就是开关。

为了表示一只开关，我们通常使用下面这样的符号（图 1.7）。

图 1.7　开关的符号

而要用一只开关来控制两个灯泡的亮灭，它的电路图则应当是如图 1.8 所示的那样。

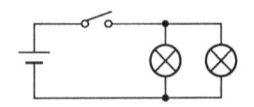

图 1.8　用开关组成的电路

电学是一门很有趣的学问，我也很愿意花更多的篇幅来讲这些东西。但是非常遗憾，这是一本讲述计算机奥秘的书，大多数读者正期盼着进入真正的主题，所以我们只能到此为止。就像美国前总统艾森豪威尔所说的那样："我们已经揍死了这匹马，现在，让我们换一匹吧！"

# 第 2 章

# 用电来表示数

这本书原本是要刨计算机老底的,可是我们却花了一整章的篇幅来温习电学课程,这一定让很多人急不可耐。现在,终于能够结束漫长的电学之旅,感觉很轻松,是吗?如果你是这样想的,我也可以告诉你,我和你有差不多同样的感受。为了这个值得干一杯。下面,我们换一个话题,这回是讲计算机,你不要打瞌睡。

说起"计算机"这三个字,它只是一个笼统的概念,泛指一切具有计算功能的机器。这样说来,计算机就多了,比如我国的算盘,这是世界上最早的计算机,据说在秦汉的时候就已有之。千百年来,它是咱们国家的主要计算工具,既轻巧,又实用,是一种"价格低廉、绝无故障、节约能源,十年中无须任何保养也用不着更换零件"的好东西[①]。

像算盘这类计算工具都是纯机械的,要让这些家伙为我们计算点什么,非得手摇脚踹,而它们则用噼噼啪啪或者吱吱呀呀的声音来回应,表明果然都是些机械的东西(木头和钢铁)。古代人聪明,不乏奇思妙想,在算盘之后,全世界的能工巧匠们研究呀、制作呀,一代接着一代不停地忙乎,其结果是发明了一个又一个的计算机器(也真是难为他们,大多数都搞砸了)。

这些都是 20 世纪之前的事情。到了 20 世纪之后,电学开始大发展,电成了新的能源,既新潮,又干净,用得广,还便宜。想想看,如果没有电,也就不会发明电灯,所以一点也不奇怪,电子计算机就这样出现了。

电子计算机也是计算机的一种,而且是最成功、应用最为广泛的一种,以至于提起计算机,人们都会不约而同地想到电子计算机,而不是算盘。考虑到本书

---

① 在美国作家谢尔顿的小说《假如明天来临》里,骗子杰夫就是这样兜售他的袖珍计算机的。不过他说的是实话,只是人们并不知道他所卖的计算机竟然是东方人算数用的算盘。顺便说一下,中国乃至世界上最大的算盘收藏在天津历史博物馆内。它制造于清朝末年,是按当时天津达仁堂药店的柜台设计的,长 306cm,宽 26cm,共有 117 挡。药店的营业繁忙时,五六个店员可同时在这个大算盘上算账。

的主题是电子计算机，而大家总喜欢将计算机和电子计算机等同起来，为了方便起见，当我在后面提到"计算机"的时候，如果没有特别说明，指的就是电子计算机。我想就这样定了。

电子计算机俗称"电脑"，但好像只在我们国家才这样说，原因可能是大家觉得它和大脑一样擅长计算，甚至在某些方面比大脑的工作更有效。最早的时候，人们发明计算机的目的仅仅是用来进行数学计算。即使是几十年前，当世界上第一台电子计算机出现的时候，研制它的目的依然是进行数学计算，这一点没有改变。说到这里，大家可能觉得这与现实情况有些出入，你看看，现代的计算机其功能之多令人眼花缭乱。这种奇怪的电器到底能干多少事儿，恐怕谁也说不清楚。它既能上网，又可以写文章、排版、打印。闲来无事的时候，还可以听音乐、看大片或者玩游戏，画面也非常逼真漂亮，但是所有这一切看不出与数学运算有什么必然联系。

这种看法并不正确。在任何一台现代的计算机内部，数学运算仍是最重要的程序之一，而且是非常基础的组成部分。当然，你可能不太理解。遗憾的是我也无法用三言两语就能和你说清楚，好在当你端起这本书时，对这个问题的解释已经悄悄开始了，现在唯一需要的仅仅是你要有继续读下去的耐心和兴趣。

## 2.1 怎样用电来代表一个数字

要进行数学计算，首先要解决的问题是如何将参与计算的数送进计算机。在机械计算机的时代，人们一般是通过将一些精心制作的零件（比如算盘珠子）移动到合适的位置来做到这一点。但是，对于现代的电子计算机来说，情况则完全不同。它不是电动的——就像用电动机代替手摇脚踏，或者用电动机代替驴来推磨那样。相反，它从里到外都是电气化的，用电来表示数字，用电进行计算。听起来有些迷糊，不过不用担心，下面就来说说这些事儿是怎么发生的。

通常，数学运算功能被构造成一个独立的部件。这个部件就像一个盒子，它从外面接收一些数，经过计算之后，再把结果送出来。

制造一个包括所有数学运算功能的部件固然很好，但这对刚刚翻开本书不久的你来说显然不切实际。最明智的做法是先造一个小的、能完成某个简单运算的部件。当这个部件制作完成后，再根据需要进行扩充。看起来加法运算非常简单，那么我们就从制造一个加法运算部件开始吧。

鉴于我们生活在一个到处都是盒子的世界，几乎所有的电器都被做成盒子，所以，一个加法运算部件看起来就像这样（图2.1）。

## 第 2 章 用电来表示数

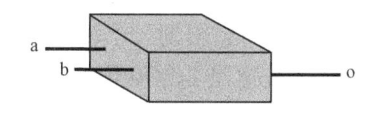

图 2.1 加法运算部件

因为加法运算需要一个加数和一个被加数,所以这个加法运算部件提供了 a、b 两个输入端,好让它知道要算的数是什么(这是理所当然的,这台机器必须由我们随心所欲地决定计算什么。如果它只能固定地计算 2 + 2 = 4 的话,我们为什么要制造它?这太无聊了);当这个加法运算部件完成计算后,它把结果从 o 端送出来。由于刚刚学习了电学知识,所以现在到了发挥你想象力的时候了:你认为应该怎样通过 a 和 b 将数据送到这个部件里?

要想把准备加起来的两个数通过 a、b 送到运算部件里,最自然的想法就是将不同的数表示成不同的电压。

这个想法真是太妙、太完美了!不是吗?如果我要计算 20+15,我可以在 a 端加上 20V 的电压而在 b 端加上 15V 的电压,当运算完成后,o 端就会有 35V 的电压——这正是我们所要的结果。

遗憾的是这种美好的愿望会因为一个无奈的事实而注定无法成为现实。好的设计通常都需要反复推敲,而不是靠拍脑袋产生的灵光一现。在上面的设计中,当参与运算的数都很小时,它当然可以工作得很好,但是当数字变得很大时(这是最常见的情况),情况开始变得有些微妙,比如计算 99 768 332+112 211,这意味着你得生成 9 000 多万伏的高压。

并不是说人类无法得到这样高的电压,事实上这很容易,但是这个运算部件未必能够承受住这样的高压而不被烧毁。就算我们真能制造出这样的机器,恐怕谁也不敢靠近它,更不要说把它买回去放在家里,让几百米之外的邻居怀着恐惧的心情聆听到它"嗞嗞"的叫声。这样的计算机最好还是放在一般人到不了的地方,并在醒目的位置贴上"内有高压,请勿靠近"的标签。

如果这还能容忍的话,那么制造这样一台运算部件真正无法逾越的困难是表示像 11.001 56 这样的小数。通常,一个电路只能工作在近似精确的状态,因为有很多不可预知的因素会对它产生干扰。除了供电电源的电压波动之外,温度变化通常很容易影响组成电路的零件,使它们的参数发生变化,从而导致整个电路的状态产生一些微小的改变。这意味着当你计算 20+15 的时候,尽管你从 a 和 b 送进去的是精确的 20V 和 15V 电压,从 o 端输出的也不可能正好是 35V,可能会比它高,也可能比它低,比如 34.95V。具体会是多少伏,取决于具体的情况,但总的说来这并不算是什么大事儿,因为我们知道自己计算的是整数,尽管不太准确,34.95V 这个结果是我们可以接受的。

不过，麻烦在于，假如我们真的想得到一个精确的结果11.001 56时，该怎么办呢？将电压精确地调整到这个数值是非常麻烦的，而最要命的是这个运算部件根本无法保证它的工作状态不会变化。如果正在进行的是金融计算，这个误差够你喝一壶的。总之，我们得换一个考虑问题的思路。

经过一段时间的思考，你可能会想到另一个办法来解决这个问题。前面的方案之所以行不通，是因为仅仅只用一根导线是不可能表示所有数的。但同时你也会发现，无论一个数有多大，它总是0、1、2、3、4、5、6、7、8、9的不同组合。比如125是1、2和5的组合；93 850是9、3、8、5和0的组合，等。有了这个发现之后，我们不再使用单独的一根导线，而是使用多根导线来表示一个数，其中每根导线都对应着这个数中的一位，如图2.2所示。

这个修改是相当成功的。在图2.2中，5根导线中的每一根分别代表着93 850这个数的每一位，按从上到下的顺序。在具体应用的时候，根据这个数每一位的数值为各个导线分配相应地电压。它最大的特点就是不再使用令人畏惧的高电压，取而代之的是从0~9V的九种低电压。如果觉得以伏为单位还是太高，有点浪费的话，你也可以使用更小的电压，比如毫伏（mV）来代替，完全不影响效果。

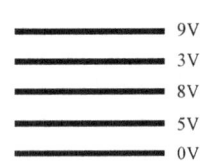

```
━━━━━━━ 9V
━━━━━━━ 3V
━━━━━━━ 8V
━━━━━━━ 5V
━━━━━━━ 0V
```

图2.2  用多根导线来表示一个数

尽管表示像25这样的两位数只需要两根导线就足够了，但我们并非生活在一个只有两位数的世界。为了表示尽可能多的数，使用尽可能多的导线是必要的。比如下面这个加法运算部件，它是在图2.1的基础上修改而来的（图2.3）。

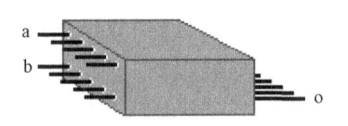

图2.3  修改后的加法运算部件

在这个例子中，数据输入端a、b已经被分别扩充为5根导线。当然，用这5根导线可以表示的数最大为99 999，并不算大。如果需要，可以使用更多的导线，完全可以随你的便。

到目前为止一切都好，唯一的缺憾是没有说明它如何表示一个小数。这其实算不上是一个大问题，要表示一个小数，有多种办法可供选择。最简单、最省事儿的办法就是把导线分成两组，分别代表整数部分和小数部分（图2.4）。

第 2 章 用电来表示数

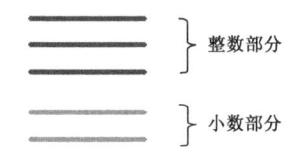

图 2.4 整数部分和小数部分的划分

划分的方法可以随意，比如像图 2.4 那样，把 5 根导线划分成 3 位整数部分和 2 位小数部分，能够表示像 225.01 和 999.25 这样的数。要是你用 9 根导线，就可以划分成 7 位整数部分和 2 位小数部分，或者 5 位整数部分和 4 位小数部分等，取决于你到底想怎么样实现。

这个方案能保证数据的精确度吗？答案是完全可以。现在，不管一个数有多大，也不管它是不是带有小数部分，它的每一位都对应着一根导线。这个改进非常重要，它将一个数的每一位分开，这是保证一个数据在传送和处理过程中不会发生变化的第一个重要举措。

第二条措施也同样重要。由于每一位可以是 0~9 中的任何一个数字，所以它意味着应当为每根导线准备十种电压（比如从 0~9V）中的某一个。当然，电压可能不会十分精确，比如我们要的是 7V，它可能只有 6.9V，或者 6.8V。不过，这对我们影响不大，我们可以规定，如果电压在 6.5~7.4V 之间，则认为它等于 7V；如果电压在 7.5~8.4V 之间，则认为它等于 8V，如此，这样就很好地解决了精确度的问题，除非发生了比较大的电路故障。

注意，小数部分的精度和电压的精度无关。因为这仅仅是一个你认为小数数位是哪几根导线的问题，而每根导线上的数据精度已经不是问题了。

万事俱备，只欠东风。这个用电来表示数的方案无论从哪个方面看都是无懈可击的，所以下一步的工作就是如何具体实现这个运算部件。换句话说，如何亲自动手来制造这个运算部件。

因为这个方案是你自己想出来的，所以你准备大干一场。"用它来计算加减乘除？谁会这么傻？简直是自讨苦吃。但是我还是想把它做出来，"你暗暗地想，"至少它让我觉得有成就感。我对电学还是有一些了解的，瞧好吧！"

在美美地睡了一觉之后，你迫不及待地坐到桌子前开始着手实现你的伟大计划，但这时你才发现原来自己根本没有头绪。这有点儿像一个和父母赌气的孩子，在离家出走后才发现自己根本不知道应该去哪儿。只见你一会儿苦思冥想，一会儿快速地在纸上画着什么，但是渐渐地，谁都可以明显地看出你开始有些烦躁，家人招呼你吃饭你也懒得答应，满地都是纸团儿，纸篓的大部分是空的，仅有的几个还是你最开始扔的。

一天、两天、三天，一个多星期过去了，你依然没有任何进展。刚开始着手这项工作的时候还吹着口哨，但现在已经被越来越长的叹气声所取代。最终，你决定去请教本地的一位电子技术专家,毕竟在这个领域里他们是最有发言权的。

"年轻人,"专家在听完你的讲述,认真思考了一会儿后说,"从理论上来说,你的方案是可行的。你也许听说过模拟计算机,它就是按照这种思路做成的。模拟计算机在1940年以前就有了,甚至还被安装在潜艇上,用来计算发射鱼雷时所需要的方向和速度。不过,它的用途有限,而且凭你现有的条件也许根本做不出来。你完全可以采用更好的办法,而且只用很普通的材料就可以手工实现。"

临走的时候专家送给你一本书,是介绍二进制的。"请认真阅读,细细体会,从现在开始,你的生活里将只有0和1。"

## 2.2 古怪的二进制计数法

坦率地说,我们要在这一节里讨论如何数数。比如,要是我问大家,在图2.5中一共有几棵树,那么所有人都会说是十二棵。

图2.5 上面这些树的个数可以记做"12"

很简单,是吗?问题是,为什么我们要把十二写成"12",而不是"#%"或者其他别的符号呢?老实说,就像对待电的问题一样,我们经常习惯于适应和被动接受,而不是问个为什么。

把十二棵树记做"12",我们平时使用的这种方法叫十进制记数法。十进制计数法只有十个符号:0、1、2、3、4、5、6、7、8、9,但是却可以表示任意的数,比如一年有"365"天、月亮距离地球"384 000"千米、珠穆朗玛峰的高度为"8 844.43"米[①],等。很显然,十进制记数法的奥秘在于组合,也就是用上面所列的10个符号来拼凑出各种不同的数。

十进制有10个符号,"9"是最大的。当要表示更大的数,比如十只烤鸭时,因为没有更多的符号可用,只能将"9"变成"0",然后向左进一位,所以烤鸭的数量就可以记做"10"。如图2.6所示,当满十的时候就向前进位,这就是十进制记数法的由来。

---

① 这是最新的测量数据,由国家权威部门经实测后于2005年10月9日公布。

第 2 章
用电来表示数

$$9$$
↓ 把9变成0
$$10$$
↙ 往左进一

图 2.6　十进制是逢"十"进位的

2050 年的一天（科幻小说写法），我在互联网上看到了一则报道，说是在神农架真的发现了野人。这个消息不胫而走，轰动一时，从那以后去神农架旅游的人络绎不绝，为的都是一睹野人风采。

神农架位于湖北省西部靠近四川的位置，那里以神秘的原始森林著称，据说还有野人。但野人到底是什么样子，以前谁也没有真正见过。受好奇心的驱使，同时也因为那里离我的老家不远，我决定约我北京的朋友董宇和我一起前往神农架探个究竟。

正如网上所报道的，神农架里真的有野人部落存在。令人遗憾的是，由于这里每天都有数不清的旅游者，受他们的影响，我们已经看不到野人的原始生活状态了。

"感谢你们，"一个叫张三的"野人"对我们说，"在你们的帮助下，我们已经学会了外面的语言。但是有一个问题让我非常烦恼，你们俩能帮帮我吗？"

我们当然愿意为他提供帮助。在张三说明情况之后，我们才明白是怎么回事儿。原来他们尽管学会了汉语，但是对于计数一窍不通。

"我们现在是这样计数的，"张三说，"邻居李四前天来向我借米，我借给他了，账在这里。"说着他从一堆绳子里拿出一根来，指着上面的疙瘩，又拿起一只碗向我们晃了晃。

"他们是在用绳结计数，"董宇解释说，"绳子上打了 5 个结，他的意思是李四借了他 5 碗米。当然，如果米还了，他会把这些结解开。我认为我们应该帮帮他们，否则再这样下去，他就不用再待在这里，而是到武汉这样的大城市开绳子铺了。"

帮助人的确能够令人感到快乐，既然我们有能力做到这些，同时又能融入他们中间，那何乐而不为呢！

"野人"们的悟性真好啊，我只花了很少的时间就让他们明白了 0 和 1。我在地上画一个圆圈，对他们说它的意思是"什么也没有"；然后又画一竖，说它代表的是一碗米。

这是一个非常好的开端，按照我的想法，用不了多久，"野人"们就能学会我们的计数方法。可是当我指着两碗米，在地上画了个"2"的时候，他们不干了。他们七嘴八舌，说是照这样下去，他们将不得不记住比碗里面的米粒还要多的符号。

"用不了那么多，你们只需要记住很少的几个就行了。"我对他们说道。同时挥挥手企图让他们平静下来，但根本无济于事。

这时董宇将我拉到一边，对我说："你不要这样，这没有用。他们根本不会听你的，他们都是刚刚从蒙昧中走出来的人。他们不是已经知道 0 和 1 了吗？那么你就用这两样东西帮他们吧，我认为这应该是行得通的。"

这的确是行得通的，因为早在很多年前，我就曾接触过一种叫做二进制的记数方法。不像十进制，在这种方法里，只有 0、1 两个符号，如图 2.7 所示。为了同十进制有所区别，通常管这两样东西叫做"零"和"幺"。

图 2.7　二进制的"零"和"幺"

既然是数数，那么任何记数方法都必须能表示"什么也没有"，或者"没有任何东西"。二进制也不例外，要是你把神农架的树都砍光了（你有没有这个胆量和能力，这不是我们现在讨论的话题），这光秃秃的地方还会有多少棵树呢？我们这样表示（图 2.8）。

图 2.8　用二进制来表示"没有"

紧接着，张三种了一棵树，于是，现在神农架有了幺棵树（图 2.9）。

图 2.9　用二进制来表示十进制数"1"

这意味着，"幺"比"零"在数量上大一个级别。

要是张三又种了一棵树，那么，神农架现有的树木在十进制里就是"2"。不过，这种表示方法对于二进制来说行不通，因为它只有 0 和 1，没有更多的符号。像十进制一样，二进制通过将 1 恢复到 0，并向左进位来解决这个问题（图 2.10）。

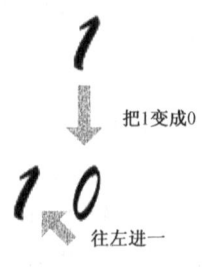

图 2.10　二进制通过进位来表示更大的数字

于是，神农架当前的树木总数为（图 2.11）。

图 2.11 用二进制来表示十进制数"2"

注意，你要让头脑中的十进制思维暂时回避一下，不要被它干扰，这里是"幺零"，不是"十"。另外，很明显，这是"逢二进一"的，当计数到"2"的时候立即向左进位，这就是"二进制"的由来。

接着再种一棵树。这回，图 2.11 中的 0 增加到 1，于是现有的树木可以表示为（图 2.12）。

图 2.12 用二进制来表示十进制数"3"

既然是通过种树来学习数数，继续种下去也无妨，那就再种一棵。种树容易，麻烦的是我们又遇到"逢二进一"的情况了。和前面一样，先是最右边的 1 回到 0，向左进位。但是左边原来就有个 1，它接受这个进位，也同样"逢二进一"，把自己恢复到 0，然后继续向左进位。由于左边是空白，所以直接把进位放在空白处（图 2.13）。

图 2.13 用二进制来表示十进制数"4"

同样的方法，只需要细心点，再加上点儿耐心，再多的树也能数得过来（图 2.14）。

```
🌳              1
🌳🌳            10
🌳🌳🌳          11
🌳🌳🌳🌳        100
🌳🌳🌳🌳🌳      101
🌳🌳🌳🌳🌳🌳    110
🌳🌳🌳🌳🌳🌳🌳  111
🌳🌳🌳🌳🌳🌳🌳🌳 1000
```

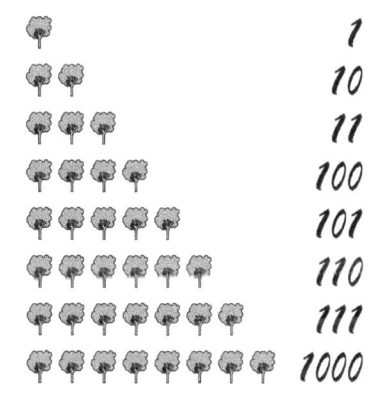

图 2.14 无论数量有多少，二进制都可以表示

以上就是我要向"野人"们传授的二进制记数法。不在现场,你都不知道我的处境。总之,整整一天,我都在竭尽全力地使他们明白这种记数方法,最要命的是根本不能按照我们平时的概念去向他们解释这一切,这让我感到非常费劲儿。好在他们非常聪明,很快就学会了这种记数方法。

尽管二进制记数法只有两个符号,但是却可以有无穷无尽的组合。可以这么说,任何一个十进制的整数,都有一个唯一的二进制数与之相对应。比如,月亮和地球之间的距离是384 000千米,对应的二进制数就是1011101110000000000。问题是,你是怎么知道的呢?这里有一个笨办法和一个好办法。

笨办法需要大量的时间,而且容易出错,就是从0开始推演,推演到三十八万四千次的时候,结果就出来了。好办法呢,就是用一个公式,在十进制和二进制之间来回换算,既快又准确。关于这套公式,互联网上有很多相关的教程,书店里也有很多讲述二进制的书籍,这里就不做介绍了。表2.1给出了一些常见的十进制—二进制数对照表,这对于顺利阅读本书来说已经足够了。

表2.1 常见的十进制—二进制数对照表

| 十进制数 | 二进制数 | 十进制数 | 二进制数 |
| --- | --- | --- | --- |
| 0 | 0 | 14 | 1110 |
| 1 | 1 | 15 | 1111 |
| 2 | 10 | 16 | 10000 |
| 3 | 11 | 17 | 10001 |
| 4 | 100 | 18 | 10010 |
| 5 | 101 | 19 | 10011 |
| 6 | 110 | 20 | 10100 |
| 7 | 111 | 50 | 110010 |
| 8 | 1000 | 100 | 1100100 |
| 9 | 1001 | 500 | 111110100 |
| 10 | 1010 | 1 000 | 1111101000 |
| 11 | 1011 | 5 000 | 1001110001000 |
| 12 | 1100 | 10 000 | 10011100010000 |
| 13 | 1101 | 50 000 | 1100001101010000 |

## 2.3 二进制数就是比特串

十进制数具有不同的数位,分别是个位、十位、百位、千位等,但是在二进制里通常不需要这样细致的划分,因为二进制数一般都很长。对于单个的二进制数位，它们都只有一个称呼"比特"，每个比特具有两个可能的值：0 或者 1。

最早，二进制中的每一位在英语里被表示成"Binary digit"，意思是"二进制数位"，或者"二进制数字"。但是人们很快就看清了，这个术语将随着计算机技术的快速发展而越来越多地被人们使用。懒惰是发明的动力，有个好事的人叫图凯，他很想用一个更加短小的名称以方便交谈和书写。图凯扮演着 20 世纪中期统计学发展的关键人物。这个人生于 1915 年，是家里的独子，从小在家接受教育直到后来进入大学研读数学和化学，一生成就非凡且荣获很多奖项。

他一开始想到的是 bigit 和 binit，但最终他选择使用 bit 这个单词，并由于它的短小和亲和性而广为接受。这还不算，一些更懒惰的聪明人干脆直接将它写做"b"而不是"bit"。当它传入中国的时候，它被依照发音翻译成"比特"。图 2.15 中的二进制数共有 7 位，可以记做 7 比特、7bit 或者 7b，具体怎么写随你的便。

图 2.15　比特示意图

"比特"是计算机专业里使用得比较多的术语之一，差不多在每本专业书籍里都有可能重复出现。相比之下，它的长辈二进制则经常被人们遗忘。

关于二进制我们最后想说的是它如何表示一个小数。像十进制一样，二进制也是可以表示小数的。如果不是这样的话，现代的电子计算机一定不会有太大的用处。毕竟，小数是很常见的，即使是到菜市场买菜，所花的钱通常都是有零有整的。你要是好好说，这零头就抹了，要是你唧唧歪歪的，这菜估计就买不成了。

二进制小数可以有多种表示方法，比如，可以将它分成整数部分和小数部分，像这样：

11011001.101011

## 2.4　用开关来表示二进制数字

自从学会了二进制之后，你的运算部件制造计划又开始缓慢地向前推进了。当然，在这个过程中首要的问题还是解决如何方便地用电来表示具体的数。

由于电子专家的权威性，更由于你是个聪明人，在那次和专家分别的时候你已经读懂了他的潜台词：自行其是只会给自己带来烦恼，使用二进制应该是个明智的选择。所以，尽管眼下你还有些摸不着头脑，不知道二进制会给你的运算部件制造计划带来什么，但是这总比没有任何现成的思路强。很快，你终于有了一些头绪。

你发现因为二进制数只有 0 和 1 两个符号，所以马上想到这可以用开关来实现：当开关断开时，电流被切断，这代表 0；当开关接通时，电路中有电流通过，这代表 1，如图 2.16 所示。

图 2.16　开关的通断对应着 1 和 0

另外一种可行的方案则与此相反，用开关断开表示 1，而开关接通表示 0。但是对大多数人（包括我自己）来说，这会有些别扭，不太容易接受，毕竟我们已经习惯了把"没有"看成 0，所以我们不使用这种方案，尽管已经说过，它实际上是可行的。

因为在大多数情况下，一个真正的二进制数不仅仅只有一个 0 或者一个 1，它可能包含了很多比特，是一连串的 0 或 1，所以要表示一个真正的二进制数，比如 101（也就是十进制的 5），就需要一排开关，每一个开关对应一个比特（2.17）。

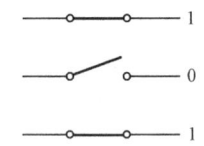

图 2.17　通过使用多个开关、可以代表任何二进制数

这个创意非常新颖，也非常重要，所以我们应该立即将它应用到我们正在努力制造的运算部件中，如图 2.18 所示。尽管刚看到这幅图时很多人会出现精神恍惚的症状，但是我相信只要稍做解释大家不用吃药就能很快得到缓解，并能很快明白这个图的意思。

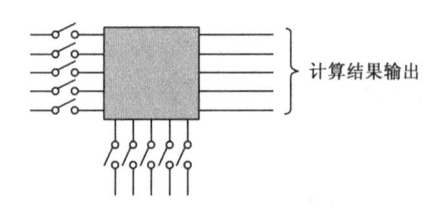

图 2.18　理想中的二进制运算部件

图中的灰色方框通常代表一个具有某种功能的电路，在这里它代表的是我们一直努力想要制造的运算部件。之所以这样做，是因为我们正在讨论如何用开关

来表示数,这是我们当前关注的焦点。况且现在还不知道它内部到底应该如何构造,用一个方框来代表真是最好不过了。

这个运算部件的左边和下面各有 5 个开关,分别用于输入两个参与运算的二进制数,这意味着它们都是 5 比特的。就像前面已经讲过的那样,要表示一个二进制数,只需要接通或者断开它们中的一个或多个。那么为什么在这里非得是两个 5 比特二进制数呢?这没有什么特别的原因,只是因为我决定画这幅图时的一闪念。换句话说,这只是一个例子。你可以使它有 2 比特,或者 20 比特,比特越多,需要的电线和开关就越多,但是它能计算的数就越大,难道不是吗?

这幅图充分表明了二进制数之所以在电的世界里受到欢迎的原因,我相信你对它也是非常欢迎的。要是在以前,你必须制作一大堆电路,为的是生成不同的电压,这还不算,为了知道生成的电压够不够数,你还得拿着电压表一遍一遍地挨个儿测量,而获得这点成就感所付出的却是满头大汗和精疲力尽。但是现在,你只需要准备一个合适的电源和为数不多的开关就足够了。至于精度,在这里有电表示 1,没有电表示 0,使用多大的电压都无所谓,只要不会烧坏零件或者电着自己,你认为在这里精度会是个问题吗?

除此之外,还有更令人感到振奋的。在前面的设计过程中,由于忙着解决如何将数送到运算部件里去,我们还没有认真研究过另外一个重要问题,那就是当运算结果出来之后我们怎样知道它是不是正确,是否是我们真正想要的。

现在,由于采用了二进制,这个问题也迎刃而解。方法出奇地简单,因为运算部件是以二进制的方式工作的,它送出来的运算结果自然也是用一排导线表示的二进制数。这样,我们可以把小灯泡接在每一根输出上(让它费点儿电,毕竟人们常说只有付出才能得到回报),以此来显示这些输出的比特到底是 0 还是 1(图 2.19)。

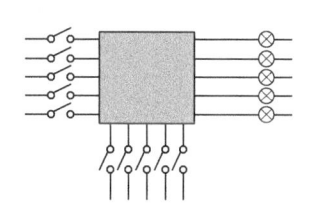

图 2.19 通过使灯泡发光、可以直观地看到运算结果

这个办法真好,而且特别有意思,它使得结果能以可视的形式直接被我们用眼睛观察到。当某根导线上没有电时,与它相连的灯泡不亮,代表这一比特是 0;当灯泡亮时,表明这一比特是 1。如果依次记下这些比特并将其换算成十进制,我们就能知道结果到底是几,这真是再好不过了。

看起来二进制与电学还真有着不解之缘,好像它是专门为发明电子计算机而量身定做的。

遗憾的是这两者之间原本就毫无关联。二进制创建的时间大约在1672—1676年，发明它的是德国人莱布尼茨。莱布尼茨是伟大的哲学家和数学家，他不但是数理逻辑的开创者（往后我们还要提到这门学问），还是与牛顿齐名的数学家，他们俩相互独立地创建了微积分。

除此之外，莱布尼茨还是个百科全书式的杰出学者，研究领域遍及数学、物理学、力学、逻辑学、生物学、化学、地理学、解剖学、动物学、植物学、气体学、航海学、地质学、语言学、法学、哲学、历史和外交等（哎呀，光是把它们念一遍就让我喘不过气来）。

尽管莱布尼茨发明了二进制，但这并非是由于他认识到二进制对于计算机来说是多么重要。事实上，尽管他的确曾经热衷于研究如何制造计算机，而且也确实发明了一台机械计算机，但那台机器却根本不使用二进制工作，也和二进制毫不相干。具有讽刺意味的是，他发明的二进制现在却支配着全世界不计其数的计算机的运行，如果他能够活着看到这一切，不知道会作何感想。

多好的二进制、多好的设计啊！晚上躺在床上你都在想：我怎么会有这么好的设计呢！实事求是地说，这一次的设计的确已经无可挑剔了，至少从技术难度上来说是完全可行的。所以在图纸出来之后，你就开始着手构造这个运算部件内部的电路了。

# 第3章

# 怎样才能让机器做加法

现在，我们已经拥有了二进制的知识，也学会了用开关将电流表示成二进制比特，为了欣赏到这些比特，我们还使用了灯泡。看起来开端不错，现在的核心工作就是搞清楚这个加法机的内部构造。这不是一件容易的事儿，我们需要好好规划一下，毕竟不能指望吹口仙气就能完成这项杰作。

在开始之前，我想大家都会同意这样的观点，那就是用机器来算数学题所面临的主要问题在于它们没有生命，而没有生命的东西，比如一截电线、一块铜皮，是缺乏智慧、不会算数学题的。为了制造一个会算数学题的机器，必须先回顾一下我们自己算数学题的方法和过程，然后用零件和电路来模拟我们的过程。

理解了这一点，那就让我们先从熟悉的十进制加法开始，然后再接着看一看如何用二进制数做加法，但愿能得到一些启示。

## 3.1 我们是怎样用十进制做加法的

通常，我们说"加法"的时候，都是指十进制加法。可以非常肯定地说，读这本书的人全都会做加法，要不然的话你简直无法生活：你不能做买卖，因为你不知道人家买的东西加起来一共是多少钱；你也不能请客吃饭，因为你不知道需要为来的客人准备多少饭菜，更不知道该在桌子上摆放多少碗筷。好在我们从小就学会了这项技能，真是幸运。

尽管做十进制加法很容易，完全是不假思索地在干这件事儿，但那只是因为我们每天都在使用它，对它实在是太熟悉了，完全忘了做加法其实是一个运用口诀的过程。十进制加法的计算口诀是

0 加 0 等于 0;
0 加 1 等于 1;
0 加 2 等于 2;
0 加 3 等于 3;
⋮
9 加 7 等于 6，进 1;
9 加 8 等于 7，进 1;
9 加 9 等于 8，进 1;

嗯，还真是挺复杂的，要知道，为了节省篇幅，已经省略了它们中间的绝大部分。下面通过一个例子，比如计算 15+7，来看一看这些口诀是如何运用的。

如图 3.1 所示，在实际做加法的时候，要将被加数和加数从右边对齐，而开始计算的时候，也同样是从最右边的那一列开始。

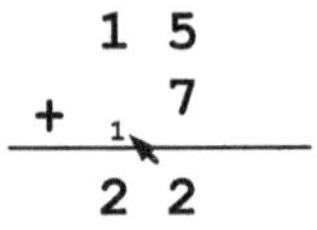

```
  1 5
+  ₁7
─────
  2 2
```

图 3.1  十进制加法示意图

首先是 5+7。按照口诀"5 加 7 等于 2，进 1"的指示，得到结果"2"，并向左产生一个进位。为了防止过后把这个进位忘了，上学的时候老师会告诉我们一个小小的技巧，在左边一列的下面写一个小小的"1"，表明这里有个进位。

现在左边只剩下"1"了，因为这一列只有它自己，所以通常是直接拽下来，作为结果的一部分。但是别忘了，这一列上还趴着一个进位，正眼巴巴地等着被"加"一下。所以，我们还要再使用口诀"1 加 1 等于 2"来得到这一列的结果"2"。至此，我们已经完成了这道加法题，结果是 22。

虽然每个人都会做加法，但是有时候，拥有这样的本领也不容易，常常需要付出遭受两面夹击、担惊受怕的代价。我二哥就是这样，经常让我妈拿着棍子往学校里撵，到了学校之后还得像受惊的兔子一样生怕遭到老师训斥。

## 3.2  用二进制做加法其实更简单

尽管讨论十进制加法对我们来说显得很轻松，但我们不应该停留在这里，毕竟它不是这一章的重点。现在，让我们接着讨论另外一个更重要的话题，它关系

## 第 3 章
## 怎样才能让机器做加法

着我们的加法机是不是能顺利地造出来。

也许你已经知道（或者想到），二进制数也可以像十进制数那样进行各种数学运算，比如：

$$11101 + 110 = ?$$

尽管已经对二进制有所了解，但大家并没有接触过与二进制有关的数学运算，所以肯定会毫无头绪。不要紧，我来给大家翻译一下。因为 11101 和 110 分别等于十进制数的 29 与 6，所以这道题其实算的是

$$29 + 6 = ?$$

当然了，结果应当是 100011，即十进制数 35。所以，在数学公理面前，不管你说的是外国话，还是中国话，也不管你用的是什么数制，都不重要。

我知道你这会儿在想什么。你一定觉得奇怪："我就纳闷儿了，两个二进制数相加，就得到了另外一个二进制数，这是怎么得到的呢？"

我们知道，在做十进制加法的过程中有两点是比较重要的：一是必须掌握加法口诀；二是需要考虑进位。很不巧，如果要做二进制加法，这两点同样很重要，简直是避不开。

加法口诀的作用是让你念念有词地得出结果。前面已经说过，十进制加法有一大堆口诀，之所以有这么多，是因为十进制有 0～9 这十个基本数字，这百十来条口诀就是用这十个基本数字翻来覆去组合而成的。

相比之下，二进制加法的口诀会比较简洁，因为它只有两个基本数字：0 和 1。所以，口诀的前三句是

0 加 0 等于 0

0 加 1 等于 1

1 加 0 等于 1

不要被表面现象所迷惑，尽管十进制里也有 0 和 1 这两个数字，但前面这三条不是十进制加法，尽管站在十进制的角度来看它们毫无疑问也是正确的。

0 和 1 可以有 4 种相加的组合形式，前面已经有了 3 种，还剩下最后一种，即 "1" 和 "1" 相加。现在，二进制加法和十进制加法的相似性已经到此结束，在二进制里，1+1=10，但加法口诀的规则是必须表示成进位的形式：

1 加 1 等于 0，进 1

学习了二进制加法的口诀之后，现在，让我们实际做一下，操练操练。这回来个简单的，能说明问题即可，比如 110 + 11。以十进制的眼光来看，它实际上计算的是 6+3。

如图 3.2 所示，和十进制加法一样，两个要加起来的数先是右对齐，然后从最右边的列开始计算。

```
  1 1 0
+   1 1
-------
1 0 0 1
```

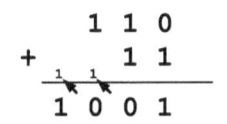

图 3.2  二进制加法示意图

先是"0"加上"1",这正好对应于口诀"0 加 1 等于 1",所以这一列的和是"1";

接着,是两个"1"相加,依据口诀"1 加 1 等于 0,进 1",所以这一列的结果是"0",同时向左边产生一个进位"1";

继续往左边来,这一列是个光杆司令,但不能直接拽下来,因为底下还趴着一个进位"1"。依据"1 加 1 等于 0,进 1",这一列的结果又是"0",而且也向左边扔出个进位。但是,左边已经什么都没有了,这才是名副其实的光杆司令,那就直接把它拽下来吧。所以,最终的结果就是1001。

至此,我们已经得出 110+11=1001。这个结果是不是正确呢?好办,翻到第 2 章,你就会发现,二进制数 1001 确实等于十进制数 9。如果你还不放心的话,可以多找一些二进制数来试试。

## 3.3  使用全加器来构造加法机

在学习了二进制加法运算之后,大家可能会感觉很愉快、很满足(通常吃饱了之后也是这种感觉,这证明知识的确是精神食粮)。高兴之余,你可能想在别人——比如你的父亲面前卖弄一下你的学问,向他演示 101+11=1000。看到你拥有这样非凡的才能,他肯定表现得非常激动:"揍死你这个不成器的东西,竟然连加法都不会做了!"[1]这也难怪,大人们很少有懂得二进制的。如果不是为了研制计算机,我们干吗要研究二进制,和它纠缠在一起?

任何一个二进制数都是由一个以上的比特组成的,是一个比特串。为了突出组成它的每个比特,一个二进制数可以表示成(如果它包含了 6 比特的话):

$$a_5a_4a_3a_2a_1a_0$$

在这里,$a_0$、$a_1 \cdots a_5$ 都是单个的比特,是这个二进制数的每一位。奇怪吧?它们都有一个"$a$",脚底下还吊着一个独一无二的下标。什么意思呢?"$a$"表示它们都属于同一个大家庭,即这个二进制数;下标则指明了它们在这个二进制数中的位置,或者说,在这个大家庭里的长幼次序。

我们在日常生活中通常都是从 1 开始编号,但是这里却是从 0 开始,而且从

---

[1] 在这本书中,我可能不止一次地提到普天之下的父亲,以及他们的严厉。不用担心,他也许只是吓唬吓唬你。

右向左递增。为什么要这样干呢？电子计算机是外国人发明的，我们研究计算机技术，引进他们的技术资料，自然也就把这个学来了。交朋友要交脾气相投的，干事业要找志趣一样的。要是你和自己的创业伙伴一起放羊，晚上赶羊进圈的时候，你数的是 1、2、3、4、5，共 5 只，而他数的是 0、1、2、3、4，共 4 只，弄不好你们俩就要反目。

所以，如果 $a_5a_4a_3a_2a_1a_0$=110101，那么它们的对应关系就如图 3.3 所示。

你可能怀疑我的动机，正在猜想我为什么要跟你说这些。你的怀疑是对的，因为我正是想和你一起分析分析，在不知道或不用知道两个二进制数究竟是几的情况下，它们是如何相加的，这里面都有些什么规律。如果可能的话，我们将会得到一份奖赏，那就是顺利地把期盼已久的加法机造出来。

既然知道了我的心思，那么，让我们来看看，随便两个二进制数相加时会怎样，比如：

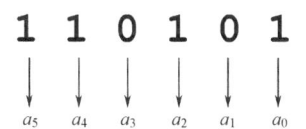

$$1\ 1\ 0\ 1\ 0\ 1$$
$$\downarrow\ \downarrow\ \downarrow\ \downarrow\ \downarrow\ \downarrow$$
$$a_5\ a_4\ a_3\ a_2\ a_1\ a_0$$

图 3.3　二进制数中各个比特的编号方法

$$a_5a_4a_3a_2a_1a_0 + b_5b_4b_3b_2b_1b_0$$

它们可以是任意两个数。照惯例，要先把它们右对齐，叠在一起，如图 3.4 所示。

| | $a_5$ | $a_4$ | $a_3$ | $a_2$ | $a_1$ | $a_0$ |
|---|---|---|---|---|---|---|
| | $b_5$ | $b_4$ | $b_3$ | $b_2$ | $b_1$ | $b_0$ |

图 3.4　两个二进制数相加、要和十进制加法一样对齐

因为最先相加的是最右边那一列，即 $a_0$ 和 $b_0$，所以这里没有从其他列来的进位，属于单纯的两个比特相加。如图 3.5 所示，这里有 4 种可能的情况。

```
  0    0    1    1
  0    1    0    1
 ---  ---  ---  ---
  0    1    1    0
```

图 3.5　不考虑其他列的进位时两个比特相加的 4 种可能

依据二进制加法口诀，很显然，只有在来自被加数和加数的比特都为"1"的时候，也只有在这个时候，才会向左边甩出一个进位"1"，并且结果是"0"。

相比之下，倒数第二列就没有这么幸运了。因为它不单纯是 $a_1$ 和 $b_1$ 相加，还

可能会收到最右边那列赠予的礼物——进位，这样这一列实际上就是三个比特相加。当然，要是运气好，最右边一列没有产生进位，那么情况会和图 3.5 一样。

不过，如果最右边一列产生了进位，那么这一列实际上是另外 4 种可能，如图 3.6 所示。

```
  0       0       1       1
  0      ₁1      ₁0      ₁1
 ───    ───     ───     ───
  1       0       1       1
```

图 3.6　存在其他列的进位时两个比特相加的 4 种可能

综合图 3.5 和图 3.6，就得到了在这一列上做加法时，所有可能出现的情形，共 8 种。我想大家都看得很清楚，这一列相加的结果可能是 0，也可能是 1。而且，也可能产生进位，但这个进位必定是 1（而不会是其他数值）。

我们可以接着研究其他列上相加的情况，但实际上已无必要，原因是除了最右边那一列，不管哪一列相加，情况都和刚才讨论的一样，每一列都有可能需要加上前一列来的进位（1），相加的结果可能是 0，也可能是 1，并且它自己也可能会把一个进位（1）塞给别人。

既然是这样，你的大脑也许会闪出灵感的火花，迸出一个非常绝妙的想法：既然加法都是按列进行的，而且每一列的计算过程都一样，那么完全可以设计一个电路来完成每一列的相加过程，如图 3.7 所示。

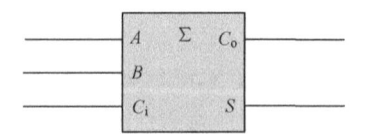

图 3.7　全加器示意图

在图中，$A$ 和 $B$ 分别是来自被加数和加数的一个比特，它们正好在同一列上；$C_i$ 是来自右边一列的进位；$C_o$ 是本列产生的进位；$S$ 是本列的"和"。为了表明这个电路的用途，我们在图的中间加了一个符号"$\Sigma$"。在数学中，这个符号用来表示"加"，它的读音是"西格马"。很显然，这并不是马的一个新品种。

既然是一个电路，它肯定有一个名字。是的，它叫全加器。这不是一个很容易理解的名字，特别是这个"全"字。而且，既然有全加器，是不是还应该有"半加器"？你别说，还真有半加器这东西。但是，半加器仅仅是把来自被加数和加数的两个比特加起来，产生一个"和"以及一个进位，并不考虑从其他列来的进位。换句话说，它只是用电路来实现二进制加法口诀。全加器则不然，它真正实现了二进制加法中每一列的加法过程，所以它才叫做"全加器"。

# 第 3 章
## 怎样才能让机器做加法

有了全加器，解决了二进制加法过程中每一列的计算问题，那么，我们可以搞一大堆全加器，根据被加数和加数的比特数，把它们串联起来组成一个完整的加法电路，图 3.8 显示了这一过程。

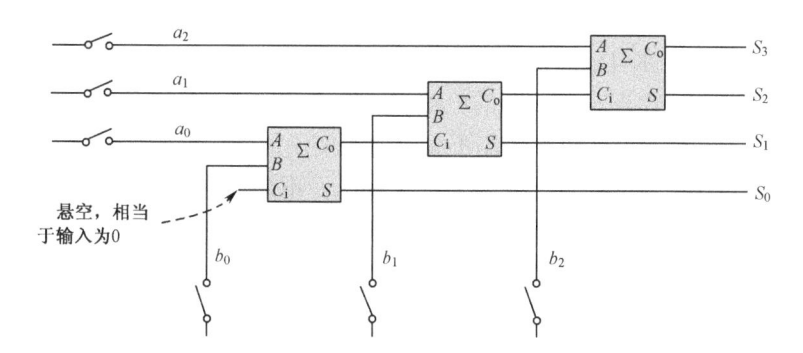

图 3.8　由 3 个全加器组成的 3 比特加法机（结果是 4 比特）

图中，参与相加的两个二进制数分别是 $a_2a_1a_0$ 和 $b_2b_1b_0$，组成它们的每一个比特都可以用开关的闭合与断开来得到。

随着开关的闭合与断开，我们会得到一些二进制数，比如 $a_2a_1a_0$=110，这个很正常。

但是，也有可能会得到一些看似不那么正常的，比如 $a_2a_1a_0$=011。不要大惊小怪，这其实很正常，它实际上就是 11，只不过前面多了个"0"。和十进制一样，不管一个数的左边有多少个"0"，都不会改变它的大小。有人不是说嘛，"1"就好比是健康，"0"就是财富。健康打头，财富多了才有意义；否则，你把健康放到最后，前面的财富再多有什么用呢？

因为被加数和加数各自用了 3 个开关，很明显，参与运算的被加数和加数都只能是 3 比特的二进制数，比如 110+101。之所以没有使用比 3 比特更大的二进制数，是因为较小的数能够使我少画一些电路，这样看起来更清楚，并因此而节约了篇幅（印刷之前，出版社的老编们可能会重新绘制这些图，我希望他们能感谢我如此善解人意，并在适当的时候请我吃饭）。

像按列做加法一样，3 个全加器串联在一起，把被加数和加数中位置相同的两个比特相加，输出结果，并将进位传递给下一个全加器。可以看出，第一个（左下角那个）全加器的进位输入端没有使用，意思是"没有进位输入"，或者"从后面来的进位是 0"。其余的全加器，它们的进位输入端都和前一个全加器的进位输出端相连，意思是"前面的，你产生进位了吗？如果有，我得加上它"。$S_2S_1S_0$ 是两个二进制数相加后的最终结果。$S_3$ 是最后一个全加器产生的进位，由于这是最后一个全加器，所以它的进位也是最终结果的一部分。尽管 100+1 的结果是 3 比特的101，但是100+100却产生4比特的结果1000，最左边的那个"1"纯粹是由于进位产生的。

如果仔细品味的话，你还可以发现它很容易进行扩充以计算更大的数（这样它会更实用），唯一所要做的就是在现有的基础上再串联更多的全加器。现在你应该感到高兴，看看你自己，进步多大呀！刚拿起这本书的时候，你对电子技术还知之甚少，现在，你连这样复杂的电路都能看懂了，这难道不值得庆贺吗？

在所有的计数方法里，二进制不见得是最实用的，它不够简明，写起来麻烦。别人不敢说，我相信交警们一定喜欢十进制，而不是二进制。当他们在路上执勤的时候，肯定能迅速记住刚才超速的是"计A9998"，而"计A10011100001110"这样的车牌号只能让他们眼晕。

好吧，我承认大家平时过日子不需要它。但是，计算机需要它，就因为它简单。它的全部，它的一切，就只有0和1。简单意味着具有较少的运算规则；较少的运算规则意味着设计不太复杂；不复杂的设计又意味着可以用很少的材料来制造，并最终节省人力、物力、时间和金钱，还能保证机器工作的可靠性。

要造一台机器来计算加法，全加器无疑是最基础的零部件了。但是，这个全加器到底应当如何构造呢？看起来，我们已经离目标不远了，应该很快就能揭开最终的谜底。

事实上，还差得远呢。要想知道全加器的内部都是些什么，它是如何把3个比特加起来的，我们还必须回到过去，了解电与磁的历史，以及先哲们创立的逻辑学，看能不能从中得到一些启发。

# 第 4 章

# 电子计算机发明的前夜

大家常说，人类社会的发展是一部历史，这当然是一种非常恰当的说法。这部历史又多又厚，涉及我们人类生活的方方面面，好好研究是有益的，甚至是很有意思的。比如，有人就研究了人类的进化史，觉得现代人的生理机能已经大不如昔。要搁以前，"就是石头，人类的肠胃也可以把它化解成面粉"。但是现在，我们吃的东西越来越精细，肠胃功能开始退化，变得越来越脆弱，"一根生猛的黄瓜就有可能把原来胜似万里长城的肠胃打得落花流水一泻如注"——有一个叫曾德凤的朋友在他的文章里如是写道。说到这里，哎呀，真是对不起，我们这本书是讲什么来着？——计算机。所以，当你翻动这部历史的时候，当然会找到计算机分卷。不过，这个分卷的历史有两个显著特点：

第一，尽管几千年前我们就已经开始书写它，但是 20 世纪之前的部分一直是干巴巴的，陈旧而平淡，反而最近几十年的历史却丰富翔实，墨迹未干；

第二，最近几十年我们在计算机方面的研究的确可以用突飞猛进来形容，但这并非是人类的脑容量突然有所增加，或者突然变聪明的结果。相反，你会发现，它之所以会取得革命性的进步，得益于人类在电磁学、数学、逻辑学等领域里取得的最新成果。

老实说，尽管从表面上看计算机是神奇的、智慧的，但掩盖不了它实质上只是一种普通电器的事实。特别是随着技术的成熟、产量的增加，以及价格的降低，它确实越来越普通了。作为一种电器，一种前所未有的、特殊的电器，它肯定比灯泡和电动机复杂，需要更多的零件。这也意味着，要想搞清楚它内部到底是怎么运作的，仅仅靠掌握一些简单的电学知识还不够，还必须了解另外一部叫做电磁学的历史。没有它所提供的理论知识和电子零件，计算机的发展也就失去了最原始的基础。

了解到这些，我们不由得陡生好奇之心，一定要回到过去，来重温科技史上那些有趣的事件和激动人心的瞬间，搞清楚都是什么能够让我们用上最好的计算机，并通过计算机阅读新闻、撰写自鸣得意的文章、打印漂亮的表格、以最快的速度和几千公里外的朋友交流、查找武昌鱼的菜谱和脚气的疗法，以及阅读网络诗人笔下狐狸的芳香和巧克力的彷徨。当然，除了这些好处之外，你还一定有机会中计算机病毒，理解什么才叫气急败坏和抓狂。

那么，让我们先从电磁学的历史开始吧。

## 4.1 电能生磁

制造能够自动计算的机器并不是人类唯一的梦想。自古以来，人类的梦想很多，比如在蓝天上飞翔、长生不老等。人是活的，因为各种各样的原因，人们要四处活动。有时候，活动范围太大，就会离自己的亲人和朋友很远，可能需要很长时间，甚至几年才能见面。在这种情况下，产生一缕缕乡愁是再自然不过的事情，要是能有什么办法让他们仿佛近在眼前就好了！

这是游子们的想法。而对于商人来说，他们更希望有办法能及时与千里之外的同伴们联络，让他们知道他所在的地方需要茶叶、蚕丝，或者不计其数的腋窝需要除臭。

此外，当有外敌入侵时，士兵们也需要有办法能快速地通知后方，让皇帝老儿赶紧派兵，骑着战马前来御敌。在古代，他们能想到的最好的办法就是在长城上点燃烽火，通过接力的方式来传递这些信息。

如果速度不是问题的话，在从前那种没有任何电信设施的年代，使用邮政可能是一个好办法。但是实际上，速度恰恰是人们最关心的问题。但是，这个问题也只有在电走进人类的生活之后才有可能解决。

我们知道，电流的速度是最快的，大约每秒可以传播30万千米。地球很大，大得像个西瓜，全地球的人加起来有好几十亿，竟然没有一双腿能跑得和电一样快，说起来还真是失败。所以，如何能用电来传递信息就成了人们需要认真研究和思考的问题。毕竟，在人们对它进行改造以适合传递信息之前，它只能用来在另一个地方生成光和热。看起来我们还有一段路要走。不过，在找到解决办法之前，我们应该先来研究一下钉子。

我们要研究的是普通的钉子，也就是我们在生活中经常看到的那种，可以用来把东西钉在墙上，或者被木工师傅用来做家具。

一颗普通的钉子没有磁性，不能吸引别的东西。但是要让它具有磁性也不难，只需要像图4.1那样用一根导线绕在上面：

# 第 4 章
电子计算机发明的前夜

图 4.1　用电线绕在铁钉上就能制成电磁铁

要制作这样一个小玩意儿，你最好找一颗比较大的钉子，这样制作起来比较顺手，另外不要采用裸线（也就是没有绝缘外皮的导线。如果说得形象一点的话，就是那些没穿衣服的导线），否则当它们绕在钉子上时，匝与匝之间会因为被铁钉短路而失去效果。注意，这里使用了一些电子技术领域里常用的词汇，比如"匝"，它的意思是"周"，环绕一周称为一匝。尽管不使用这些词汇也能讲清楚这里的一切，但是你应当掌握它们，因为它们经常在别的地方、别的书籍和文献里被频繁使用。

如果有条件，你可以使用漆包线来绕制。漆包线，顾名思义，就是导线的表面包裹着一层漆皮，它可以起到绝缘作用。初次看到漆包线的时候，它那金黄的颜色容易让人想起金子，不过真可惜，它不是。要使用它，你得先用小刀刮掉或者用打火机烧掉线头处的漆皮，使里面的导线露出来。漆包线可以在电子商店里买到，价钱也非常便宜。如果实在没有条件就用裸线，但是要事先在钉子上裹一层纸，并确保在绕线的时候，匝与匝之间分开。

应当绕多少匝，这个没有规定，当然越多效果越好，记得我小时候一般绕几十匝，一层绕不下再往回绕，这样可以绕很多层。记住，如果使用裸线的话还必须在层与层之间垫上纸，并且保证匝与匝之间是分开的。当这样一个小玩意儿制作完成后，如果你把它接到一节 1.5V 的电池上，就会发现它竟然能吸引钉子、铁管子等含铁、镍、钴的物体。

科学真是了不起，这个小玩意儿最令人称奇的是它居然那样简单，以至于人人都有条件来制作它，而且的确值得一试，它的名字叫电磁铁（你没有理由记不住这个名称，除非你现在还在想：磁铁是什么东西？）。

连初中生都知道，当一根电线有电流通过时，就会在它的周围产生微弱的磁场。电能生磁的现象叫做电流的磁效应。毫无疑问，这是一个伟大的发现，但很遗憾，我们不是第一个发现这种现象的人，这个荣誉属于丹麦物理学家奥斯特（1777—1851 年）。

1820 年的一天，一个偶然的机会，奥斯特发现当电路接通时，离电线很近的磁针会发生偏转。这磁针相当于指南针，在地球这个大磁铁的作用下会指南指北，对于经常在野外转悠的人来说非常有用。别看现在我们都待在温馨的家里,打扮得亮晶晶的,嗑着瓜子看着电视。要是在野外迷了路,又没有指南针识别方向,一想到自己这辈子将一直待在那里,和那些花草树木,以及穿梭于其中的、不知道是什么的虫子相伴,再勇敢的人也有可能哭得像小女生。

由于这一发现,奥斯特又惊又喜,激动万分。在连续进行了一段时间的实验和研究之后,于当年发表了题为《磁针电抗作用实验》的论文,向科学界公布了他关于电流磁效应的发现。说到"电抗",这听起来像打架,不过不要惊讶和奇怪,在那个电磁学刚刚起步的时代,这已经是最好的术语了。

奥斯特的偶然发现说明了一个事实,那就是电流可以产生磁场。不用怀疑,你家里的电线周围有磁场,你听音乐的耳机线也有磁场,它之所以吸不起小铁钉,只是因为太微弱。要是你把电线绕起来,这就相当于很多小磁场的叠加,磁力就会大大地增强。也就是说,匝数越多,磁场越强。

使用电磁铁的一个显而易见的好处是,当你把散落在地上的钉子都吸到一起时,不用再费力地把它们摘下来放到钉盒里(这通常会令木工师傅非常烦恼),只需要断开电流就行了。电流能产生磁场这种现象吸引了很多人去制作各种各样的新鲜玩意儿,它们大部分实际上就是电磁铁。那时,人们制作电磁铁的兴趣是如此高涨,据说1831年,美国人约瑟夫•亨利制作了一个体积并不是很大的电磁铁,能吸起重达1吨的铁块。

亨利是美国物理学家,从小就是一个有志向的人,不过麻烦在于他总能因为各种原因找到新的志向。一开始,他在剧本创作方面找到了属于他的人生意义。可是不多久,也许是因为这样无法维持生计,他又到钟表修理铺当学徒,给那些残疾的指针和发条治病。最后,因为读了一本自然科学方面的书,又激发了他上学的兴趣。后来当过教授,教过数学,讲过哲学,最后坐到大学院长的位置上,终于一不小心开始迷上了研究电磁铁。他制造的电磁铁之所以性能更好,原因在于为了使线圈能绕得密集一些,他采用了用细纱包裹的绝缘导线(当时,还没有采用给导线上漆的方法来制造漆包线的技术),这样匝与匝之间可以紧挨在一起而不用担心短路。现在,我们制造的电磁铁可以毫不费力地吸起几十吨重的东西,轻松地把一些东西从一个地方搬运到另一个地方。

## 4.2 继电器和莫尔斯电码

电学发展的历史还在继续。

电可以生磁,可以用来制作电磁铁,这在当时的确是非常新奇的事情。但是人类不可能总是玩电磁铁，这不符合人类的天性，人类的天性是熟悉了一件事情之后，再接着探索。不多久，历史上第一个尝试用电来进行远距离通信的人出生了。

世界上聪明的人多得是，撇开电磁铁不谈，单单是发现电流速度极快这一点，反应再迟钝的人也会慢慢地想到它可以用来传递信息。那个时候，想用电流在两个地方传递信息的人不止一个，但是唯一获得成功的是一个叫莫尔斯的人，而他成功的诀窍，据说是在一艘轮船上受了刺激。不过不用担心，这是好事情，准确地说是受了启发，激起了他的雄心壮志。

很多人都说那是在1832年的秋天，这个莫尔斯乘坐一艘邮轮要从法国前往美国。真是巧得很，他遇到了杰克逊——一个美国医生。说来也怪，这医生医术如何，没有人知道，但他居然还懂得电磁铁的原理和制造技术，他甚至知道线圈的匝数越多，电磁铁的吸引力越强。

当时的具体情况已经没有人知道，只能发挥一下想象。坐在轮船上，巴掌大的地方，哪儿也去不了。时间一长，这杰克逊医生百无聊赖，实在闲得不行，用我哥的话说，那简直是"闲得学驴叫，急得拧绳上树"，为了打发时间，他拿出电磁铁给大家变起了魔术。可以想见，当人们看到像钉子这类铁的东西，在医生的命令下说让它吸住就吸住，让它下来它就掉下来的时候，一定鼓噪喝彩，惊为天人。这莫尔斯也伸着脖子，混在人群当中看热闹。

塞缪尔·莫尔斯（1791—1872年）生于美国一个牧师家庭，1810年毕业于耶鲁大学，早期曾从事印刷和绘画。作为一名画家，莫尔斯是成功的。莫尔斯曾两度赴欧洲留学，在肖像画和历史绘画方面成了当时公认的一流画家，1826年至1842年任美国画家协会主席。但是现在来看，他的艺术生涯快要结束了。

杰克逊的介绍让莫尔斯浮想联翩、兴奋不已。他向杰克逊医生请教电学方面的知识，两人谈得十分投机，甚是欢洽。回来之后，他决心改行，要搞发明。要知道，那一年，这老小子已经41岁，即使称他为大龄青年也很勉强。

莫尔斯发明的是一种叫做电报的东西，由不在一个地方的两个装置组成，用很长的电线连接起来，如图4.2所示。

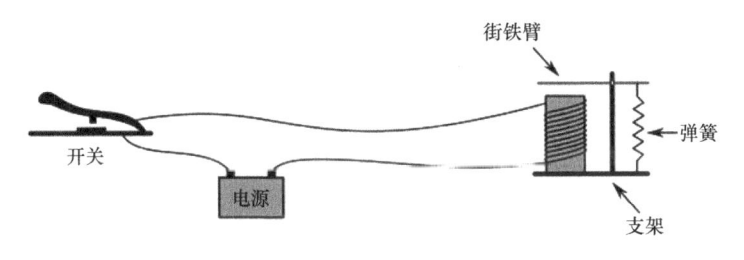

图4.2 莫尔斯电报示意图

在这一端，是一个开关，通常称之为按键，可以控制电流的通断，只是与我们常见的开关在形状上有很大差别，但作用是一样的。因为要长时间在这个装置上反复操作，所以在设计上讲究方便和舒适性。而在电线的那一端，连着一个电磁铁。这样，通过按下或者松开按键，就能控制磁性的有无。这是我们已经知道的知识，没有什么好奇怪的。但是，请稍等。

在电磁铁的上方，有一个长长的铁片——衔铁臂——安装在支架上，它可以上下自由活动。平时，也就是电磁铁没有通电产生磁力的时候，它被一根弹簧拉着，以免与电磁铁挨在一起。这样，一旦开关闭合，衔铁臂就会被电磁铁吸引；当开关松开，电磁铁失去磁性时，衔铁臂又在弹簧的牵引下回到原来的位置。

我当然知道，这个装置没有什么特别新奇的地方。但是，如果在衔铁臂上安装一支笔，并在笔的下面放一卷匀速前进的纸，当按下按键并迅速松开时，会在瞬间使电磁铁产生一个吸合与释放的动作，结果是笔尖在纸上打出一个点"·"；如果按键按下的时间稍长一点儿，那么，笔尖会在纸上留下一条线"—"，这称为"划"。连续地按动按键，就会在纸上留下一串由点和线组成的图案，像这样：

· — ·· — · — — · ··· — — · · — ·

这正是莫尔斯所要发明的装置——电报的核心原理。不过，正如我们可以想到的，莫尔斯也知道，要想让这个装置有点儿用处，还需要加以改进。其中最关键的是需要一张发送方和接收方都能理解的电码[①]表，在这张表里，用点和划的组合来表示从"A"到"Z"的26个英文字母，以及从"0"到"9"这十个数字。

我们知道，英语的核心是26个英文字母，这是西方人的命根子，用它们就可以组成单词和句子。所以，只需要给出每个字母的点划组合就万事大吉了。比如，字母"A"是·—，字母"V"是···—。

历史上第一份长途电报是在1844年5月24日发出的，这表明莫尔斯的发明已经具备了实用性。不过，如果线路太长，也会是个问题。正如我们已经知道的那样，电线太长，电阻就会变大。这样，在电报线路的那一头，微弱的电流将不能使电磁铁正常吸合，电报接收机也就——用网友们的话说——歇了菜。

没有人愿意让这个划时代的发明歇菜。所以，可以每隔一段距离设置一个电报中转站，派人在那里接收电报，然后再原样发往另一条线路，就这样一段一段地进行接力传递。

这当然是个好主意，但问题是人没有机器老实，如果他碰巧喝醉了酒，或者病了，又没有人顶替他的工作，就会坏了大事。更何况，还要养一些人，为他们发工资，政府和企业老板可能不太会愿意这样做。

解决之道是使用继电器。继电器，从名称上说，它是给线路续电的。也就是说，

---

[①] 电报通信中用来代表文字、数字、标点等的符号。

## 第 4 章
电子计算机发明的前夜

当线路上电流很小的时候,适时地给它补充上。这种东西的原理如图 4.3 所示。

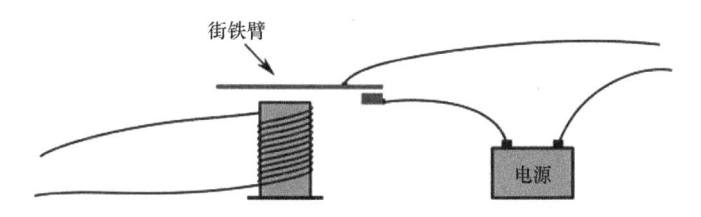

图 4.3 继电器的本质是"续"电

这是一个简化的示意图,省去了支架之类的东西,为的是你能看得更清楚。它的主体是一个电磁铁,不过衔铁臂的下面多了一个金属触点。现在,分别从衔铁臂和金属触点上引出两根线,并串接一个电源,把这两根线作为另外一条电报线路架设到其他地方。注意,电源并不是继电器的组成部分。

这真是一个奇特的装置,它应当被放在远离电报发送端,但还可以保证电报信号能让电磁铁正常吸合的地方。当发送方过来一个"·"的时候,衔铁臂也短暂吸合一下,把另一条线路接通;如果发送方发来一个"—",衔铁臂吸合的时间也和发报方保持一致,让另一条线路上同样发送一个"—"。

今天,继电器得到了广泛的应用。从电视机、洗衣机、电冰箱到工厂里的大型工业设备,都有它的用武之地。据说大发明家爱迪生就喜欢用莫尔斯的电码跟他的未婚妻进行交流。看话剧的时候,爱迪生夫人把一只手放在丈夫的膝盖上,把演员的台词发给他,使他也能欣赏。此种场景,简直浪漫得一塌糊涂,让人嫉妒得眼皮突突直跳。甚至,他们结婚的时候,电报也来捧场凑热闹——"大批的贺电从国内外发了过来"。

在纸上画一个继电器是费心劳神的事情,而且要考验一个人的美术功底。不过,这对莫尔斯来说肯定不是问题,毕竟他曾经是画家。在发明电报期间,他也的确曾经重操旧业,但不是去画继电器,实在是因为电报这东西害得他穷困潦倒,不得已又去干他的老本行。今天,制定电子行业标准的部门为我们着想,给我们推荐一个简单的图形,让我们轻而易举就能画出一个继电器来,如图 4.4 所示。

图 4.4 两种继电器的符号

图中的方框代表电磁铁,而在右边,紧挨着它的是一个衔铁开关。同时,图中也表明了继电器实际上可以按工作状态分为两种:左边那种平时处于断开状态,只有在电磁铁加电的时候才吸合接通;右边那种则正好相反。

## 4.3 磁也能生电

人类的优点是擅长站在别人的肩膀上发现新问题。在奥斯特发现电流能产生磁场之后,仿佛是一夜之间,人们都突然变聪明了。他们想到,既然电流能够产生磁场,那么反过来,就像水能结成冰,而冰自然也能化成水一样,磁场能不能变成电流呢?

当时有很多人在研究这个课题,比如瑞士的物理学家科拉顿。但是他运气不太好,真的是太差了,否则的话这个功劳就是他的了。

1825年,科拉顿做了一个实验,当时的情况是这样的:先制作一个大的空心线圈,把它的两端接到一个电流计上,再将一块磁铁插入线圈中,观察电路中是否有电流产生,如图4.5所示。电流计是一个检测电路中有没有电流通过的装置,当有电流通过时,它里面的指针会发生偏转。

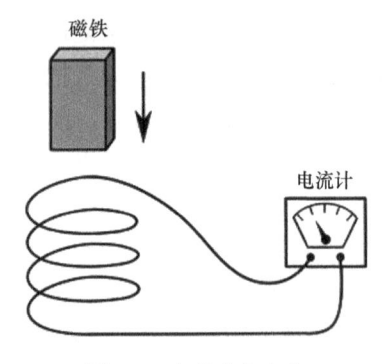

图 4.5 电磁感应实验

这本来应该是一个非常成功的磁生电实验(直到现在我们依然通过这种方法来向学生传授磁生电的知识,可见这种方法是非常简单有效的),但是科拉顿犯了一个愚蠢的错误,为了防止磁铁影响到电流计,他把电流计放得很远。这样,每次把磁铁插入线圈里之后,再跑过去看看电流计的针指是不是发生了偏转。这样他就错过了观察电流计指针发生偏转的好时机——事实上,在磁铁插入线圈的过程中,电流计肯定作出反应了。

接下来轮到法拉第了。

## 第 4 章
电子计算机发明的前夜

　　法拉第（1791—1867年）出生于英国，他的父亲是一名普通的铁匠。少年时代的法拉第当过报童，后来又到另一个老板那里打工，干书籍装订的活儿。他爱看书，喜欢做实验，曾经听过戴维爵士的科学讲座。戴维爵士比法拉第大13岁，是著名的大化学家，也是当时英国皇家学会的主席，经常在学院里举办科学讲座。据说他在把复杂的科学问题通俗化方面很有一套，讲起课来妙趣横生，吸引了很多人，其中就包括法拉第。

　　年轻的法拉第渴望从事科学研究，他认认真真地把从讲座上听到的内容整理成笔记，中间还加上了自己的见解。他把这本笔记连同一封信寄给了戴维爵士，在信中表达了自己希望能够到皇家学院从事科学研究的强烈愿望。戴维爵士很感动，法拉第很幸运，没过多久，他如愿以偿地来到了爵士的身边，正式开始以科学家的身份进行科学研究。

　　为了研究磁如何产生电，法拉第花了十年时间。之所以这么久，是因为在这十年里他并不完全是在搞这个。有时候他是戴维爵士的助手，帮着做一些化学实验（要是直说的话就是打杂，如果戴维爵士外出考察，他还得充当仆人或者跟班的角色。法拉第是个朴实的人，即使他还活着，也不会介意我这么说）；有时候他自己也研究一些化学课题，比如把气体液化呀、试制合金呀等，在这段时间里，也就是1825年，他还发现了苯。

　　另一方面，在那个年代，人们的想法很朴素，他们觉得磁生电就是将一根导线静静地放在一块吸铁石上，然后在旁边看着它发出电来。为了做实验，法拉第的道具是用一个大铁圈，在两边分别绕了两个线圈，如图4.6所示。

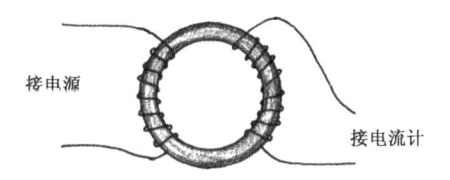

图 4.6　法拉第用来将磁变成电的装置

　　这两个线圈各有各的用处，左边的那个接开关和电源，这实际上是把整个大铁圈变成了一个电磁铁。当闭合开关的时候，线圈中有电流通过，大铁圈就产生了磁场，变成了一个磁铁。右边的那个线圈接电流计，按照法拉第的想法，如果这个线圈在电磁铁磁场的作用下产生了电流的话，电流计就应该发生偏转，观察者就可以发现这个事实。

　　1831年的一天，当法拉第像往常一样去做这个实验的时候，不知道为什么，这一次，他在给左边的线圈通电时，眼睛也正好瞟了一下电流计。只见在电源接通的一瞬间，电流计摆动了一下，然后又停在老地方不动了。

哎呀，法拉第的心都快要跳出来了！他又重复做这个实验，确保不是自己看花了眼。就这样，他终于发现了，只有当导体在磁场中运动的时候，才能产生电流。天下没有白吃的午餐，磁生电也是一种能量转换。当然，法拉第也很懊悔，要是前几年就盯着电流计就好了。

## 4.4　电话的发明

莫尔斯的电报只能传递文字信息，而且还得用电码表翻译出来才能知道是什么内容。接下来人们自然会想，能不能用电线和电流来传递声音呢？要想知道这个问题的答案，不需要支付报酬，只需了解一下我们是如何听到声音的。

小时候上物理课时，我们已经从老师那里知道声音本质上是一种振动，它可以通过空气或者木头这样的东西传播。所以在没有空气的地方，比如在真空中，声音是无法传播的。当你用力敲击一面锣的时候，锣的表面不停地"哆嗦"，会推拉四周的空气分子跟着它"哆嗦"，这样声音就传出去了。

在我们的耳朵内部有一张分隔中耳及外耳①的薄膜，解剖学上叫耳膜或者鼓膜。当声音到达的时候，会导致这层膜也跟着振动，而且振动的形式与声音的来源（比如锣，这叫做音源、声源）一模一样。这样，人就听到声音了。

在你学过的概念中，"波"通常指的是水的涌动，当你向池塘里扔一块石头后就形成了波。和水波一样，声音也是一种波，不同的声音有不同的波形。找一把钢尺，将它的一端固定起来，然后扳动另一端，此时，你听到了什么？

钢尺能发出声音是因为它产生了振动。为了搞清楚它是如何振动的，可以取一块玻璃，用烟把它熏黑，然后将正在振动的钢尺轻轻地与它的表面接触，同时移动钢尺来模仿时间的流逝，这样就记录下了钢尺振动的形状，如图4.7所示。

图 4.7　物体振动时会在熏了烟的玻璃上留下波形

---

① 要想明白什么是中耳和外耳，你定得好好学习一下生理学不可，但这已超出了本书的内容范围。

人的耳朵之所以能听到声音，据说是耳膜将声波的振动转换成了生物电。生物电刺激大脑中负责听觉的区域，我们就听到声音了。与此相同，为了用电流来传递声音，也需要将声音转换成电流，这就要用到一个叫话筒的东西。

话筒的构造很简单，主要是一个线圈和一个磁场。线圈位于磁场中，并和一个纸片或者塑料片相连。说话或者唱歌的时候，由于声波的作用，纸片也被迫振动，从而带动线圈在磁场中运动，并产生强弱随时间变化的电流。

话筒产生的电流，其波形和产生它的声波一致，所以通常称为音频电流。为了能听到远处的人在说什么，还需要制造一种东西把电流还原成声音。在电学上，这种东西就是扬声器，俗称"喇叭"。

说起来可能令人难以置信，话筒本身就可以当扬声器用。你想想，这不奇怪，当声音电流通过线圈的时候，线圈会产生或强或弱的磁场。线圈本身就位于一个磁场中，两个磁场相互作用，不是互相吸引就是互相排斥。线圈是可以动的，而磁体却是固定的，它们斗争的结果是线圈带动纸片随着声音电流的变化而不停地运动，从而使外部的空气也跟着振动，我们就听到声音了。

第一个发明电话的人，按照比较公认的说法，是美国人贝尔（1847—1922年），他于1876年申请了电话专利权。不过他的方法有个明显的缺点，就是产生的电流一般都很微弱。不要指望现在的技术能对它有所帮助，那个时候还没有发明出将微弱电流放大的装置，要打电话，你非得扯着嗓子大声说话不可。所以后来爱迪生发明的碳精送话器更流行。

与贝尔的法宝不同，爱迪生发明的这个装置像个小碗，中间填满了用优质无烟煤提炼的碳精砂。在碗口上，有一层金属膜，可以导电，但主要用来接收声波。这个装置不能自己产生电流，所以需要串接一个电源，一头接碗，一头接金属膜。当你对着它说话时，由于金属膜的振动，它内部的碳精颗粒会随着声波的变化时而紧密、时而疏松，从而使这个装置的电阻不停地变化。结果，正如你能想象得到的那样，整个电路的电流也会不停地发生变化。就是说，声音已经被转变成电流了。

## 4.5 爱迪生大战交流电

爱迪生总共有一千多项发明。如果要问在这么多的发明当中，最重要、最有影响的发明是什么的话，那也许就是电灯了。

爱迪生（1847—1931年）出生于美国，他的祖先是荷兰人，18世纪30年代从阿姆斯特丹来到美国，曾经是银行家，过着殷实的日子。只是好景不长，他的祖父约翰·爱迪生在美国独立战争期间站错了队，由于支持英国国王而被迫迁到加拿大。在这次倒霉的事件之后，大家似乎也都汲取了教训。谁都有对时局判断错误的时候，这本来也不再有什么好说的，如果还要说些什么的话，那就是1837年加拿大发生了叛乱。这一次，爱迪生的父亲，塞缪尔·爱迪生又一次站错了队，支持了反叛的一方，结果反叛的一方失败了。最后的结果可想而知，他们不得不又逃回美国。十年之后，即1847年12月11日，作为他父母的第七个孩子，爱迪生出世了。

通常在作家的笔下，伟大人物都有一个不同寻常的童年。据说在爱迪生5岁那年，他的父亲有一次在鸡窝里发现他正趴在鸡蛋上，为的是看看自己能不能像母鸡一样孵出小鸡来。好在这种努力没有成功，否则的话对于家禽和人类来说都不是一个好消息。

爱迪生在中国是非常有名的，特别是在上一代人中特别有名气。这也许并不值得奇怪，因为他一生中有一千多项发明，而且特别有耐心——据说为了发明蓄电池，他用了整整十个年头，做了5万多次试验。

"哎呀，至于结果，"在做了几千次试验之后，当有人问他有什么结果时，他说，"我的朋友，结果就是有好几千种东西是不能用的。"

有一次他的工厂着了大火，火势凶猛、黑烟弥漫，现场情况很是惊人。不过最惊人的还在后面——闻讯赶来的爱迪生不是忙着救火，而是让儿子把他的妈妈叫来，"你妈妈在哪儿？快叫她来，顺便把她的朋友们也带来，"他说，"错过这个机会，就看不到这么大的火了。"事后，当他在废墟上漫步时，发现一个有他自己相片的相框居然完好无损，于是他很高兴地表示"没伤到我的一根毫毛"。

爱迪生既是科学家，又是个商人，雄心勃勃，计划用他的灯泡点亮整个世界。随着成千上万只灯泡被生产出来，爱迪生的商业事业也迅速发展起来。他的公司在城市里铺设供电线路，然后把它们引到千家万户，从发电厂里出来的巨大电能使一只只电灯发出了明亮的光芒。但是，也正是从这个时候开始，一场以科学的名义而发动的商业战争也即将拉开帷幕。

爱迪生的供电系统采用的是直流电。你可能听说过直流电，当你用电池给灯泡供电时，在灯泡发光期间，电流总是按一个固定的方向流动，这就是直流电。

在当时，爱迪生的发电厂很难把电力输送到很远的地方，这并不是直流电本身的错，而是因为想要远距离传输电能，必须克服一个问题：导线的电阻。而且供电线路越长，意味着电阻就越大，电能会在到达目的地之前被大量损耗。

# 第 4 章
## 电子计算机发明的前夜

实践证明,当提高所要传输的电压时,可以降低电能在供电线路上的损耗[①]。遗憾的是,这对爱迪生的供电系统不适用。因为要是这样做的话,就意味着在供电线路的末端,那些神奇而明亮的瓶子都将只留下神奇,而不再明亮。这时,有个叫特斯拉的人建议爱迪生对现有的供电系统进行改进,以解决不能远距离输送电力的问题,而且他认为这同时也是一种更经济的做法。但是爱迪生没有采纳他的建议,并且在后来的时间里他们互相打压对方,到死都没有互相原谅过。

特斯拉(1856—1943年)生于南斯拉夫,后加入美国国籍。他的父亲是一位牧师,而他从小就对电学有着浓厚的兴趣。特斯拉一生中有大量的发明和创新,有很多成了现代发明创造的技术基础。但他又是一个极其不幸的人,终生贫困,很少有人知道他的名字,几乎从来没有得到过与其天才的创造相匹配的尊敬和荣誉(唯一的例外是现在国际上用他的名字作为磁感应强度的单位,这是一个衡量磁场强弱的物理量)。

1884年,爱迪生电灯公司的欧洲分公司向爱迪生本人推荐了特斯拉。当时特斯拉28岁,只比爱迪生小9岁。这两个人都不太喜欢对方,爱迪生喜欢不停地做实验,而这个欧洲人却侧重于理论计算,这使得他的工作有时候很有成效。他甚至看起来是很不屑地说:"如果爱迪生需要从草垛里找一根针,他会马上像勤奋的蜜蜂般一根根地检查稻草,直到他发现自己要找的东西。看到这样的做法,我感到非常遗憾。因为我知道,只需要一点点理论和计算,他就能省去百分之九十的力气。"看到有人这样评价自己(而且据说这段话被刊登在了报纸上),我想即使爱迪生是如来佛,他在灵山也沉不住气。他们是两个明星,但却从来不愿意一起出现在同一个舞台上。

早在和爱迪生见面之前,特斯拉就开始对一种叫做"交流电"的事物发生了兴趣。与直流电不同,交流电的方向和大小都是不断变化的。要想了解直流电和交流电之间有哪些不同,使用图形可能是最直观的方法,也是工程上常用的方法。

首先来看看直流电,它的典型代表就是干电池。为了绘出它的图像,只需找来一节电池,每隔一段时间(比如1秒钟)测一次电压,这样就能得到一组数据:

  第 1 秒　　1.5V
  第 2 秒　　1.5V
  第 3 秒　　1.5V
  第 4 秒　　1.5V
  第 5 秒　　1.5V

---

[①] 也可以通过理论计算来证明,但是这涉及一些复杂的知识,已经超出了本书的范围。

为了将这些数据绘成图形，我们通常要使用坐标系统，创立它的人是大数学家笛卡儿，所以也称为笛卡儿坐标系。1619年，当这位天才躺在医院的病床上，只能百无聊赖地瞪着天花板的时候，也没忘了关心一下趴在上面的那只苍蝇——他想，如何知道这只苍蝇的位置呢？突然间，他想到把整个天花板均匀地打上格子，苍蝇的位置也就确定了。

笛卡儿坐标系统由水平和垂直两条线组成，分别叫做横轴和纵轴。现在，我们用横轴代表时间，纵轴代表电压，用一个个的"点"把电压和测量的时间关联起来，像图4.8（a）所示那样。

图4.8　直流电的电压图像

现在我们测量电压的单位是秒，假如继续缩小每次测量的时间间隔，而且这个间隔足够小的话，这一个个的点就会挤在一起，形成一条直线，如图4.8（b）所示，这就是直流电的电压图像。我们省略了横轴上的时间点，它们已经不重要了。

说完了直流电，再来说说交流电。在第1章里，我们已经说过，就算是发电厂也不能凭空造出电来，但他们有的是办法来证明自己并不是只会收电费。我们知道，磁可以生电，这称为电磁感应，交流电通常就是在大型发电厂里通过电磁感应产生的。

为了产生交流电，需要把导体放到一个磁场中。如图4.9（a）所示，在磁铁的两极之间放有一根导线。图4.9（b）是该装置的整体截面图，其中带有箭头的线条是磁力线（当然，这是虚拟的，在实际的磁铁上是看不到的）。

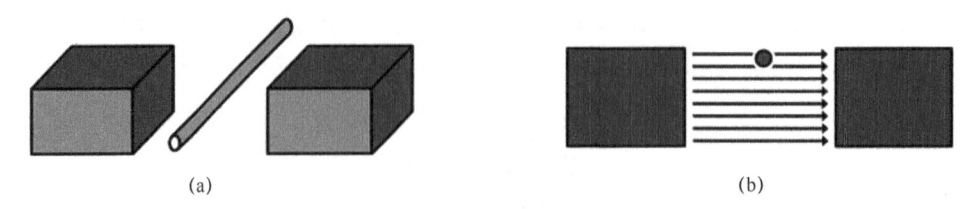

图4.9　导体在磁场中的两种视角

需要指出的是，发电厂决不会用一根导线放在磁场里发电，这发不出多少电。实际上，它是由一个绕了无数匝的巨大线圈，外加一个磁力很强的大磁场组成的。

为了持续地产生电，最好的办法就是让导线在磁场中不停地旋转——用物理上的术语来说——做圆周运动。这样做有个好处,那就是可以方便地用水轮或者风车来驱动。总之,圆周运动肯定是最自然的。要绘制交流电的图像,只需要在导体旋转一周的过程中找几个时机测量一下就行了,如图4.10(a)所示。

图 4.10 导体在磁场中的运动轨迹及其随时间变化的电压值

乍看起来,电磁感应很简单,随便拿根铁棍子在磁场中搅和搅和就能发出电来。实际上,法拉第发现这里面并不简单。在①、⑤处,导体的瞬间运动方向是水平的,与磁力线平行,此时,它将不产生电压,即电压为零;当它来到②、④处时,瞬间运动方向与磁力线呈一个角度,此时能产生电压,但并不是很高,角度越小,产生的电压越小;只有在③处,由于导体的瞬间运动方向与磁力线垂直,所以产生的电压最高。图4.10(b)是我们记录的电压变化情况。

从⑤开始,导体经过⑥、⑦、⑧处,最后回到①,这个过程与上半周相同。可以想象,它们的电压变化情况也一样。但令人吃惊的是,电压的极性却和上半周相反。换句话说,突然颠倒了。不用奇怪,法拉第已经研究过了,导体从①到⑤是向下运动的,而从⑤再回到①却是向上运动的。感应电压的极性取决于导体的运动方向。所以,导体在磁场中旋转一周所产生的交流电波形如图4.11(a)所示。

注意,我们扩展了坐标系的纵轴,以显示两种不同的电压极性。很明显,这是两个平滑的圆弧,而不是两个三角形。你要知道,导体是在做圆周运动,它的旋转路线就是圆弧,所以生成的电压图像当然也是圆弧了。

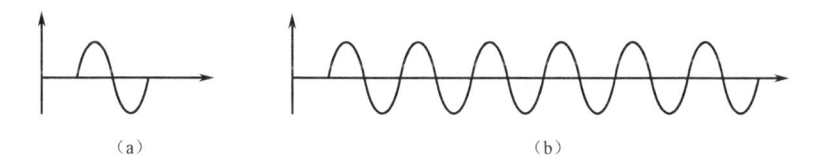

图 4.11 交流电的图像

为了持续地产生电流,导体需要不停地旋转,所以它的图像也会像图4.11(b)那样不断地重复,它没完没了,直到导体停止旋转,这就是交流电的图像。

说到这里,哎呀,我们已经离题太远了,原本要说的是爱迪生和特斯拉之间的战争故事。那时爱迪生已经上了年纪,加上他历史形成的权威地位,这个人开始变得越来越保守,越来越固执。当特斯拉劝他搞交流电时,这位大人物显得非常反感。再说他已经在直流电上投入了大量的金钱和精力,作为一只脚已经踏进商业领域的科学家,他的本能是要保护自己已有的投资。

这可能还不是他们最后分道扬镳的直接原因。据说有一次他们俩在一起讨论有关发电机的革新问题,爱迪生对特斯拉说如果他能取得成功,将付给他5万美元作为奖赏。

好的消息是特斯拉取得了成功,坏消息是他到最后也没拿到这5万美元。更糟糕的是,他还得到了他不想要的——他认为自己在这件事情上受到了侮辱——爱迪生对他说:"你不知道我们美国人爱开玩笑吗?"

特斯拉知道美国人爱开玩笑,也很幽默,只是不知道爱迪生会来这一手。在这种情况下,他愤而辞职,转身投靠到另一家公司,并建立了自己的实验室,专心研究交流电传输技术,而他的秘密武器就是变压器。

说起来令人难以置信,其实变压器的原理非常简单。拿一个铁框,然后用绝缘导线在它的两边分别绕上线圈。左边的线圈称为初级线圈,右边的称为次级线圈,如图4.12所示。

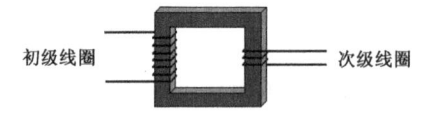

图4.12 变压器示意图

很容易想象,如果把初级线圈接在交流电上,这个东西实际上就成了一个电磁铁,而且非常特殊的是因为交流电的性质,决定了这个电磁铁的南北极和磁场强弱都在不停地变化着。

这么说来变压器好像没什么大用场。事实上它当然有大用场,如果初级线圈有1 000匝而次级线圈有5 000匝,那么在次级就能获得比初级高5倍的电压,这相当于升压;反之,如果初级有5 000匝而次级有1 000匝,则次级的电压就是初级的1/5,这相当于降压。

为了远距离输送电力给那些需要灯泡照明的地区,特斯拉的新公司首先用变压器把交流电的电压升高,比如升到50kV,然后通过高压输电线路送出去,这样一来电力损耗就会大大降低。

这种电压是非常高的,不用说也很危险。如果直接提供给灯泡,其下场肯定是——用东北话来说——完犊子。不过好在变压器也能把电压降下来,所以在高压输电线路到达城镇和工厂的时候,再用变压器把电压降低,这样就没问题了。

从理性上来讲，作为一名科学家，爱迪生当然明白这一切，但他还是要反对它，他要打败交流电，让那些对手们搞不成。他利用自己的威望和影响力向公众宣称交流电非常危险，为此，他发表文章，印刷一些攻击交流电的小册子。为了增强宣传效果，增加人们对交流电的恐惧心理，他还找了一些无主的猫和狗，当场用交流电将它们电死。在这方面，甚至还有人传说他电死了一头大象。但是究竟有没有这一回事，现在考证起来还真是挺困难的。

除此之外，双方还对当局进行政治游说，以取得政府对各自技术标准的支持。爱迪生的公司曾经希望政府将供电的电压限制在几百伏之内，如果是这样的话，交流电传输系统连同那些神奇的变压器都得完蛋。

不过，这也没有用。今天，即使是从全世界范围来看，为家庭生活、市政照明、工业生产而建设的电网里，绝大多数流着的还是交流电。因此，我们可以说，交流电最终获得了胜利。

1931年10月18日凌晨3点24分，爱迪生，这位84岁高龄的伟大人物与世长辞。对于他的一生，就像有人所评价的那样：他不发明历史，却为历史锦上添花。

## 4.6 无线电通信的开端

最开始，电报和电话都采用电线或者电缆来进行远距离通信，但这是一个非常不容易的事业：需要花费大量金钱，而且很难增加通信距离——我们知道，导线越长，它所具有的电阻就越大，这对发送和接收设备都是个考验。

历史是什么？历史就是该来的迟早会来，你没有想到的只是你自己的事情。注意，通信的历史说到这里的时候，无线电波的时代到来了！

也许你对无线电波感到陌生，但是你的身体对它并不陌生。通常，无线电波又叫电磁波，尽管看不见摸不着，但它就在你的身边飞舞，在你的身上感应出微弱的电压。

那么，电磁波是怎样产生的呢？

要得到电磁波，最省力的办法是等待闪电。不过，要想检测电磁波的存在，你还得准备一个收音机，把它打开。当天空中乌云密布、电闪雷鸣的时候，你会听到收音机里发出"喀喀啦啦"的声音，表明闪电的确发出了电磁波，而且你也幸运地把它收到了。

用这种方式来验证电磁波的存在不啻是一个好办法，但是你得等着，看看什么时候打雷下雨，这无疑需要相当的耐心，因为谁也不知道下一次闪电会出现在什么时候。据说在我们生活的这个星球上，每天有 4 000 场左右的雷雨，每秒钟大约有 100 道闪电，问题是你却不常遇到它们，真是奇怪得很。

好消息是天空并非唯一能够产生电磁波的地方，通常其他方法——有时候甚至是非常容易的方法——就能产生电磁波。找一部收音机、一节电池，以及一截电线。将收音机调到没有电台的位置，电线的一头与电池的正极相连，然后用电线的另一头在电池的负极上反复地划扫。如果收音机离得不太远的话，你会听到"喀啦喀啦"的声音，这就是说，你自己也能产生电磁波了。

与闪电相比，这种方法没有任何限制，只要你高兴，随时都可以做。特别是考虑到当你西装革履、手端咖啡优雅地站在窗前等待雷雨的时候，也许有无数的农民正在为如何将地里的庄稼收回来而发愁，这里面可能就有你的亲人。

第一个预言电磁波存在的人是麦克斯韦（1831—1879 年），此公 1831 年 6 月在英国爱丁堡出生，十多岁的时候就显露出了数学和物理上的才华。1871 年，他受聘于剑桥学院，在那里从事物理方面的研究。

在英国剑桥学院，麦克斯韦研究光、电和磁这三者之间的关系，并证明光也是一种电磁波。1873 年，他的大作《电磁学通论》问世，用数学的方法预言了电磁波的存在，并证明它的速度和光速一样。但是，在当时，谁也没有见过电磁波，也无法证明他的预言是否正确，包括他自己。

刚刚迷上无线电的时候，我懂的东西也不多，但是对什么都好奇，也愿意动手。那个时候也不知道从哪里来的那么多精力，什么都想试试，包括那次一时高兴，决定自己制作一个变压器。这个变压器到最后也没完成，我是个没多大出息的人，经常干这种半途而废的事儿。不过当时我一高兴，在初级线圈上绕了好几千匝，而且完全是手工。

这件作品没有图 4.13 好看，绕得又乱又大。我也没有万用表这样的工具，为了知道这个线圈到底通不通，我把它接在电池上，顺便看看这个电磁铁有多大磁性。就在将这个大线圈和电池断开的一刹那，我感觉自己的胳膊肘有种被重重敲击的钝感。我曾经认为这是错觉，因为一个大线圈和普通的电池就能电人，这实在没有道理。

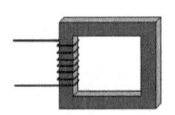

图 4.13 带铁框（芯）的线圈

然而这并不是错觉，而且当然是有道理的，只是我并不知道。事实上，早在 200 年前，那位伟大的电磁铁大师亨利就有过类似的发现，当时他正在研究用电磁铁吊起那些巨大的铁块。他发现，当电磁铁断电时，在开关上竟然拉起了一道明亮的电弧。也就是说，当电磁铁断电的一瞬间，绕在它上面的线圈产生了非常高的电压。在电磁学中，这叫做自感。

自感能够产生瞬时高压，它可以发生在线圈断电的一瞬间，也可以发生在线圈通电的一瞬间。可以这样认为：当线圈通电或断电时，它的磁场会急剧发生变化，从而在自身产生感应电压。通常，影响自感强烈程度的因素包括线圈的匝数、形状，以及绕在哪种类型的铁芯上。

从严格的电磁学来说，产生自感的原因是在开关闭合或者断开的瞬间，电流的大小急剧变化，从而产生了一个同样迅速变化的磁场，这个磁场反过来在同一个线圈中产生电磁感应。我们已经说过，自感产生的电压是非常高的，通常在开关断开时，产生的自感电压可能是它原来电压的几倍甚至几十倍。这么强的磁场，这么高的电压，它们瞬间产生，又很快消失，就像什么事情也没发生一样。

自感或许很有用，也许能用来产生电磁波。反正，不试一试，谁知道呢。首先，如图 4.14 所示那样，我们先来做一个变压器。

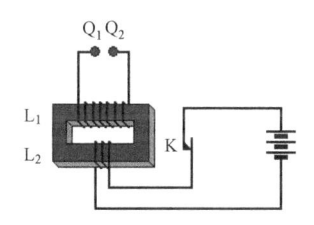

图 4.14　利用自感原理制成的火花式电磁波发生器

这个变压器的两个线圈分别是 $L_1$ 和 $L_2$，它们的匝数是不一样的。$L_2$ 通常有几百匝，而 $L_1$ 是它的 100～200 倍，也就是几万匝。

通常，自感发生在开关接通或者断开的时候。为了能够持续地产生自感而又不会让胳膊和手累着，我们在铁框的旁边安装一个类似于继电器衔铁那样的开关，它与线圈 $L_2$ 以及电源构成一个串联的通路。这样，当整个电路接通的时候，由于 K 是闭合的，铁框会产生磁性，如果把 K 吸开，则电路断开。电路一断开，K 又恢复原状，电路又被接通，就这样"啪嗒、啪嗒"一直不停地进行下去。

当自感持续发生的时候，整个铁框中的磁场也正忙得团团转——这是一个不停地跟着变化的、比较强的磁场。在铁框的另一边，线圈 $L_1$ 的两端分别连接着铜球 $Q_1$ 和 $Q_2$。由于 $L_1$ 的匝数是 $L_2$ 的几百倍，属于升压变压器，当 $L_2$ 上的自感持续发生的时候，根据变压器的原理，这会在 $L_1$ 上产生几万伏的高压（要是想想办法，你还能得到更高的电压），使得距离很近的铜球 $Q_1$ 和 $Q_2$ 产生持续的放电。哎呀，现场那种"噼噼啪啪"的声音听起来还真有点儿恐怖。

实际上，这是在模仿闪电，更重要的是，它比闪电要容易驾驭，而且——这个比喻可能不恰当——招之即来，挥之即去。

第一个通过实验证实了麦克斯韦预言的人是赫兹（1857—1894 年），德国汉堡人。在那个时代，大家对麦克斯韦的预言半信半疑，非要该理论的支持者们把电磁波拿出来给他们看看。为了证明电磁波确实是存在的，赫兹制作了一个电磁波发生器，其原理大致与我们在前面讲过的相同。

这只是整个问题的一面。电磁波无法用肉眼观察到，需要用其他方法证明它的存在。想知道是不是刮大风了？不必到户外去，只需要站在窗前看看大树是不是在摇摆。赫兹的实验也需要一棵树。

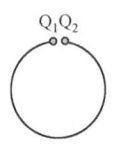

图 4.15　赫兹的电磁波接收装置

赫兹的接收器是用一根粗铜线两头各接一个铜球做成的，如图 4.15 所示。把铜线弯成圆形，让两个铜球 $Q_1$ 和 $Q_2$ 之间保持一个很小的间隙。当电磁波发生器工作的时候，如果把这个接收器放到不远的地方，并调节两个铜球之间的距离，就可以观察到 $Q_1$ 和 $Q_2$ 之间也会出现微弱的火花。这意味着，那个跟闪电一样"噼噼啪啪"挺吓人的东西已经产生了电磁波，而这个接收器也已经检测到了它的存在。

电磁波又叫无线电波。今天，在我们周围有着数不清的无线电波，广播、电视、手机信号，这都是常见的。除此之外，天上的卫星、海上的轮船、军方的雷达、宅男宅女的手机、汽车的引擎、工地上的电焊机、民间的火腿[①]等，甚至就连宇宙深处，据说是从宇宙大爆炸的那一刻开始到现在，都在辐射无线电波。试问寰宇之内，哪里才是我等清静之地？

无线电波所到之处，但凡遇到导体，都要把它的能量分出一小部分来，在导体内产生电压和电流。正是由于这个原因，现今世界上的每一个人，不管是总统还是平民，都是一个个的人肉发电机。但是你也不用害怕，除非你身处于能量非常强大的发射机旁边。一般情况下，你身体的感应电流非常微弱，真的是非常非常微弱，就更不要提产生火花了。但是，在上面那些例子中，电磁波的成因是什么呢？

---

[①] 指业余无线电爱好者。要从事业余无线电活动，必须考核取得《中华人民共和国业余无线电台操作证书》并购买无线电收发设备，而且还要加入无线电运动协会。该协会最早由 3 个外国人创建，他们姓氏的组合是 HAM，在英语里有火腿的意思，所以后来一直将该协会的成员称为"火腿"。

# 第4章
## 电子计算机发明的前夜

在闪电和高压发生器那里，由于高压的存在，有一部分空气被击穿[1]而放电。在这个过程中，参与导电的空气分子越来越多，电流越来越大，而且很不规则。同时，这些空气分子急遽升温，并引起空气扰动，这就是火花和响声的来源。之后，电流又逐渐变小，最后火花消失，响声不再，电流也变为零，一切恢复如初，整个过程只是一瞬间。

这意味着——就像百多年前人们已经知道的那样——当电流变化得非常厉害的时候，就会产生电磁波。

问题是，电流的变化怎样才算很厉害呢？而且，交流电也是变化的，要是很多人知道交流电会产生电磁波，这会不会让他们晚上失眠呢？

从前面的讲解中我们知道，交流电的波形是周期性重复的。导体在磁场中每旋转一周，波形重复一次。在电学里，重复速度称为频率，它的单位是赫兹，用"Hz"来表示，为的是纪念赫兹先生为我们发明了第一个吓人的电磁波发生器，封住了那些对电磁波持怀疑态度的人的嘴。如果在1秒钟里重复了1次，就称它的频率是1Hz，如果重复了100次，就是100Hz。

"频率"不是一个新名词，也不是专门为交流电而创造的名词。事实上，频率这个词用得很广泛，如果你在外地上学，偏偏又是个恋家的人，经常往家跑，大家会说你"回家的频率很高"。上回我在网上看到有人发了一个帖子[2]，主题是"大家来说说《红楼梦》里出现频率最高的词有哪些"。在这里，"频率"指的是文字内容出现次数的多少。大家的回复还挺多，什么"好妹妹、小蹄子、这会儿子、使不得"。除此之外，在大家的回复中，其他使用频率很高的词还有"宝二爷、看我不撕烂你的嘴、仔细你的皮、打折你的腿"等。我长这么大，头一回发现这《红楼梦》也忒吓人了。

在我国，政府对电力供应的各项指标有统一的规定，其中要求交流电的频率必须是50Hz。这意味着，我们平时所用的电，它在1秒钟之内要经历50次的正负极翻转和电压起伏。50Hz不算高，但不能再低了，要是太慢，你家里的灯泡就会慢慢亮起来，然后又慢慢暗下去，周而复始，而所有的电器也无法正常工作。要是这样的话，这个世界上像我这样的近视眼肯定又会增加许多。

50Hz是一个低得可怜的频率，就连我们平时说话的声波频率都比它高得多。这样低的频率，事实证明，它只能在导线周围产生变化的磁场，根本辐射不出去。要远距离辐射电磁波，除了加大能量之外，还需要提高频率。现在，我们用收音机收听到的无线电广播，它的频率在 500 000Hz 以上，接收和发送手机信号的频率则在 800 000 000Hz 以上。看得出来这样表示很不方便，所以通常还使用下面

---

[1] 在高压的作用下，空气分子被迫变成导体，说明这时候空气已经被击穿了。
[2] 在网络上，所有的人都可以发表观点、参与讨论。他们所留下的文字和图片等其他内容称为帖子。比如发帖子、回复帖子等。

的换算单位：

1kHz（千赫）= 1 000Hz

1MHz（兆赫）= 1 000kHz

1GHz（吉赫）= 1 000MHz

记住，下次你再用蓝牙耳机打电话、听MP3，或者用蓝牙技术在手机之间传送铃声的时候，不要忘了蓝牙使用的频率是2.4GHz。

尽管赫兹本人对电磁波的应用前景并不看好，但这并没有影响世界上第一个无线电报的诞生，以及今天全世界都笼罩在无线电波下的事实。在后面，我们将继续讲述人类通信史的后续发展。但是不要忘了，就在赫兹等人忙着让电磁波现形的时候，那些整天为研制自动计算机器而殚精竭虑的人们也从亨利、莫尔斯、爱迪生、赫兹这些人那里看到了他们需要的东西。现在，是计算机走到前台的时候了。

# 第5章

# 从逻辑学到逻辑电路

全加器的构想表明,你离这台加法机的完成之日已经不远了。当然,正如黎明前的黑暗一样,如何实现全加器的内部构造,这是你当前全部苦恼的根源。

这只不过是一台加法机,就算是瞎琢磨,说不定也能琢磨出来。但是联想到以后还要制造减法机、乘法机、除法机、平方根机等,要制造这样功能齐全的运算部件,靠瞎琢磨简直就是异想天开。

如果能够发明一种方法,通过分析一个电路的输入和输出,然后就能知道这个电路该如何构造,那该多好啊!晚上躺在床上,你怔怔地望着天花板,心里这样想着。

事实上,的确有这样的、能够让你听了之后从床上一跃而起的方法来做到这一点。不过,说起来这种方法和逻辑学还有些关系。

## 5.1 逻辑学

人在社会里生活少不了要互相交流。要进行交流,通常离不开说和写。当然,除此之外,我们有时候也眉来眼去,或者发发信号,用这些特殊的方式进行交流。

交流是有用的,要不然你也不会看这本书(这是咱俩之间的交流),更不会从这本书中学到知识。但是,要想正常和愉快地交流,可能得注意一些原则,首先是彼此要和气,不要闹出矛盾,影响团结。这里有一个反面的例子:

甲:唉哟,你踩我脚了,你没长眼睛吗?!
乙:你才没长眼睛呢,我又不是故意的,你敢再说一遍试试!

当然,和气是一方面。要正常交流,还必须保证彼此所谈论的主题是一样的。否则的话,你说你的,我说我的,就像下面的例子一样,就没法交流了:

甲：你们家里有几口人？

乙：吃饺子。

可以看出，两人的对话完全是驴唇不对马嘴、前言不搭后语，像这样的对话根本无法再继续下去。幸亏在我们的生活中极少发生这种事情，要不然相互之间交流起来真是太困难了，大家都说着令别人莫名其妙的话，谁看谁都像疯子。

但是，即使我们不存在上面所说的那些问题，语言交流也不是那么简单。前几天下班路过市场，听见一个卖鞋垫的人在那里扯着嗓子大声喊：

"大家都来看了啊！最新的高科技鞋垫，长春市都没有了啊！"

他喊得很起劲儿，遗憾的是不喊还好，一喊就喊出了问题。当然，我指的不是鞋垫有什么问题，这不是我该考虑的事（关心这个问题的应该是那些需要买鞋垫的人，或者质量监督部门），也不是说现场发生了什么情况，而是他的话说得有问题。按我的理解，他的本意是要告诉大家，整个长春市就他一家有那样的高科技鞋垫，但是要知道，当时我们所处的位置就在长春市范围内，如果像他所说的，整个长春市都没有那样的鞋垫，那他卖的又是什么呢？所以，这就是典型的自相矛盾。

这里还有一个例子，相信大家都不会陌生：

甲：你说这世界上有上帝吗？

乙：哦……你相信就有，不相信就没有。

在生活中我们经常会听到类似于这样的对话，只是内容和主题会有所不同。看得出甲是很诚恳的，但是乙的回答却毫无意义，犯了两个错误。

首先，上帝要么有，要么没有。但是乙既说"有"，又说"没有"，这是自相矛盾，跟没说一样，还不如不说；其次，甲问的是有没有，而乙却把它换成了"相信"和"不相信"，于是他们之间的交流就失去了意义。

看来，说话和写字不是那么简单，值得我们好好研究一下，否则的话，我们所说的、所写的都不是真理，谁还愿意搭理我们，这世界岂不是乱了套？

尽管语言交流在生活中是如此得重要，但是我们的嘴不会思考，而双手也只能写出大脑中所想的东西。换句话说，我们说的话、写的文字，都来源于大脑。也难怪上学的时候，因为犯了错，做检讨的时候又支支吾吾的，老师就教导我们说："心里怎么想的就怎么说，不要吞吞吐吐的。"这意味着，如果我们对语言交流感兴趣，那么与其研究语言本身，不如研究一下大脑。

在这个世界上有几十亿个大脑，长在不同的人身上。这些人有胖有瘦、有高有矮、有男有女，有的穷困不堪，衣食无着；有的养尊处优，每天不洗澡都觉得难受。但不管是谁的大脑，当它的主人一觉醒来，用我大姐的话说——掰开两眼——之后，就开始不停地思索、思考、思想、想象、联想——用比较专业的术语来说就是——思维。

思维包括形象思维和抽象思维。形象思维是借助于具体的形象，或者外部事物留在大脑中的印象而产生的联想和想象。如果你在野外看到一个大蘑菇或者狗尿苔的时候想起了伞，那么这证明你的大脑在形象思维方面是正常的。

形象思维接近于人类的本能，我们一生下来就具备这种潜能。形象思维不拘一格，没有定势，取决于你是否见多识广，也和你个人的某些特点有关。当人们进行艺术创作或者发明创造的时候，用的也是形象思维。

比如古代的鲁班，有一次不知道上山去干什么——可能是去砍树（这是我的猜测，要知道，他是个木匠），上过山的人都知道，在攀爬的时候需要拽住点什么才行——比如一棵小树。可是他拽什么不好，偏偏要拽草，还是带齿的那种。这下可好，一下子就被草割伤了手，由此联想到可以根据草叶的形状制造一种类似的工具来伐木。他还真就造出了这么一样东西，我们称之为"锯"。

了解到形象思维可以在梦中，或者迷迷糊糊的时候进行，这是很有意思的。威廉·巴克兰，牛津大学那位穿着飘逸长袍、爱好实验的学者，是18世纪知名的地质学专家。了解地质学历史的人都知道，这个人无论在哪方面都是怪怪的。有一次，他半夜里突然把太太推醒，大叫一声："天哪，我认为，化石上的脚印一定是乌龟的！"夫妻俩穿着睡衣来到厨房，他的太太和了一团面并把它摊开，把乌龟扔在上面，赶着它向前走。结果他们很高兴地发现，乌龟踩出来的脚印果然和化石上的印迹一模一样。

另一些形象思维的例子包括写作、拍电影和绘画等艺术创作过程。写景状物的古诗和猜谜语这样的活动都是我们非常熟悉的，它们都要借助于形象思维。形象思维比较简单、比较初级，我们每个人在很小的时候就具备这种能力。有关形象思维的话题就说到这里，现在再来说说抽象思维。

抽象思维不借助于头脑中的形象。比如计算 $168+33\times105$ 或者 $100^3$ 这样的数学题。在这里，你用不着想象自己能看到168个鸡蛋，或者33条狗，得出这两道数学题的结果，和你当时所想到的东西没有关系。所以，做数学题的过程是抽象思维。

抽象思维无处不在，差不多是每时每刻，在每个人的脑子里不停地进行着，而且还要说给别人听。科学家们研究那些已经知道的事实，经过推理获得重大发现，作出了不起的发明；商场里的前台服务人员要一拨又一拨地给客人们讲道理，作解释；就连两口子吵架，脸红脖子粗，归根结底也是在进行推理，或者进行论证（摔碟子砸碗除外），表明自己是对的。除了这些之外，书报杂志上的议论文和评论员文章，也是抽象思维的例子。

抽象思维是人类最主要的思维形式，差不多也是我们人类所特有的。当人类还像其他生物一样，是原始海洋里飘浮着的营养碎片的时候，没有这种技能；当和其他水里的朋友们分道扬镳，迁往陆地上生活的时候，也没有这种技能。但是，当我们从猴子变成人的时候，仿佛是一下子，抽象思维就产生了。

其他动物可能也有一些简单的抽象思维能力，但不如人类有效。比如，你可以训练家犬用嘴叼着一桶水去救火，天长日久，这狗一旦看见着了火，就会叼一桶水去把火扑灭。但是，如果你把桶里的水换成油，这畜生也照浇不误。这意味着，"水能灭火，油能助火，这是油，所以不可以用来救火"的抽象思维能力是低级动物们望尘莫及的。

看得出来，和形象思维的想象与联想不同，抽象思维总是要从已知的事实出发，计算出一个结果，得出一个新的结论；或者用一组被公认为真实的材料，证明某种观点或说法。对于这两个过程，用那些研究抽象思维的人的行话来说，分别是推理和论证。

抽象思维过程可能掺杂着形象思维，但它们不是至关重要的因素。比如有一天你在山上放牛，忽然看见对面山上冒起了浓烟，于是你就知道对面山上正在烧火。在这个例子里，有形象的存在，比如浓烟，以及你仿佛看到正在着火时的情景。不过这都不是最重要的，最重要的是抽象思维可以把浓烟和着火这两种看似不相干的事情联系到一起，而形象思维通常不能。

抽象思维不是凭空进行的，就像形象思维中的形象一样，一定要借助点什么。但是，和形象思维需要借助于形象不同，抽象思维依赖的是万事万物在大脑中的印象、认识、认知，以及对它们有别于其他事物的本质特征的概括。比如前面的油、火、烟等，这些称为概念。

要想把概念讲清楚不是一件轻松的事儿，因为你很可能简单地认为它只是从嘴里说出来的，或者写在纸上的一个词语，比如"雨"。

不是这么简单。概念事实上存在于你的大脑之中，是你的一种思想活动，是你对万事万物在大脑中的认知。当你看到一棵树，或者听到"树"这个词的时候，你大脑中所反映和意识到的内容差不多就是概念。这里面有大脑中浮现出的形象（有叶子有枝干，根在地下，往天上长），也包括一些深层次的认知（具有木质实心茎秆的多年生植物）。总体来说，概念是一种思维活动，很特殊，每种事物都有与其他事物相区别的特有属性或者本质属性，反映在我们的大脑中，就是概念。

概念是人们头脑中的思想，既看不见，也听不到，它和语言之间的关系仅仅在于，你必须靠后者才能表达出来，让别人听得见、看得见。但是，即使你认识那些字词，也不表示你脑中有和这些字词对应的概念。比如"饱和分""芳香分""极性化合物""沥青质"这些词，我承认有些人能看得懂，但是更多的人不知道这都是些什么。所以，哎呀，看不懂就对了，因为你只认得字，但是这些字代表了什么，在你大脑中没有概念。

除此之外，同一个概念可能对应好几种语言或者表达方式。比如"雨"，它在以英语为母语的国家里就是"rain"。

对于抽象思维来说，概念仅仅是最基本的元素，是出发点。要想进行真正的思考和推理，概念之间需要用连接词串在一起，在你的大脑中形成一个意思、一

个论断,或者断定,这叫做命题。比如:

3乘以3等于9;
三条边都相等的三角形是等边三角形;
大白菜掉价了;
伞可以遮雨。

今天我坐公交车回家,在途中的一个站点停靠时,遇到一个女同志和司机对话。她显然不知道这辆车开往哪里,所以她想知道自己是否应该搭乘这辆车。他们的对话如下:

——这车到哪儿?
——到终点站!

看得出这位司机今天的心情也许不是太好。但非常明显的是,他的回答也是命题。

多数命题是位于你大脑中的经验和知识,这些经验和知识是你从小通过玩耍、观察、推理和学习各门功课形成的。同时,在这个过程中,你肯定也学会了将概念变成命题的技巧。就像一位名叫赵国求的研究员在他的文章中所说的那样,如果你将"石榴树的花是红色的"说成"红色的石榴树是花",那就要犯精神病。

现在,从概念到命题,再到推理,这是一个完整的抽象思维过程。换句话说,任何时候,人们要进行抽象思维,就必然要依赖于这三种形式,尽管也许现在才意识到这一点。

形象思维不存在正确与否的问题,因为形象思维是发散的、自由的、无拘无束的,没有定势,不需要规则,只要你有足够的想象力,想到什么都可以。

和形象思维不同,抽象思维通常被认为是在追求真理,因而会出问题。由于抽象思维包括概念、命题和推理,所以,如果这三个中的任何一个出现问题,麻烦就来了。

这不是一个最近才被发现的问题。最早注意到这些问题的人都生活在打死你都不愿意去的年代:公元前6世纪的印度、公元前5世纪的中国(战国时期)和公元前4世纪的希腊。

在我国,最早研究这方面问题的是古时候那些清高的人,他们生活在春秋战国时代。这些人通常在国与国、人与人之间穿梭,由于他们的三寸不烂之舌,这个世界比平时要稍微热闹一些:王五与赵六握手言和了,但是张三与李四却打起来了。除了东奔西跑,他们也有闲的时候,有的是时间想一些稀奇古怪的事情。当然,这帮人也有代表,通常都是些杰出人物,高兴的时候也著书立说,毕竟他们是名人嘛。比如墨子就写了《墨经》,公孙龙写了《公孙龙子》,这些书都很有意思。

公孙龙以"白马非马"而闻名。有一天他骑马过关隘,守关将士说不许骑马过关。于是他说,"马"是就形体而论的,而"白马"指马的颜色,形体和颜色不是一回事儿,所以"白马"不是马[①]。

很显然,"白马非马"玩的是概念。公孙龙是赵国(就在今天的山西那一带)人,当时秦国和赵国有约定,不管谁有事,对方都要过来帮忙。后来秦国攻打魏国,赵国非但没去帮忙,反而背地里想解救魏国。为这件事情,秦王很生气,派人到赵国交涉,问他们为什么言而无信。赵王一时间没了主意,又很害怕,就和大家商量,最后公孙龙出了一个主意,建议赵王也派人去责问秦王,问他为什么在赵国解救魏国的时候,秦国不去帮忙。

但是,除了这段比较繁荣的时期之外,由于各种原因(当然是有原因的,但好像谁也不太能分析得特别清楚,毕竟那是历史),我国在这方面的研究一直没有太大进展。所以,我们只好将目光转向西方——

在西方,这方面的研究起源于古希腊,而且开始于一个叫亚里士多德(前384—前322)的人。他是一个哲学家,柏拉图的学生。公元前336年,他在雅典开设了吕克昂学园。在教学活动中,亚里士多德通常是在学生们的簇拥下沿竞技场的游廊边散步边讲授学问,所以,后人一般称这里形成的学派为"逍遥学派"。"吾爱吾师,吾更爱真理"是亚里士多德一生人格特征的典型写照。亚里士多德一生留下了大量的著作,其中包括著名的《工具论》。

《工具论》不是一本独立的著作,而是《范畴篇》《解释篇》《分析前篇》《分析后篇》《论辩篇》和《辨谬篇》的总称。在这些著作里,亚里士多德提出了有名的"三段论",它可以这样来表述:

人都是要死的;
苏格拉底是人,
所以苏格拉底是要死的。

这段话流传范围很广,差不多还算有点儿文化的人都能背诵。从抽象思维的角度来看,这是一个典型的从概念出发,根据已有的命题得出一个新命题的推理过程。

类似于中国的"名"或者"名辩"这样的叫法,在古希腊,亚里士多德研究的对象属于叫做"λογοs"的范畴,有"词语""言语""思维""推理"的意思。在英语里,对应的单词是"logic",发音听起来像"老饥渴",让人觉得它和吃喝有些关系。在中国近代史上,严复[②]将其称为"名学"。1902年,他翻译引进了《穆

---

[①] 俗话说"秀才遇见兵,有理说不清",更何况这秀才无理还要辩三分。这守关的人当然也不是白痴,哪能由着他胡来,所以据说还是不让他过关。当然,这件事本身也有可能是杜撰出来的。
[②] 严复(1853—1921),福建省候官人,是清末很有影响的资产阶段启蒙思想家、翻译家和教育家,是中国近代史上向西方国家寻找真理的"先进的中国人"之一。

勒名学》。后来，干脆把这个外来词连同它的外国发音一起引进来，直接叫做"逻辑"，而这门学问则叫做"逻辑学"。

逻辑学最早是哲学的一个分支，而哲学则以深奥晦涩而著称，因此逻辑学也并不比哲学更容易让人明白到哪儿去。在生活中，有关哲学和逻辑学的著作也很少有普通人愿意读，好像做这门学问的人天生就不愿意让普通人明白他们的思想和成果。哲学语言有时也用于解释某些三言两语说不清楚的事实和理论，比如"地震是地球内部矛盾运动的结果及其外部表现"。看到这句话，我们似乎明白，但也模模糊糊，只能认为作者给我们提供了一个巨大的想象空间。

逻辑学是一门实用性很强的科学，很多作者也愿意迎合大众的口味，所以现在很容易找到一些通俗的逻辑学读本，既浅显又明白，真是再好不过了。现在，在联合国教科文组织的学科分类目录中，逻辑学是与数学、物理学等并列的七大基础学科之一。

逻辑学的产生和发展说明了一个基本事实，那就是人在抽象思维方面不是完美的，或者说经常是有缺陷的。据说有位美国参议员对逻辑学家贝尔克说："所有的共产党人都反对我，你也反对我，所以你是共产党人。"贝尔克当即答道："亲爱的参议员先生，您的推论真是妙极了！如果您的推论能够成立，那么下面的推论也能成立：所有的鹅都吃白菜，您也吃白菜，所以您是鹅。"

可以看出，在不需要肢体冲突这种为数不多的能让逻辑学显得虚弱无力的方式时，逻辑学通常是捍卫自己尊严的利器。当然，逻辑学是一门学问，而不是战争，逻辑学的任务就是总结抽象思维的规律和特点，让我们在掌握它之后可以明辨是非，去伪存真。更重要的是，让我们自己在说话和思考问题的时候，从一开始就具有很强的思维能力和很高的思维品质。

这可不是唱高调，大家可能都知道，亚里士多德曾经说过，重的物体比轻的物体落得快。但是，伽利略做了一个思想实验，仅仅用一个抽象思维就推翻了它。他想，如果亚里士多德是对的，那么，将一个大的石头和一个小的石头绑在一起形成一个更大的石头，当它们下落的时候，大的石头会被小的石头拖累而总体上变慢；另一方面，因为当两块石头绑在一起之后，会变得更重，从而总体上落得更快。从同一个前提出发，居然能得出两个截然相反的结论，只能说明亚里士多德是错的，如果不考虑空气阻力，所有的物体都落得一样快。

逻辑学首先研究了概念和命题，并在此基础上形成了一些公认的准则。比如对于亚里士多德的三段论，如果不正确使用，就有可能发生逻辑错误：

鲁迅的作品不是一天能够读完的。
《孔乙己》是鲁迅的作品，
所以《孔乙己》不是一天就能读完的。

以上推理过程中的错误是如此明显，任谁都能很轻易地看出来。但是，其中的原因却很隐蔽，不容易看得出来。这是怎么回事儿？

在逻辑学中，概念及其运用是一个复杂的话题，不是想象中的那么简单。在亚里士多德那里，"人都是要死的"和"亚里士多德是人"这两句话，里面的"人"是同一个概念。而在这里，"鲁迅的作品不是一天就能读完的"和"《孔乙己》是鲁迅的作品"这两句话，尽管都有"鲁迅的作品"，但不是同一个概念，前者是鲁迅作品的总称，而后者则仅仅是指《孔乙己》。这样就违反了三段论的格式，以至于发生错误。逻辑学要求，在一个单独的抽象思维过程中，概念和命题必须保持一致，这叫做同一律。如果违反了同一律，就会发生我们在日常生活中所说的"偷换概念""偷换命题"，或者"混淆概念"这类错误。

多数情况下，我们都在遵守着同一律，只是自己没有意识到。拥有这种技能，是我们在出生之后一直从周围学习并不断强化的结果。不过在这个过程中，我们同时也学会了偷换概念或者转移话题的本领，这在日常生活中司空见惯，不知道是习惯使然，还是因为逻辑学知识普及得不够。下面是另一个例子，有一个人批评别人没把小孩子看护好：

"哎呀妈呀，车来车往的，你怎么能让小孩子往街上乱跑！"

也许是态度有些太过于严厉了，被批评的人多多少少有些不服气，他说：

"把小孩儿关起来，不让他们呼吸新鲜空气，那还能有利于小孩子的成长吗！"

你看看，本来说的是小孩子不能在街上乱跑，被批评的人却转移了话题，扯到把小孩子关起来，不让他们呼吸新鲜空气上去了。

同一律不是唯一的逻辑准则，其他的还有矛盾律、排中律等。特别是矛盾律，我们应该最熟悉，它其实就是成语"自相矛盾"。在小学课本里，也曾经讲过一个故事，说一个卖兵器的人，既说自己卖的矛非常锐利，没有盾是它戳不透的；又说自己卖的盾非常坚固，没有矛能戳透它。从逻辑学上来说，在一个独立的抽象思维过程中，互相对立的命题之间不能同时为真，也不能同时为假，这就叫矛盾律。

亚里士多德开创的逻辑学是古老的，超过了两千年。所以，相对于逻辑学后来的发展而言，它是古典逻辑。

古典逻辑研究最基本的逻辑准则和逻辑规律，当然也研究推理形式。但是，人的思维是复杂多样的，所以逻辑推理也有着各种不同的形式。比如，在过去的三年里，某学校在全省的会考中都取得了第一名，这样，人们会倾向于认为，明年的全省会考，这个学校同样会取得第一名。可以看出，这是基于归纳以往的情况而得出的结论，叫做归纳推理。但是，归纳推理得出的结论是靠不住的，有可能是真的，也有可能是假的、错的。谁能保证在明年的全省会考中，该学校就一定会保住第一名的位置？

再比如，老张不幸感冒发烧。他突然想到，前一段时间老刘也感冒发烧，而且自己的很多症状都和他一样。于是他觉得，问问老刘吃的什么药，自己也买来吃一吃，感冒就能好，这就叫类比推理。但是，和归纳推理一样，这种推理同样不能确保一定是正确的。

也许对于亚里士多德来说，像归纳、类比这样的推理形式实在是没有办法来保证它们总是正确的，所以很没劲。不过，和其他严肃认真的古人一样，他有着不找到真理誓不罢休的劲儿。就这样，他还真有了一个重大发现，那就是三段论。

三段论有很多种格式，其中最典型的一种格式是这样的：

*所有 M 是 P；*
*所有 R 是 M；*
*因此，所有 R 是 P。*

一旦固定了这样的格式，在往后的任何时候，如果大脑中出现了这样的抽象思维，只要前两句是真命题，那么，推理的结果，也就是第三句话，就必然也是真的。唯一需要注意的是，在前两个命题中，M 必须遵循同一律，也就是保持同一种概念不变。

看起来亚里士多德是在发明一种公式，或者说一种形式。要想得出一个真的、正确的结论，只需要严格套用这种公式，并确保前两个命题为真就行了。这也使得他开创的逻辑学在后来的岁月里有了另外两种名称：演绎[①]逻辑和形式逻辑。特别是在他归天之后，他的后继者，以及后继者的后继者们，终于可以走出来，为它添砖加瓦，使它发扬光大，而且这一干就是两千年。

演绎逻辑，或者说形式逻辑，侧重于从形式上进行推理和论证，也就是"演绎"。尽管像归纳这样的推理形式在生活中可能用得更多，但它们却不是主要的研究对象。这样，在这门学问中，形式就成了追求真理的主要手段。除了上面所说的三段论外，其他的逻辑形式也很多，比如联言推理、选言推理等。

要想了解联言推理，举一个例子可能是最好的方法。这里有一道推理题，可以用来训练小学生的思维能力：在桌子上有两张牌，2 的右边是 5，红桃的左边是方块。请问这是两张什么牌。

这当然是一道非常简单的题，不过重要的不是题目本身，而在于解决这个问题的思维过程。人类的大脑都是训练有素的，当我们看完题目之后，很自然地意识到这是一些命题：

---

① 从前提必然地得出结论的推理，从一些假设的命题出发，运用逻辑的规则，导出另一命题的过程。

左边的牌是 2；
右边的牌是 5；
左边的牌是方块；
右边的牌是红桃。

现在，我们的大脑会进行联言推理，从这些命题得出结论。首先，聪明的我们会把这些较小的命题组织起来，形成一个个更大的命题：

左边的牌是 2，而且左边的牌是方块。
右边的牌是 5，而且右边的牌是红桃。

在上面，两个小命题"左边的牌是 2"和"左边的牌是方块"结合在一起，形成一个更大的命题，这称为联言命题。而它的每一个前提"左边的牌是 2"、"左边的牌是方块"则称为联言命题的支命题，简称联言支。

联言推理的第一种形式是组合，就是从支命题推出一个结论。比如，从

左边的牌是 2，而且左边的牌是方块

可以推出

左边的牌既是 2 又是方块（也就是说，左边的牌是方块 2）

看起来联言推理很笨拙很机械，但我们的大脑却能非常自然地做这些事情。从上面的联言推理过程可以看出，如果所有的支命题都是真的，则推理结论就是真的；而只要有一个支命题为假，则推理结论就是假的。要是"左边的牌是 2"这个命题为假，那么结论"左边的牌是方块 2"就不可能是真。这样，只要判断一下所有支命题的真假，即可知道推理结果的真假。

这是联言命题的正向推理过程。反过来，如果推理结论是真的，则可以断定所有的支命题都是真的。但是，如果推理结论是假的，则无法判断哪一个支命题是假的。

比如，要是事实证明左边的牌不是方块 2，你就不能说左边的牌不是 2。因为它可能的确是 2，但不是方块；也可能既不是 2 也不是方块；也可能是方块，但不是 2，反正都有可能。了解到联言命题的这一特点，有助于我们在生活中提高正确推理和辨别错误推理的能力。

说完了联言推理，再来说说选言推理，毕竟前面已经提到了这个术语。和联言推理一样，选言推理也是在两个或两个以上的命题之间进行，但是，支命题之间的关系是松散的。举个例子：

小张是马老师的学生，或者是刘老师的学生。

在联言推理中，支命题之间的连接词通常是"并且"。而在这里，支命题之间的连接词则通常是"或者"，有一种选择的意思。这些支命题共同构成了一个更大的命题，这就是选言命题。

"小张是马老师的学生，或者是刘老师的学生"这个选言命题有可能是假的，因为小张也许既不是马老师的学生，也不是刘老师的学生。这是一种特殊情况，没有什么可说的，选言推理对此不感兴趣，它研究的对象是那些支命题中至少有一个为真的选言命题。

在这种情况下，逻辑学对于选言命题的第一个重要结论是：如果一个支命题为假，那么其他支命题至少有一个为真。比如：

小张是马老师的学生，或者是刘老师的学生。
小张不是马老师的学生。
所以，小张是刘老师的学生。

这个推理过程是严密的、正确的，没有问题。但是，如果已知一个支命题为真，是否就能判断出其他支命题都为假呢？像这样：

小张是马老师的学生，或者是刘老师的学生。
小张是马老师的学生。
所以，小张不是刘老师的学生。

如果稍加思考，就会发现上面的推理有问题。因为尽管小张是马老师的学生，但不影响小张也可能是刘老师的学生。所以，有关选言命题的另一个重要结论就是：已知一部分支命题为真，不能推出另一部分支命题的真假。

话说张三到城里务工，在那里干了一个月，等他回到村里的时候，发现自家地里的庄稼让羊啃了个稀巴烂。这不，羊蹄子印还在呢。

庄稼被糟蹋，肯定要影响今年的收成。张三这一气非同小可，连忙去找村长掰扯这事儿，让他出来主持公道。事情是明摆着的，村里养羊的，只有李四和王五两家，非得让他们赔这损失不可。

到了村长家里，寒暄、敬烟、沏茶这些礼数，自不必说。"哎呀，不知道你回来了，"听完张三的诉说，村长长叹一声，说："人们都忙着干活，没注意羊会啃庄稼。就有一回正好被我赶上了，是王五家的羊。"

听完村长的话，张三心里踏实了不少，心想冤有头，债有主，明天就去找王五算账，让他赔偿所有的损失。哪知道第二天，王五听了张三的话之后很不高兴，说："我家的羊啃了你的庄稼，这我承认，我也可以赔。但是这村子里养羊的不止我一家，你凭什么就肯定全是我家羊啃的？现在你让我一个人来赔，这天底下还有没有王法了？"

这下，张三又没了精神。回家的路上，心想，看来这件事情一时半会儿还弄不清楚，还得再费些周折。

这是一个有关选言推理的小故事，其核心就是一个错误的推理过程：

地里的庄稼是李四家的羊啃的，或者是王五家的羊啃的。
是王五家的羊啃的。
所以，不是李四家的羊啃的。

至于错误的原因，在于这一类的选言推理，所有的支命题之间不是排斥和对抗的关系，它们有可能同时为真。像这样的选言推理称为相容的选言推理。

这意味着，还应该有另外一种选言推理形式，即不相容的选言推理。的确是这样，在这种推理形式中，所有支命题只能有一个为真，不能同时为真。比如：

小张要么是男的，要么是女的。
那个人要么来自法国，要么来自德国，再不就是来自瑞典。

对于不相容的选言推理，也有一套规则，但是，请原谅，关于逻辑学我们已经讲得够多了，而这并不是本书的核心主题。事实上，除了三段论、联言推理、选言推理之外，形式逻辑还有其他大量的推理形式，而且有时候它们还组合起来形成更复杂的推理形式。

生活是美好的，但是充满了谬误，而逻辑学的任务就是寻找获得真理的方法。无论什么时候，也无论是谁，学点儿逻辑学知识永远都是必要的、有好处的。不管是过日子，还是搞科学研究，要求的是科学的、严密的推理和论证，在这方面我们好像总是有所欠缺。比如，人们经常用"狗改不了吃屎"来教训不听话的孩子，好像从这个前提可以推出这孩子根本不可能改掉自己的毛病。但是在这个推理过程中，前提和结论根本就不搭边儿，硬要扯到一起，这就是我们一贯的、以比喻代替推理和论证的坏习惯。如果用于调侃，或者为文章增色倒也罢了，要是用于说正经事情可真是要不得。前几天在公交车上，我听见一个十多岁的小姑娘和父母聊天。她说："警察问犯人，你为什么要制造假钞？犯人说，因为我不会制造真钞。"姑娘还小，她觉得这种思维方式很新鲜，很有意思，可是她不知道——我想车上有很多人同样也不知道——犯人是在偷换命题，或者说是在转移话题。为了让下一代的明天更美好，我们是不是应该在制造错误和混乱的同时，让她们明白其中到底是怎么一回事呢？

形式逻辑的发展距今已有两千多年，在这两千多年里出现过许多杰出的逻辑学家，他们，以及他们的追随者，也从来没有停止过争吵——从什么是逻辑学到逻辑学到底应该包括哪些内容等。这也直接导致了其他逻辑学门类的产生，比如数理逻辑、多值逻辑、直觉逻辑、亚结构逻辑、模态逻辑、辩证逻辑等。也许只有一点才是大家都可以认同的，那就是尽管形式逻辑不是万能钥匙，解决不了所有的逻辑学问题，但不可否认的是它应当永远在整个逻辑学中占有一席之地。而且，对于那些渴望纯洁的人来说，它才是正统。如果亚里士多德到现在还没有投胎的话，他应该由衷地感到高兴。

## 5.2 数理逻辑

在历史上，各门学科之间的交叉和融合是一种常态。到 17 世纪的时候，由于数学的大发展，使得那些既精通数学，又对其他学科有深入研究的人开始想入非非。这里面有两个特别不老实的，需要在这里点一下名。

第一个人我们在前面已经认识，那就是德国的"万能科学家"莱布尼茨。这个德国人生在书香门第，加上有幸结识了一些数学家，在数学研究方面很在行（当然，他在其他方面也很在行）。总地来说，数学是一种强有力的工具，几乎对所有学科来说，要想达到完善的地步，都应当能用数学公式完美地进行描述。而对于数学本身来说，简捷的、能够恰当地描述各种事物内在本质的符号至关重要。

在作了一番研究之后，莱布尼茨有了一些奇特的想法，觉得人类需要一种普遍的、恰当的符号，普世的所有问题和思想都可以归结为这些符号，然后用一套计算方法来代替人类的思考和推理过程。而且，他希望（在自己的有生之年能够看到）人类能够发明这样一种机器，能够自动地代替大脑的逻辑思考过程，不管谁和谁有什么样的问题，发生了什么样的争端，只要把相关的前提条件往这台机器里一输，就能通过"计算一下"的方式，一劳永逸地解决所有问题。

莱布尼茨活了 70 岁，尽管他博览群书，涉猎百科，是个举世罕见的科学天才，但终究也没有发明"普遍文字"，更不要说那台平息争端的机器。时间过得很快，一百多年以后，终于又来了一个人，他把逻辑学和数学相结合，创立了数理逻辑。这个人叫乔治·布尔。

乔治·布尔 1815 年生于英格兰，他的父亲是一位鞋匠，母亲曾是女仆。年仅 12 岁的布尔就掌握了拉丁文和希腊语，后来又自学了意大利语和法语，16 岁开始任教以维持生活。很显然，这个年轻人希望有所作为，而不是子承父业，终生往皮子里敲钉子。

两千年来，亚里士多德一直都是权威。莱布尼茨活着的时候，他有改进传统逻辑的想法，但心存顾虑，也可能是力不从心，不知道从哪里着手。到了布尔这里，他开始决定要做些什么。

对于传统的形式逻辑来说，三段论一直是个金字招牌，无论布尔想怎样改进这门学科,都必须先把它拿下。为此,布尔在前人的基础上,使用集合这个数学工具来研究三段论。

所谓集合,用中学课本上的话说就是——把一些单独的物体合起来看成一个整体,就形成了集合。比如,整个宇宙里的所有东西可以看成一个集合;动物园里的各种动物可以形成一个集合;动物园里的所有斑马可以形成一个集合;地球上的所有人可以看成一个集合;你家里的所有成员可以看成一个集合,甚至,从你头上掉下来一块头皮屑,这也可以看成一个集合,当然,这个集合很小,小到只有一块头皮屑。

可以挑出一些两个集合中都有的东西来形成一个新的集合,这称为两个集合的交集。比如,如果一个集合里有芝麻和绿豆,而另一个集合里有绿豆和苹果,则它们的交集是一个新的集合,它里面只有绿豆。

除了在两个集合中挑选之外,也可以做相反的事情,那就是把两个集合掺和到一块儿,形成一个更大的集合,称为"合集"或"并集"。比如对于前面那两个集合,它们的并集也是一个新的集合,不过里面不但有绿豆,而且还有芝麻和苹果。

一直以来,逻辑学中的概念和命题都是通过自然语言,也就是我们的母语来表达的,用嘴说,或者写成文字,而论证或推理的结果也是一样。但是,布尔把它们变成了字母和符号。比如,可以用 $M$ 来代表人的集合,这里面包含了人类的全体,用 $P$ 来代表所有要死的东西。同时,他还借用了数学里的一些运算符,比如"×"和"+",表示概念和命题之间的逻辑关系。"×"表示两个集合相交,"+"表示合并两个集合的内容。这样,"人都是要死的"就可以表示成:

$$M \times P = M \quad ①$$

这个算式所要表达的意思是,"人"和"要死的东西"的交集是"人"(注意,要死的东西是很多的,不一定只是人,比如我刚才就拍死一只可恶的蚊子)。

有了这样的经验,同样可以把"苏格拉底"看成集合 $S$(当然,这是一个非常小的集合,小到只有苏格拉底自己),而"苏格拉底是人"可以表述成:

$$S \times M = S \quad ②$$

意思是,"所有的人"和"苏格拉底"的交集只能是"苏格拉底"自己。

因为在①中,$M = M \times P$,所以,我们可以将 $M$ 代入②中,可知:

$$S \times M \times P = S \quad ③$$

又因为在②中,$S = S \times M$,现在将其代入③中,可得:

$$S \times P = S \quad ④$$

这第④步,也就是最后一步,表明要死的人和苏格拉底的交集是苏格拉底自己,从而证明了苏格拉底也是要死的。

可以看出,布尔的工作主要是对逻辑进行数学化,并成功地创立一门新的学科：逻辑代数。有时候，人们也称之为布尔代数。用布尔代数解决逻辑问题还有一个显著的好处，那就是同一个证明过程可以用来解决不同的、但本质上属于同一种类型的逻辑问题。比如上面的证明过程同样适用于下面的三段论：

金属可以导电。
铅是金属。
所以，铅可以导电。

字符以及"×"和"+"运算符也可以用在其他逻辑形式上，比如联言推理和选言推理，也就是命题演算[①]。

在布尔代数里，可以用字母来表示一个命题。比如，用 $A$ 来表示命题"左边的牌是 2"；用 $B$ 来表示"左边的牌是方块"。因为在传统的形式逻辑中，一个命题不是真的就是假的，没有其他可能，所以用 1 代表真，0 代表假。这样，命题 $A$ 和 $B$ 就只能有两个可能的值 0 和 1。如果 $A$ 命题是真的，则

$$A = 1$$

否则

$$A = 0$$

除此之外，不可能再有其他值。如果 $A=3$，这在逻辑上没有任何实际意义。

我们知道，在联言推理中，各个支命题间是并列关系，通常用"并且"来连接。为了表示这种逻辑关系，布尔代数使用"×"这个符号。这样，一个联言命题可以表示成：

$$A \times B$$

有时候，为了方便而把它写成 $A \cdot B$，或者干脆写成：

$$AB$$

这和初中数学课上的方法是一致的。这样，如果各个支命题都为假，则联言推理的结果就是假的：

$$A \times B = 0 \times 0 = 0$$

或者，如果这些支命题不全为假，推理结果也还是假的：

$$A \times B = 0 \times 1 = 1 \times 0 = 0$$

只有在所有的支命题都为真的情况下，联言推理的结果才为真：

$$A \times B = 1 \times 1 = 1$$

反过来，如果已经知道支命题 $A=1$，联言推理的结果为假，即

$$A \times B = 1 \times B = 0$$

则很容易推理（计算）出另一个支命题 $B$ 为假，即 $B=0$。

---

[①] 按一定的原理和公式对命题进行计算。

每个命题都有真假,即要么是 1,要么是 0,这叫真值,也叫逻辑值。"真值"的意思是它本来的值、真正的值。因为它到底是真是假,不以你的看法为转移。有时候,它本来是假的,但你却误以为它是真的。

任何一个联言命题,它的真假与其各个支命题之间的关系如表 5.1 所示(假如只有两个支命题),这叫做真值表。

表 5.1  联言例题的真值表

| $A$ | $B$ | $A \times B$ |
| --- | --- | --- |
| 0 | 0 | 0 |
| 0 | 1 | 0 |
| 1 | 0 | 0 |
| 1 | 1 | 1 |

显然,只有各个支命题都为真的时候,联言命题才为真。

任何一个命题,比如命题 $A$,不管是真是假,它的对立面是"非 $A$",可以表示成 $1-A$,或者 $\bar{A}$。显然,如果 $A=1$,则 $\bar{A}=0$;如果 $A=0$,那么 $\bar{A}=1$,它们总是相反的。我们知道,在同一个抽象思维过程中,必须保证概念和命题的前后一致性,否则就会违反矛盾律,以至于说出来的话自相矛盾。矛盾律可以表示成:

$$A \times \bar{A} = 0$$

即,自相矛盾的联言命题总是假的、不成立的。

与联言命题不同,在选言命题里,各支命题之间用"或者""要么"来连接,是一种选择关系。为了表示这种命题关系,布尔代数用"+"这个符号。比如对于选言命题:

小张是马老师的学生,或者是刘老师的学生。

如果用 A 代表命题"小张是马老师的学生",用 B 代表命题"小张是刘老师的学生",那么上面的选言命题可以表示成:

$$A + B$$

因为相容的选言推理必须在整个选言命题为真的前提下进行,这意味着:

$$A + B = 1$$

这样,如果已知 $A=0$,即"小张是马老师的学生"为假,则必然可以推出 $B=1$,也就是说,"小张是刘老师的学生"为真,因为:

$$A + B = 0 + 1 = 1$$

但是,如果 $A=1$,即"小张是马老师的学生"为真,则不能断定 $B$ 是 0 还是 1,也就是说,"小张是刘老师的学生"这句话不知道是真的还是假的,因为:

$$A + B = 1 + 0 = 1$$

$$A + B = 1 + 1 = 1$$

到目前为止，所有的逻辑运算看上去都与数学里的乘法和加法一样，没有什么区别。但是在这里，$1+1=1$ 明显违背了数学里的规则，连小学一年级的学生都知道，$1+1=2$。

这没有什么好大惊小怪的，毕竟这是逻辑学，不是真正的数学运算，而 "+" 和 "×" 也都不再是它原来的意义。因此，不管一个命题 $A$ 到底是真是假，谎言重复一千次还是谎言，真理重复一万次也不会发生改变：

$$A + A + \cdots + A = A$$

对于 "×" 也是这样：

$$A \times A \times \cdots \times A = A$$

这其实是同一律在布尔代数中的表示方法，也就是说，$A+A=A$ 及 $A \times A = A$ 实际上表示在同一个抽象思维过程中，概念和命题是要保持不变的。

选言命题的真假与其支命题之间的关系同样可以体现在真值表里，如表 5.2 所示。

表 5.2 选言命题的真值表

| $A$ | $B$ | $A+B$ |
|---|---|---|
| 0 | 0 | 0 |
| 0 | 1 | 1 |
| 1 | 0 | 1 |
| 1 | 1 | 1 |

注意，表中背景颜色较深的那些行，在相容的选言推理中，不允许出现所有支命题都是 0 的情况；在不相容的选言推理中，所有的支命题既不允许都为 0，也不允许都为 1。所以，这张表是两种选言推理形式的结合体。

同几乎所有的新生事物一样，布尔的研究成果在一开始受到的并不是好评。欧洲大陆的数学家甚至轻蔑地认为它毫无数学意义。然而布尔的贡献是不可能被一直埋没的，人们很快就认识到了它的重要性。后来，美国数学家贝尔对此评论说："布尔割下了逻辑学这条泥鳅的头，使它固定，不能再游来滑去。"

布尔发明了逻辑代数，以此为基础，他，以及他的支持者们，最终完整地建立了一个新的学科门类——数理逻辑，或者叫 "符号逻辑"。不幸的是，现在，这门学问已经不像逻辑学，而更像数学，或者物理学。对于没有接触过数理逻辑学课程的人来说，下面这些东西简直不知道是在说些什么：

$q \vee \neg ((\neg p \vee q) \wedge p)$

$(p \vee \neg p) \rightarrow ((q \vee \neg q) \wedge r)$

$(p \rightarrow q) \wedge \neg p$

$(\forall x)(A(x) \to B) \Leftrightarrow (\exists x) A(x) \to B$

$(\exists x)(A(x) \vee B(x)) \Leftrightarrow (\exists x) A(x) \vee (\exists x) B(x)$

$(\exists x)(A(x) \wedge B(x)) \Rightarrow (\exists x) A(x) \wedge (\exists x) B(x)$

至于布尔，尽管从逻辑学的角度来看，"人得了肺炎是要死的"这个命题并不一定成立，但肺炎却实实在在地要了他的命。1864年12月8日，为了给学生们上课，他冒雨赶往学校而感染了肺炎，并不幸去世，终年59岁。

## 5.3 数字逻辑和逻辑电路

布尔的丰功伟绩受到了后人的敬仰，但可能不包括普通大众。逻辑学因为布尔而变得优雅而高深，当然这也沾了数学的光，但是普通大众一般不会关心这些深奥的事情，如果你的老板要求你解释一下今天早上为什么迟到，而你却不慌不忙地拿起纸和笔来用命题演算与他理论，我觉得再也没有什么比这更令人目瞪口呆的了。

布尔的丰功伟绩不只是受到逻辑学者们的敬仰。伟大的理论就像天上明亮的星星，会给所有注视着它的人们以启迪，其中就有一个叫香农的聪明人。

香农1916年出生在美国密歇根州，从小热爱机械和电器，表现出很强的动手能力。这可能是受他祖父的影响，他祖父是一个农场主和发明家。1936年，香农毕业于密执安大学工程与数学系，工程与数学就成为他一生的兴趣所在。在麻省理工大学攻读硕士期间，他选修了布尔的逻辑学。

历史总是惊人地相似，就像布尔把逻辑学和数学结合起来开创了数理逻辑一样，香农所做的，就是把布尔代数和电学结合起来，开创了一个新的领域：开关电路。

提到香农，科学界无一例外地充满了尊敬和钦佩之情，都把他当成大师。1936年，在他只有20岁的时候就写下了一篇论文。这篇论文洋洋洒洒，用老式打字机弄了70多页，题目叫《继电器和开关电路的符号化分析》。

尽管和其他文章一样，这篇论文也得用纸，但不一样的是，它第一次面向大众，系统化地阐述了布尔的逻辑系统和电路通断之间的关系。在布尔代数里，$X$代表一个命题，$X = 0$表示命题为假；$X = 1$表示命题为真。香农发现，如果用$X$代表一个由继电器和普通开关组成的电路，那么，$X = 0$就表示开关合上；$X = 1$表示开关打开，如图5.1（a）所示。

接着，同样是在论文的第二部分里，他进一步阐述了串联电路和并联电路与逻辑学中联言命题及选言命题的一致性。我知道，如果直接引用香农论文中的文字和图片会更有说服力，但遗憾的是，他用0来表示电路接通（有电流通过），1表示电路断开（没有电流），而不是用现在流行的方法（和香农相反，0代表电路不通，1

# 第 5 章
## 从逻辑学到逻辑电路

代表电路接通),这样一来就会给现在的讲解带来困难。所以,我们不得不把香农的论文合上,按照时下流行的方法来换个角度介绍他的成果,希望行得通。

联言命题演算相当于两个开关 $X$ 和 $Y$ 的串联(串接在一起),如图 5.1(b)所示,只有当两个开关都接通的时候,整个电路才是通的;两个都断开,或者它们中的任何一个断开,整个电路就是断开的。选言命题演算相当于两个开关的并联(并排连接),如图 5.1(c)所示,两个开关只要有任何一个接通,或者两个同时接通,整个电路就被接通;只有两个开关同时断开,整个电路才是断开的。

图 5.1 命题演算和现实的开关组合具有完美的一致性

按照这种观点,布尔代数公式也有了新的解释,见表 5.3。

表 5.3 布尔代数与开关电路的对应关系

| 布尔代数 | 对应的开关电路 |
| --- | --- |
| $0 \cdot 0=0$ | 一个断开的开关和另一个断开的开关串联,整个电路还是断开的 |
| $0+0=0$ | 一个断开的开关和另一个断开的开关并联,整个电路是断开的 |
| $1 \cdot 1=1$ | 一个闭合的开关和另一个闭合的开关串联,整个电路是连通的 |
| $1+1=1$ | 一个闭合的开关和另一个闭合的开关并联,整个电路是连通的 |
| $1+0=0+1=1$ | 一个闭合的开关和另一个断开的开关无论以什么顺序并联,整个电路都是连通的 |
| $1 \cdot 0=0 \cdot 1=0$ | 一个闭合的开关和另一个断开的开关无论以什么顺序并联,整个电路都是断开的 |

事实上,不管由开关组成的电路有多复杂,布尔代数一样可以很好地对其进行解释。比如这样一个电路(图 5.2)。

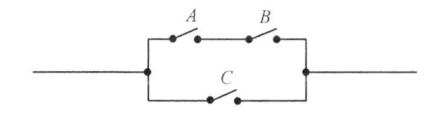

图 5.2 布尔代数可以用来解释复杂的开关电路

在这个电路中,开关 $A$ 和 $B$ 串联,具有逻辑乘的关系,即 $A \cdot B$,或者干脆写成 $AB$;同时,$AB$ 和 $C$ 又是并联的,属于逻辑加的关系,据此可以很容易地得到与整个电路等效的逻辑表达式:

$$AB+C$$

要是电路特别复杂,开关非常多,那么想知道闭合或者打开某个开关会对整个电路有什么影响,这可能是非常麻烦的事。幸好现在有了布尔代数,使用它会给我们的工作带来极大的方便。比如,在图 5.2 所示的电路中,所有的开关都断开,整个电路还是连通的吗?

这只需要"计算"一下就行。因为所有的开关都断开,所以运用逻辑代数的基本规则可知:

$$AB+C = 0 \cdot 0+0 = 0$$

最后的结果"0"表明整个电路是断开的。再比如,要是开关 $C$ 是闭合的,其他开关都断开,整个电路还是连通的吗?不妨再算一下:

$$AB+C = 0 \cdot 0+1 = 1$$

计算的结果"1"表明电路现在是连通的。结合图 5.2,你会发现这与实际情况非常一致。

我们知道,真值表是非常有用的工具,具有简明直观的特点。因为开关的通断和逻辑的真假有着对应关系,都可以方便地用 0 和 1 表示,所以一个开关电路的状态也可以通过真值表直观地加以描述。在这个例子中,用 0 表示开关断开,1 表示开关接通,那么三个开关无论断开还是接通,共有 8 种组合,在每一种情况下它们与整个电路的状态如表 5.4 所示。

表5.4 三个开关的状态与电路通断之间的关系

| $A$ | $B$ | $C$ | $AB+C$ |
| --- | --- | --- | --- |
| 0 | 0 | 0 | 0 |
| 0 | 0 | 1 | 1 |
| 0 | 1 | 0 | 0 |
| 0 | 1 | 1 | 1 |
| 1 | 0 | 0 | 0 |
| 1 | 0 | 1 | 1 |
| 1 | 1 | 0 | 1 |
| 1 | 1 | 1 | 1 |

非但如此,香农发现,布尔代数的所有基本规则都非常完美地适用于继电器和开关的电路。比如,假如 $x$、$y$、$z$ 都是一些开关,那么:

$$x+y = y+x$$

$$xy = yx$$

$$x+(y+z) = (x+y)+z$$

$$x(yz) = (xy)z$$

上面这些都是显而易见的。另外,要是把"0"看成一个始终断开的开关,把"1"看成一个始终闭合的开关,那么对于开关 $x$ 来说,下面的表达式也是成立的:

$$0+x = x$$
$$0 \cdot x = 0$$
$$1+x = 1$$
$$1 \cdot x = x$$

老实说,香农不是第一个发现布尔代数和开关电路之间具有相似性的人。1935年,前苏联莫斯科州立大学的谢斯塔科夫也有类似的理论,但直到1941年才首次公开,而香农是在1938年提出的,比他稍稍早了一些。但是,就因为这个"稍稍",影响了后人对他们的评价。

这样研究开关电路有用吗?而且,这个疑问也涉及另一个哲学性的问题:要想让一个电路接通或者断开,只需要一个开关就够了,这本来是件极其简单的事情,干吗要把一个电路弄得那么复杂,设置那么多开关?把开关扳来扳去难道不嫌麻烦?研究这些到底有什么意义?

开关电路当然是非常有用的,它甚至改变了20世纪后半部分的历史,但靠的不是用手来控制里面的开关。所以,现在正是给你灌输一些新的知识,来改变你大脑中陈旧观念的时候了,而这也正是本书对你来说比较有用的原因。

传统上,开关就是开关,它可以用来嵌在墙上,或者固定在其他某个地方用以控制电流的通断。几乎可以肯定地说,只要有电和电器的地方都会有它。有时候,它就像一个使者,通过它,你可以在每个夜晚上床之前方便地和光明暂时道别。然而,所有这些开关都有一个共同特点,或者说一个叫人觉得麻烦的缺点——要打开或者关闭它们,你得活动活动手指关节才能办到。

但是,人们发明各种机器设备的目的并非是要操劳于其中,而是要把自己解放出来,以实现——哎呀,人们常常挂在嘴边的那个词怎么说来着?——自动化!所以,要是我们用电压和电流来代替人手去控制一些开关,就一样能改变电路的通断状态,而且可能会更有用,比如下面这个例子,参见图5.3。

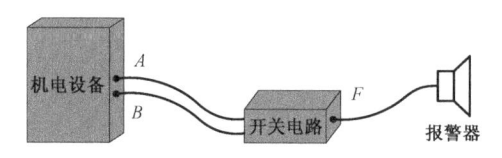

图 5.3 用开关电路组成一个报警系统

在这个例子中,有一台大型的机电设备。这台设备非常重要,所以必须对它的工作情况进行监控,以保证在它出现故障的时候能尽快地修复。监控的方法是不停地测量这台设备上 $A$、$B$ 两点的电压。

这倒还没什么,不过非常奇怪的是,由于设备内部构造的关系,如果 $A$、$B$

两点都没有电,或者都有电,表明它是正常的;要是一个有电一个没电,那就表明维修人员终于有活儿干了。

人总是很懒的,更何况老板们的想法都是每个月到财务领工资的人越少越好。所以现在需要依据这台大型设备的特点,设计一个新型的开关电路,它可以根据 $A$、$B$ 的情况来控制另外一条线路 $F$ 的通断,如果 $A$、$B$ 不正常,开关电路就使 $F$ 接通,报警器就开始哇哇乱叫,通知人们这里有了大麻烦。

要用电流的通断来控制电路的开关需要使用继电器,而继电器这种东西我们已经认识了。最简单的电流开关如图 5.4 所示,它仅仅使用一只继电器,当有适当的电压加在 $A$ 端时,有电流通过继电器而使它吸合,从而使得 $F$ 端接通。

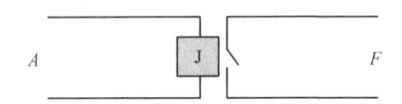

图 5.4 继电器的作用是间接地控制另一个电路的通断

看得出,这本来就是一个继电器,相当于一个间接的开关,$A$ 端有输入,则 $F$ 端断开。

继电器仅仅是一个间接的开关,它唯一的作用就是使另一条线路接通,或者断开,就这么简单,用行家们的话说,属于无源器件。但是,有时候我们的想法会有些古怪,希望一个开关能"自行"产生输出,而不是仅仅把一个电路断开或者接通。要实现这个目的,就必须为这个开关配备电源(图 5.5)。

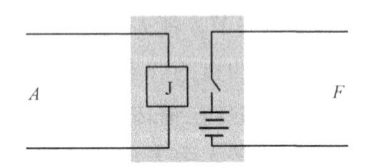

图 5.5 一个自带电源的继电器

注意,电源现在是这个特殊电路的一部分。这样一来,它就不再像一个单纯的开关,更像在输出什么——当然是电能。所以,如果我们把 $A$ 端看成输入,那么 $F$ 端则名正言顺地是一个输出,而且 $F$ 和 $A$ 之间符合下面的关系:

$$F = A$$

除此之外,利用继电器还可以方便地实现另一种截然相反的功能。如图 5.6 所示,这次采用的是另一种继电器,平时它处于吸合状态,所以 $F$ 端可以对外产生输出;当 $A$ 端加上电压、继电器吸合的时候,$F$ 端的输出就消失了。所以,在这个电路里,输出 $F$ 总是与输入 $A$ 处于相反的状态。

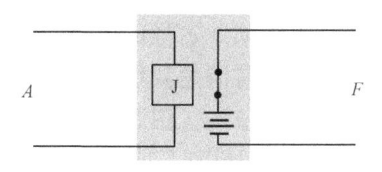

图 5.6　一个自带电源的常闭触点继电器属于非门

因为这个原因,它也获得了一个非常专业的称呼,叫做"非门"。不管你怎么想,都应该愉快地接受,几十年来就一直叫这个名。好在它很形象,你琢磨琢磨,它的确和我们生活中的门很类似,关上门,谁也出不去,打开门,你就可以走到外面。

对于非门的应用,一个最简单的例子是用开关为非门提供输入,并用后者的输出控制灯泡的亮灭,如图 5.7 所示。当然,这算不上一个很好的例子,因为人们无法理解为什么我们要把开一个灯这样的小事搞得如此复杂。有很多词儿可以形容我们现在的做法,比如"无聊""多此一举""吃饱撑的""没事儿找事儿"。我们只是想要说明问题,非门当然有更多更好的应用,没有它就没有计算机,但现在还没到告诉你全部真相的时候。

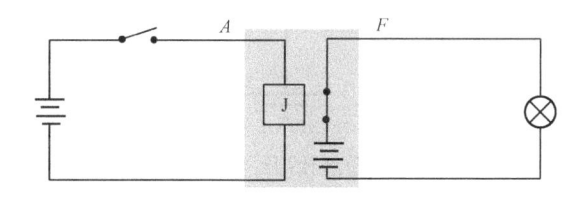

图 5.7　一个应用非门的例子

在这个例子中,非门的输入 $A$ 是由电路左边的开关产生的,而输出 $F$ 的状态总是和 $A$ 相反,这可以通过灯泡的亮灭得到验证。

不像手电筒和袖珍收音机这样的家用电器,为门电路装上几节电池是不可思议的做法。到后面你就会知道,门电路会被大量地使用。想想看,要是为全世界每一只灯泡都单独提供一个电源的话,这世界也太疯狂了。所以对于任何电器来说,它内部的每个部分都用同一个电源供电,门电路也不例外。在这个例子中,非门的输入和非门本身都使用同一个电源(图 5.8)。

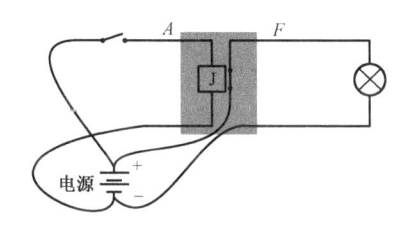

图 5.8　在一个完整的电路中,各个组成部分共用电源是通常的做法

据我估计，你大概还没有见过如此古怪的电路图，有点儿乱糟糟的，但是不用担心，它能很好地工作。为了能看清楚我们在做什么，并尽可能地少用一些电线，我们可以借鉴电子工程师们的做法（图5.9）。

图中那三个粗短横线的意思是"地线"或"接地"，最早用来表示将电线绑在一根导电的棍子上插到地里，后来也表示电线的交汇点。换句话说，当你按照图纸制作电路的时候，必须将所有"地线"接到一起，使它们连通。历史上，地线还有其他几种表示方法，如图5.10所示，不过右边那两种已经很少有人再用。

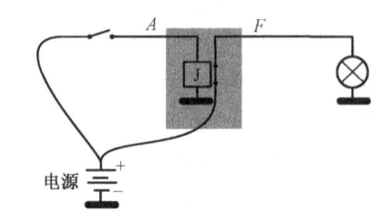

图5.9 为了少画一些连线，应该使用"接地"符号

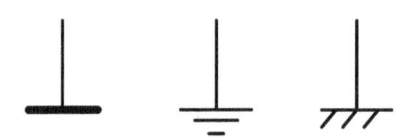

图5.10 曾经使用过的接地符号

尽管图5.9已经很简单明了，但是为了不让电子工程师们笑话，还可以把它变得更简单。通常情况下，电源是不用画出来的，只用一些符号，比如"$V_{CC}$"是指电源正极[①]，表示那根电线要接到电源正极，而电路中所有的地线都应当汇集起来连到电源负极（注意，在这里，输入 $A$ 是由开关提供的，尽管它来自 $V_{CC}$。当开关闭合时，$A$ 等于1；反之则 $A$ 等于0），如图5.11所示。

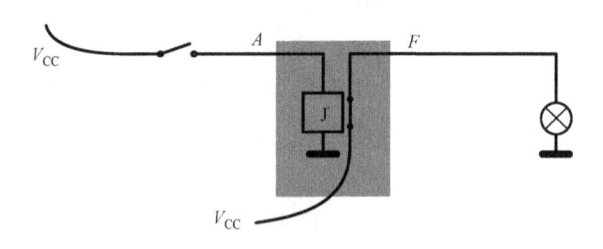

图5.11 在电路图中，电源通常用 $V_{CC}$ 和接地来代替

---

[①] 在电子技术领域里，通常用字母 $V$ 来表示电压。CC 的意思是 circuit，即电路。所以，$V_{CC}$ 通常是指电路供电电压。

## 第 5 章
从逻辑学到逻辑电路

现在,咱们已经在电路连接方面达成了默契(至少我是这么认为的)。一旦有了这样的经验,那么,前面一直在讨论的非门实际上可以表示成这样的电路形式(图 5.12)。

外部的输入 $A$ 来自其他设备,比如一个接到电源正极的开关。而且,$A$ 必须通过地线流回电源负极才能起作用,而非门的输出 $F$ 也必须来自于电源的正极。当然,这里没有画出 $F$ 是如何被使用的,这并不重要,重要的是不管是谁使用这个输出 $F$,都应当自行就近接地,这实际上很方便。

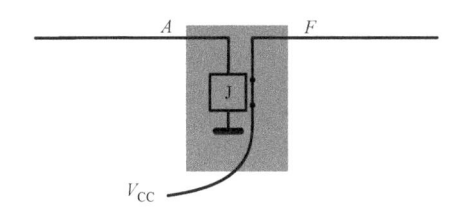

图 5.12 非门的构造——一种简单的画法

考虑到逻辑电路专家们的情绪,非门可以用简单的符号来表示(图 5.13)。

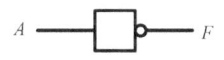

图 5.13 非门的符号

非门的符号掩盖了它需要电源这一事实,但这是所有熟悉它的人都心照不宣的。最后,非门实现了逻辑否定,即逻辑非:

$$F = \overline{A}$$

如果特别留意的话,你会看到所有的开关电路都是些开关并联和串联的组合。所以,在离开非门的讨论之后,我们将来到串联电路。像非门一样,一个新型的、电流控制的串联电路通常如图 5.14 所示,这叫做"与门",在这幅图的右边是它的符号。

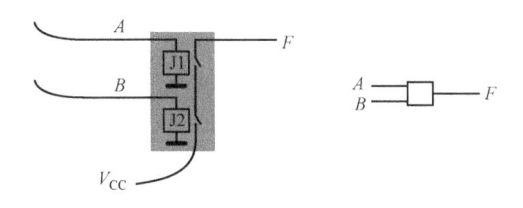

图 5.14 与门及其符号(2 输入端)

同样是来自于命题逻辑的灵感,看得出,它实现的是联言逻辑,即逻辑乘。和普通的串联开关一样,只有当两个输入端 $A$、$B$ 同时加电的时候,$F$ 端才可能存在输出,除此之外,在其他任何情况下都不会有输出。

有两个输入端的与门可能会给这里的讲解带来方便,但是实际上,一个与门可以有很多输入端,图 5.15 所示就是三输入端的与门。

不过,无论有多少个输入,与门的性质是不会改变的。尽管这里有三个输入 $A$、$B$ 和 $C$,但是,和其他所有的与门一样,除非它们都同时加电,否则 $F$ 将不会产生输出。

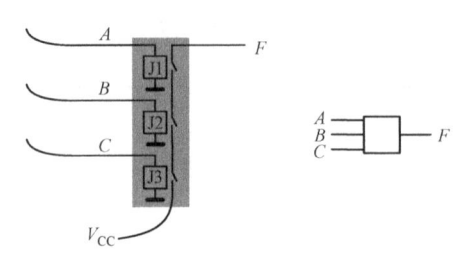

图 5.15　三输入端与门

最后要讲的是并联开关。如图 5.16 所示,很显然,除非 $A$、$B$ 都没有输入,$F$ 才没有输出;只要 $A$、$B$ 有一个存在输入,或者都有输入,$F$ 就一定会有输出。显然,这种工作方式是符合"或"逻辑法则的。

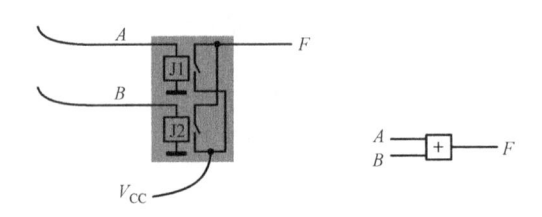

图 5.16　或门及其符号

一个这种性质的并联开关称为"或门",如图 5.16 右边所示。和与门一样,一个或门有两个输入端只是很常见,但并不是一种限制。如果需要,一个或门可以有 3 个、4 个、5 个甚至更多的输入端。

在了解了与、或、非门这三种基本的逻辑器件之后,也许你会很乐意知道前面那个大型机电设备的报警电路是如何制作的。同时,这也是一个非常好的例子,可以表明这三种门电路是多么有用。

我们知道,给定一个实际的开关电路,可以写出它的逻辑表达式,也可以通过真值表来反映出它在不同情况下的状态(比如前面的图 5.2)。当然,这只是同一张扑克牌的一面,反过来,对于一个未知的开关电路,即使不知道它的逻辑表达式,如果能够生成一张真值表,也可以得到它。现在,通过这个大型机电设备

# 第 5 章
## 从逻辑学到逻辑电路

的例子,我们来实际做一下。

因为这台设备有两个输出 A 和 B,而且无论在任何时候,只有当它们都有电,或者都没有电的时候才正常,其他任何情况都意味着麻烦。那么,我们希望开关电路的输出 F 平时没有电压,只有在 A、B 不正常的时候才会有电压输出。

A、B 可能出现的情况只能有 4 种,如果 1 代表有电压,0 代表没有电压,那么 A、B 和 F 的关系应当如表 5.5 所示。

表 5.5 开关电路的输出和 A、B 之间的关系

| A | B | F |
|---|---|---|
| 0 | 0 | 0 |
| 0 | 1 | 1 |
| 1 | 0 | 1 |
| 1 | 1 | 0 |

要通过这张表写出开关电路的逻辑表达式,需要找到输出 $F = 1$ 的那些行,这是第一步。

第二步,对于选出来的那些行,把它们的输入,也就是这里的 A 和 B,写成逻辑乘的形式。不过需要注意的是,如果是 0,就写成"非"的形式。

最后,把第二步得到的各项用逻辑加连起来。整个过程可以用图 5.17 做一个说明。

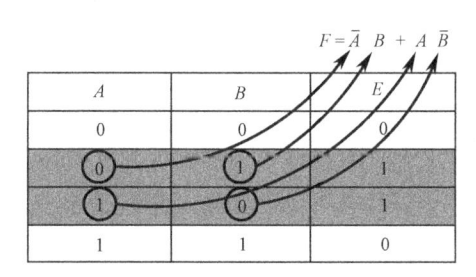

图 5.17 用于说明如何从真值表得到逻辑表达式的例子

现在,我们可以得到:

$$F = \overline{A}B + A\overline{B}$$

至此,你已经学会了如何从真值表得到逻辑表达式的方法,它既简单又有效。如果你觉得不可思议,甚至怀疑它是不是真的正确,不妨用所有 0 与 1 的组合代入这个式子,看能不能反过来得到上面的真值表。至于为什么要这样做,道理很简单。首先,对于任何一个逻辑与的表达式,只有一种情况会使它为 1。比如对于逻辑表达式 $AB$,只有 $A = 1$、$B = 1$ 时,$AB$ 才为 1。再比如 $\overline{A}B$,只有 $A = 0$、$B = 1$ 时,$\overline{A}B$ 才为 1,对于 A、B 其他任何可能的取值,$\overline{A}B$ 都为 0。

反过来说，你要想让 $\overline{A}B=1$，只有一种可能，那就是 $A=0$、$B=1$；要想让 $A\overline{B}=1$，也只有一种可能，即 $A=1$、$B=0$。

现在的情况是，我们希望一个开关电路在 $A=0$、$B=1$，或者 $A=1$、$B=0$ 的情况下总是输出 1。那么，我们只好采取两头堵的办法，来应付这两种可能出现的情况。好在逻辑加可以解决这个问题：

$$\overline{A}B + A\overline{B}$$

这就很好地解释了我们前面的所作所为。

依据逻辑表达式，可以使用前面介绍的与、或、非门来构造一个实现该逻辑表达式功能的、实际的开关电路。如图 5.18 所示，先使用两个与门来实现逻辑乘（当然还得先用非门来转换一下），然后再把这两个与门的输出送到或门，对它们进行逻辑加，最后输出就是 $F$。

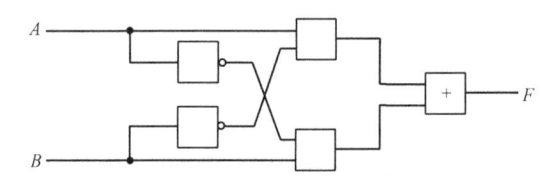

图 5.18　$\overline{A}B + A\overline{B}$ 的逻辑电路组成

这是一个很有特色的电路，输入端 $A$ 和 $B$ 彼此以不同的形式逻辑乘，然后又逻辑加，这称为异或（仔细品来，这个称呼还是恰如其分的）。为了能使我亲爱的读者对逻辑门有一个更深刻的认识，现在，让我们来看一看这个异或电路具体是如何用继电器连接起来的。

如前所述，只有当这台机电设备 $A$、$B$ 两处都有电，或者都没有电的时候，它才是正常的；反之，一个有电，一个没电，就不正常。

说是 $A$、$B$ 两"点"，但是不要太过于天真，以为它就是一个金属探头，或者一小段裸露的电线。不是这样的。我们知道，电压只存在于电源的正、负两极之间，所以，我们说的"$A$ 点"和"$B$ 点"，通常是一根双芯电缆（图 5.19）。

图 5.19　所有的电路都应当是闭合的回路，$A$、$B$ 两点
要对外供电，就必然是各自包含了两根线

整个异或电路需要 2 个非门、2 个与门和 1 个或门，总共需要 8 个继电器。而且，所有的继电器都共用同一个电源 $V_{cc}$（换句话说，这个异或电路的所有逻辑门都使用同一个电源）。同时，$A$ 和 $B$ 的电压将用来驱动异或电路（图 5.20）。

这里给出的电路图具体到了每一个与、或、非门内部的继电器,相信已经足够清楚。

最后,异或门的输出用来接通报警电路,或者,如果后者没有自己的电源,则这个输出直接用来给它供电,使它在机电设备不正常的时候开始工作。

异或电路应用得很广泛。在发现了这一点之后,工程师们觉得把它做成一个独立的模块可能用起来更顺手,于是一个新的门电路——异或门产生了。图 5.21 是异或门的惯用符号(右边是它的逻辑表达式),与其他门电路相比,它显著的特征是中间有一个用圆圈围起来的加号。

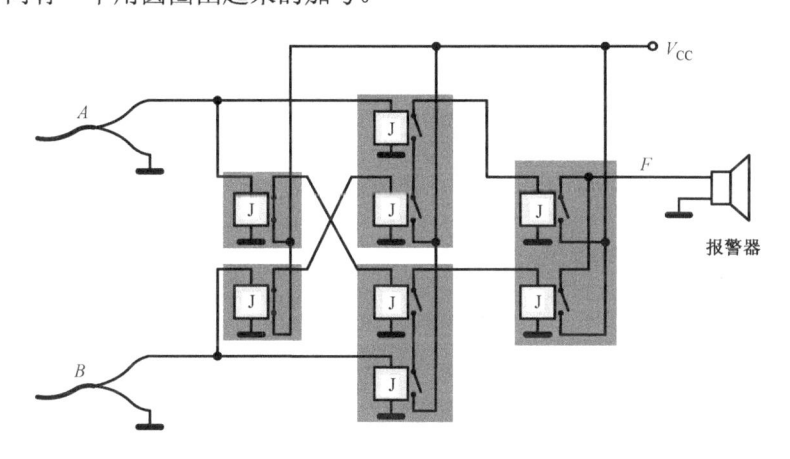

图 5.20　用逻辑门来搭建报警电路的完整连接图

图 5.21　异或门的符号与逻辑表达式

从逻辑学到布尔代数,再到香农的开关理论,一直到现在我们能够使用最基本的与、或、非三种门来构造实际的开关电路,一路走来,就像在做梦一样,令人恍惚。不同的是,梦是虚幻的,而你学到的却是真实的知识。

与、或、非是三种最简单的门电路,没有比它们更简单的了。自从有了它们,这个世界开始变得不同以往。如果你四下里看看,什么数码相机、智能微波炉、智能冰箱、智能手机、掌上游戏机、微型计算机、数字电视,甚至包括我们从本书开头到现在一直在研究如何制造的加法机,不管现实世界里有多少类似于这样的设备,搭建它们的最基础的砖头瓦块差不多有很大一部分都是这三种门电路。

结束本章之前,让我们轻松一下,来认识一下所谓的"莎士比亚电路",如图 5.22 所示,这是我以前在某本书中看到的。尽管它没有任何实际的意义,但却足以证明计算机工程师们并非都是一些只知道钻研技术而没有幽默感的书呆子。要是你知道莎士比亚，读过他的《哈姆雷特》，而且还有一些英语基础，你就应该能知道这个电路的意思。

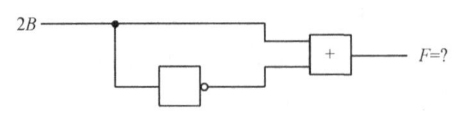

图 5.22　莎士比亚电路

# 第6章

# 加法机的诞生

香农的论文《继电器和开关电路的符号化分析》发表于1938年，都说这是个好事情，了不起，香农是大师。说到它的意义，你只需要环顾四周，就会发现到处都是手机、笔记本电脑、便携式音乐视频播放器和掌上电子游戏机，人们言必称"数字"，什么"数字电视""数字化""数字时代"等。但是，如果没有香农的开关电路，这一切都不过是海市蜃楼。现在，你晚上可以去看数字电影，或者在家里看数字电视、上网，但是在香农的时代，所谓的夜生活，就是如果没有社交舞会，下了班只有收拾收拾钻进被窝，梦到什么生活就是什么生活。香农就像第一个学会如何将小麦变成面粉的人，从此以后，世界上开始围绕着面粉有了更多的产品：面包、油条、馒头、花卷儿、包子、饼干，以及其他各种各样能吃的面食。同样，香农的理论也将指导我们顺利地造出一台加法机。

## 6.1 全加器的构造

制造一台加法机的关键是全加器的实现。但是全加器呢，由于在上一章里我们只顾着穿越时空去拜会那些逻辑学的前辈们，差不多已经将它抛在脑后了。所以，现在还得再热热剩饭。全加器是这样一种东西，如果你还有印象的话，我们通常是这样来画它的（图6.1）。

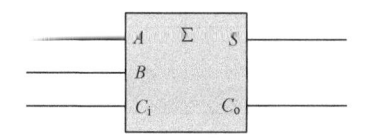

图6.1 全加器的符号

就像以前所说的，$A$ 和 $B$ 是来自加数和被加数的两个比特；$C_i$ 是来自前一列的进位；$S$ 是前面三项加起来的"和"；$C_o$ 是当前这一列向下一列的进位。

全加器的复杂之处在于，当它被连到一个电路中的时候，你不知道 $A$、$B$ 和 $C_i$ 将会是什么，它们是 0 还是 1。所以，根据实际情况来安排相应地输出，这就是全加器存在的价值和意义。经过仔细分析，三个比特（$A$、$B$ 和 $C_i$）相加，有 8 种可能的情况，分别是：

$$0+0+0$$
$$0+0+1$$
$$0+1+0$$
$$0+1+1$$
$$1+0+0$$
$$1+0+1$$
$$1+1+0$$
$$1+1+1$$

全加器操纵的是 0 和 1，除此之外别无他物。这意味着，如果你把它和逻辑的真假、开关的闭合与断开相比较的话，会发现它们都是亲戚，甚至是一家人。这样，如果想要构造全加器，并且让它根据特定的输入得到合适的输出，开关电路是个不错的选择。

对于所有这 8 种可能的情况，在每一种情况下全加器所产生的"和"与进位分别（我们希望）如表 6.1 和表 6.2 所示。

表 6.1　全加器输出端 $S$ 的真值表

| $A$ | $B$ | $C_i$ | $S$ |
|---|---|---|---|
| 0 | 0 | 0 | 0 |
| 0 | 0 | 1 | 1 |
| 0 | 1 | 0 | 1 |
| 0 | 1 | 1 | 0 |
| 1 | 0 | 0 | 1 |
| 1 | 0 | 1 | 0 |
| 1 | 1 | 0 | 0 |
| 1 | 1 | 1 | 1 |

表 6.2 全加器进位 $C_o$ 的真值表

| $A$ | $B$ | $C_i$ | $C_o$ |
|---|---|---|---|
| 0 | 0 | 0 | 0 |
| 0 | 0 | 1 | 0 |
| 0 | 1 | 0 | 0 |
| 0 | 1 | 1 | 1 |
| 1 | 0 | 0 | 0 |
| 1 | 0 | 1 | 1 |
| 1 | 1 | 0 | 1 |
| 1 | 1 | 1 | 1 |

我们刚刚在上一章里学习了逻辑学和逻辑电路的知识,相信大家还记忆犹新。为了从真值表得到逻辑表达式,实际上我们只需要考虑那些输出为"1"的行,也就是上面两张表中颜色较深的那些行。这样,从表 6.1 里把那些使得 $S$ 为 1 的行挑出来,写出逻辑表达式:

$$S = \overline{A}\overline{B}C_i + \overline{A}B\overline{C_i} + A\overline{B}\overline{C_i} + ABC_i$$

接着,从表 6.2 里把那些使得进位 $C_o$ 为 1 的行也挑出来,也写出它的逻辑表达式:

$$C_o = \overline{A}BC_i + A\overline{B}C_i + AB\overline{C_i} + ABC_i$$

到这一步,不需要更多的解释,明眼人一下子就知道我们已经找到了答案,从根本上解决了制造一个全加器所需要的所有技术细节问题,使用的都是我们已经非常熟悉的、最基本的逻辑门电路。唯一的不足是所有的与门都是三输入端的,而所有的或门也都有四个输入(图 6.2)。

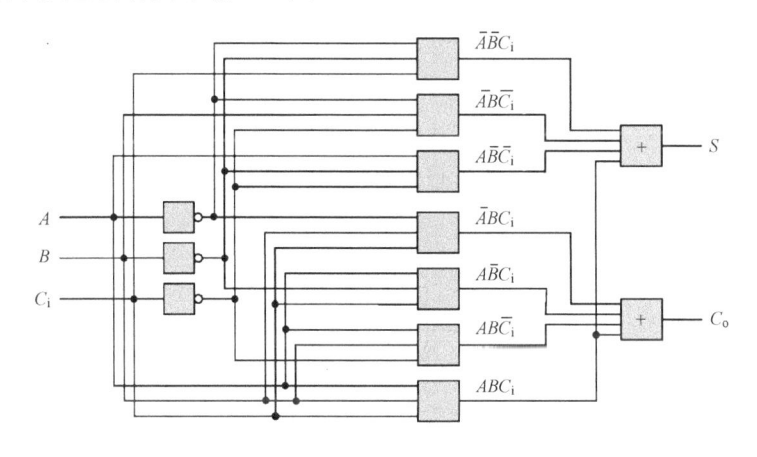

图 6.2 全加器的逻辑电路实现

从图中显然可以看出,这需要大量的继电器。由于每个非门需要1个继电器,每个三输入的与门需要3个继电器,而每个四输入的或门需要4个继电器,所以制造一个完整的全加器需要32个继电器。这还只是一个全加器,要知道,一个完整的、能计算大数的加法机需要一大堆全加器。买那么多的继电器,不知道的还以为你这个人顾家,又往家背了两麻袋土豆。

好在有很多逻辑表达式可以化简,就像我们在学校里做代数题那样。在用逻辑门构造电路时,通过化简逻辑表达式,可以节省很多材料。

如何化简逻辑表达式,这是个很有趣的话题,需要几个规则、若干条定理。要想掌握它,你得在大学里听听教授的课,或者找一本数字逻辑和逻辑电路的书好好读读。这里有一个小小的例子,比如:

$$A + AB$$

它可以像普通代数运算那样表示成:

$$A(1+B)$$

但是,逻辑表达式与普通代数运算的相同之处就到此为止。由于逻辑表达式的工作是计算逻辑上的真与假,所以不管 $B$ 是 0 还是 1,下式都成立:

$$1 + B = 1$$

所以到头来就能得出结论:

$$A + AB = A$$

换句话说,$A + AB$ 的值其实与 $B$ 无关,这就是逻辑表达式化简的一个典型例子。相似地,前面那两个全加器的逻辑表达式:

$$S = \overline{A}\overline{B}C_i + \overline{A}B\overline{C_i} + A\overline{B}\overline{C_i} + ABC_i$$
$$C_o = \overline{A}BC_i + A\overline{B}C_i + AB\overline{C_i} + ABC_i$$

可以化简为:

$$S = A \oplus B \oplus C_i$$
$$C_o = C_i(A \oplus B) + AB$$

这样就可以使用异或门来重新制造全加器,如图 6.3 所示。

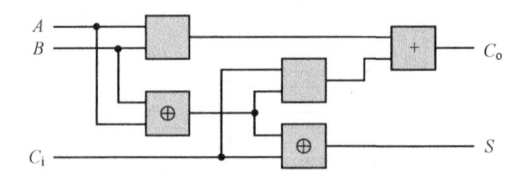

图 6.3  用异或门组成的全加器

2个异或门、2个与门,外加1个或门,使得继电器的总数减少到22个。当

# 第 6 章
# 加法机的诞生

然，如果你足够聪明，可以将每个异或门所使用的继电器数从 8 个减少到 6 个，这样一个全加器实际上只需要 18 个继电器。上面那两个逻辑表达式是如何化简的，以及如何将异或门的继电器数从 8 个减少到 6 个，这当然很奇妙，但需要你自己抽时间在本书之外慢慢探索。

最后，表 6.1 和表 6.2 左边 3 列在每一行上都是一模一样的，列出的都是 $A$、$B$ 和 $C_i$ 所有可能的组合。通常，这两张表可以合起来，只用一张表反而显得更清楚（见表 6.3）。反正我们已经知道，$S$ 和 $C_o$ 需要分开处理。

一个全加器只能计算两个一位二进制数的加法，它的用处有限。要计算更大的数，比如 110＋101，则需要用多个这样的全加器互相连接，以形成一个完整的加法机，如图 6.4 所示。

表 6.3 完整的全加器真值表

| $A$ | $B$ | $C_i$ | $S$ | $C_o$ |
|---|---|---|---|---|
| 0 | 0 | 0 | 0 | 0 |
| 0 | 0 | 1 | 1 | 0 |
| 0 | 1 | 0 | 1 | 0 |
| 0 | 1 | 1 | 0 | 1 |
| 1 | 0 | 0 | 1 | 0 |
| 1 | 0 | 1 | 0 | 1 |
| 1 | 1 | 0 | 0 | 1 |
| 1 | 1 | 1 | 1 | 1 |

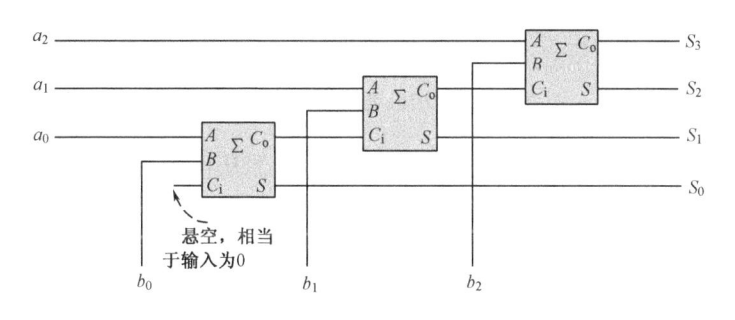

图 6.4 用全加器组成一个三比特加法电路

还记得吗，我们曾经在前面的章节里见过这幅图。两个二进制数 $a_2a_1a_0$ 和 $b_2b_1b_0$ 分别是被加数和加数，而 $S_3S_2S_1S_0$ 则是加法的结果。当然，它只能计算 3 位二进制数的加法，要是你觉得少，想要计算更大的、更多比特的二进制数，就要使用更多的全加器。同时，这也意味着你要为买更多的继电器和开关增加支出。

## 6.2 加法机的组成

当把所有的全加器连接在一起、封装到一起的时候，我们就会看到一个完整的加法机（图 6.5）。

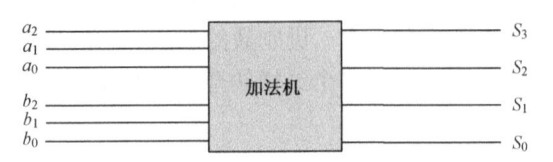

图 6.5　加法机的简单图示

要想使它真正工作起来，需要用一些开关从电源取电，为它输入两个二进制数。同时，还可以将所有的输出和灯泡连接起来，这样就能直观地看到相加的结果（图 6.6）。

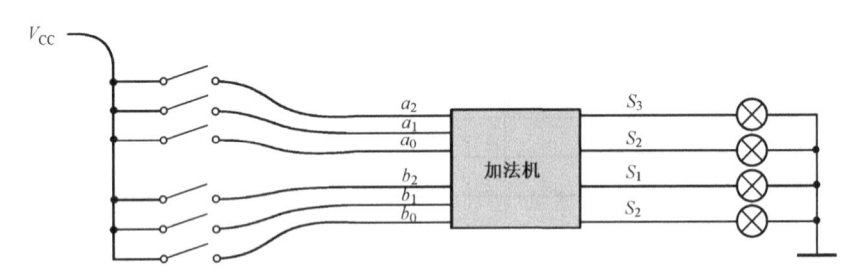

图 6.6　加法机电路的完整连接图

很明显，整个电路使用的是同一个电源，电流从正极通过各个开关流入加法机，开关的通断决定了各个比特是 1 还是 0。另外还要注意，加法机内部的各个全加器（要是分得更细一点的话，应是它内部的每个逻辑门；或者再细一点，是每个逻辑门内部的继电器）也都需要电源供电，但是我们省略了这些细节，希望这一切对大家来说不是问题。

除了要使用数量可观的继电器之外，这种加法机在工作的时候场面也很壮观。随着开关的断开与闭合，机器噼啪、灯光闪闪，这种场面很容易让人仿佛置身于 19 世纪后期的那段时间，作为电学时代的先驱，可以和爱迪生这样的人、这样的大科学家称兄道弟。除此之外，你也会很惊奇地发现，只要你接通电源，这台加法机随时都在工作——我是说，就在你摆弄那些开关、将它们置成最终那个数字的过程中，它也在计算。因为你每断开或者闭合一个开关，就会生成一个

# 第6章
## 加法机的诞生

新的数字。

能够制造出这样一台加法机是了不起的事情,尽管以现在的眼光来看这实在是太平常不过,使用的材料也普普通通、毫不起眼,但就是这样简单的事情却困扰了人类几千年。那些已经作古的人们,他们有的为此耗费了毕生的心血,倘能有知,一定会羡慕我们今天的成就,但我们却不能嘲笑他们的无知。他们用蜡烛和油灯照明,不会跳街舞;别说几十英寸的大彩电,就连幻灯也没看过。而我们一生下来就生活在被强大的电流装扮得五颜六色的世界里,可以坐在电灯下,嚼着从电烤箱里拿出来的精美食品,饶有兴趣地阅读他们的历史。

这本书读到这里,你已经可以动手制造属于自己的加法机了。你也许认为如果这是有史以来第一台加法机该多好,这样你就可以收到无数的贺电,有无数的人士前来祝贺你的成功,你的头上会有耀眼的光环,你甚至还能登上一流杂志的封面。但是这肯定不能成为事实,因为这些功劳属于20世纪30年代的先驱们。1937年,一种用继电器做成的机器诞生了,据说这是世界上第一台能做四则运算的计算机器,它的发明者是美国人乔治·斯蒂贝兹。

斯蒂贝兹(1904—1995年)出生于美国宾夕法尼亚州约克市,从事的专业方向是数学和物理,从1937年开始在著名的贝尔实验室从事研究工作。该实验室以电话发明人贝尔的名字命名,当时的主攻方向是改进电话的通信性能,斯蒂贝兹的工作恰好和电磁有关,而且不可避免地要经常和继电器打交道。

我们现在几乎可以肯定,是继电器激发了斯蒂贝兹的灵感。同年,他想到了用继电器来制造一台可以计算数学题的机器,正如我们已经知道的那样,继电器的吸合与断开恰好对应着0和1这两种状态。科学的磁力是如此得巨大,斯蒂贝兹一心想把这台机器造出来,他甚至把零件拿回家,在厨房的餐桌上进行组装。最后,当这台机器可以正常工作的时候,兴奋的斯蒂贝兹简直不知道该给它起个什么名字好。这时,夫人多萝西亚走过来,不无揶揄地建议把它叫做"餐桌"(Kitchen table)。斯蒂贝兹接受了这个建议,将其命名为Model-K,如果要翻译过来就是"餐桌型"计算机,或者"餐桌机"。

继Model-K之后,改进型的M-1于1940年1月8日开始运行。这台机器使用了440个继电器和10个闸刀开关,做起加、减、乘、除四则运算来要比当时流行的人工手摇计算机快1 500倍。

# 第 7 章

# 会变魔术的触发器

从某种意义上说，计算机就是开关——我的意思是不停地开开关关。你看，我们用继电器开关做成了加法机，工作起来机器噼啪，灯光闪闪，简直就是开关们在开会。一台加法机的构造，说白了其实就是一大堆开关的精巧组合，而人们之所以能够进行这种组合，得益于物理学、数学和逻辑学方面的最新进展，以及某些先行者将它们融会贯通的非凡才能。

通常，开关的作用是非常直接的，就像它的发明者当初所期望的那样：非通即断。接通开关，灯泡亮了，电动机转了，电视机开了；断开开关，灯泡灭了，所有电器都一如既往地歇了。好像自从有了电，我们的生活就一直是这样。尽管我们刚刚用这种类型的开关造出了一台加法机，但是，我不得不说，要制造一台真正现代的、功能强大的计算机，仅仅有这些简单的开关是远远不够的。所以，在这一章里，我们将学习如何来制造一些特殊的开关，它们都很奇特，已经不是我们在生活中经常接触并司空见惯的那些。但是不用怀疑，这些东西对于制造现代的计算机是至关重要的。

## 7.1 不寻常的开关和灯

一般来说，开关的作用是很直接的。接通开关，灯就亮了；断开开关，灯泡的脸色马上就会变得很难看，开关和灯泡之间的关系似乎一直就是这样。

无论什么时候都不要轻易下结论，而且说话一定要留有余地，这是前人总结出来的经验。前人的话大抵是对的，你看，这里就有一个不可思议的电路，它左边连着两个开关 A、B，右边是一只灯泡，如图 7.1 所示。

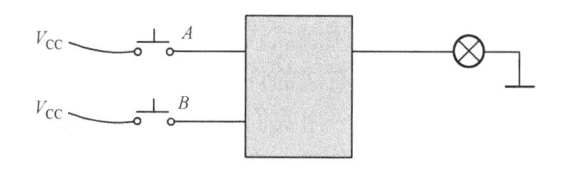

图 7.1 连着两个按键开关的逻辑电路

为了更直观地说明这个电路所发生的一切，这里使用了按键开关。这种开关不同于我们经常看到的那些开关，当你摁住它的时候，它是通的；一撒手，它又断开了，和计算机键盘或者手机上的按键一样。而我们以前使用的开关则很像包公的铡刀，合上的时候是通的，想让它断开，还要再动一次手，把它扳开。

假设一开始灯泡是灭的，不亮，那么，按下开关 A，灯泡就亮了。这是很自然的，我们可以理所当然地把它解释成开关 A 是用来控制灯泡的，接通 A，灯泡有电流流过，亮了。想当然地，要是断开 A，灯泡就会和以前一样灭掉——咦，不对呀，当手松开时，A 自动弹开，灯泡却依然亮着！再按按 A，灯泡依然亮着，连闪都不闪。

这已经很奇怪了，是不是？还有更奇怪的呢。通常情况下，接通开关的时候灯才会亮，因为这时才有电嘛。可是，当你按下开关 B 的时候，灯泡居然熄灭了！再按按 B，灯泡依然不亮，连个小红光都没有。

情况就是这样，无论什么时候，按一下 A，灯亮了，再按 A，灯还是亮着；按一下 B，灯泡熄灭，再按 B，灯泡依然不亮。

这真是好奇怪，连电路都会变魔术了。这是怎么回事呢？这个电路是怎么做成的呢？要说这件事嘛，真是说来话长。

## 7.2 反馈和振荡器

继电器用来制造加法机，这个现在已经不新鲜了。要想知道它还有什么用，这里有一个比较好的实例。拿一个继电器、一只灯泡和一个开关，用电线把它们按照图 7.2 那样连接起来。

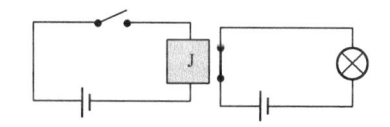

图 7.2 用开关和继电器控制另一个电路的通断

很明显,这里所用的是一个常闭触点式的继电器,内部的衔铁开关通常处于接通状态。当左边的开关断开时,右边的灯泡是亮的;反之,当开关接通时,继电器的磁力把衔铁拉开,灯泡就——用我们平时的话说——灭火了。

在本书的第 5 章里,我们已经知道,在画一个复杂的电路图时,用不着老老实实地把电池画出来,也用不着把每一根连到电源负极的线都画出来。怎么说我们都是见过世面的人,不能让电子工程师们笑话,所以我们也许可以更专业一点儿,用另一种方式来画上面的电路,如图 7.3 所示。

在这里,整个电路可以共用同一个电源,而不是图 7.2 所示的两个,但本质上是没有区别的。

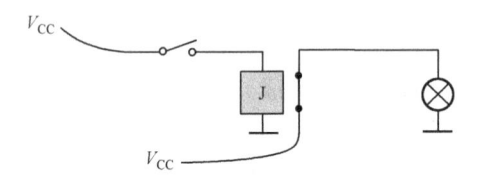

图 7.3 继电器电路的另一种简化形式

很明显,该电路的工作就是将输出变得与输入相反。如果你不太健忘的话,会发现这东西似曾相识。是的,常闭触点的继电器就是一个非门。所以,图 7.3 可以进一步简化成图 7.4。

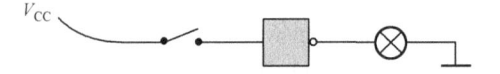

图 7.4 带电源的常闭触点继电器(即一个非门)

看起来我们是在温习功课。不过请稍等。

还是图 7.3,我们把它的输入连同那个开关统统去掉,直接用它的输出作为输入,如图 7.5 所示。

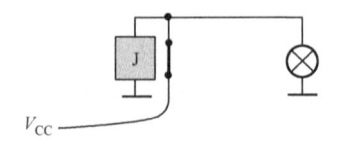

图 7.5 继电器的输入和输出共用一个电源时的不同情况

这回,你猜怎么着?因为继电器的衔铁平时是闭合的,当它一通电,会立即使灯泡点亮。不过,这个输出又是继电器的输入,所以在灯泡亮的同时,电磁铁产生磁力,马上又把衔铁开关拉开,于是灯又灭了。

第 7 章 会变魔术的触发器

灯灭了不要紧，最要命的是电磁铁同时也失去了磁性，于是衔铁开关又恢复原状，将电路接通，灯又亮了。

可以肯定，只要电源还有电，这个经过如此特殊连接的电路将一直工作在一会儿有输出、一会儿没有输出的状态，而那只灯泡也将一亮一灭，就这样没完没了地进行下去。

唉，它就是这样跟自己较劲。尽管这个电路没有生命，但有时候，我依然会为它感到悲哀，因为它让我想起了那个循环不息的西西弗斯。他是古希腊国王，因为作恶多端，死后被宙斯——那个希腊神话中的天堂统治者判入地狱，并罚他推石上山。但每当石头被推到山顶时又滚下来，如此循环不息。

不管怎样，这个循环不息的"西西弗斯"本质上依然是一个非门，只是连线有些特殊，是一个首尾相连的非门，如图 7.6 所示。

图 7.6　把非门的输出和输入相连构成一个振荡器

把一个非门的输出取出一部分来，同时又作为它的输入，这样就形成了一个反馈。不光是在这里，就是在生活中，反馈的意思也是当别人对你有所表示的时候，你也要反过来对人家有所表示，这叫做礼尚往来。如果大家每个人都总是这样客气，大同社会也就指日可待。

不知道现在的中小学都是什么情况，反正在我上学那会儿，上课、下课、放学都是靠发信号。学校也很懒，不愿意用手去摇铃，弄了一个不知道是什么的东西，合上电源开关，它自己就有了动静，声音很刺耳——"叮铃铃铃……"听到这种清脆的召唤，大家就明白，那背上书包冲出校门的强烈愿望已经实现了。一开始我不知道那个会响的东西是什么，也不知道它是什么原理。后来我循着铃声过去一看，真是再简单不过了，那就是一个首尾相接的非门电路，只不过把继电器的衔铁换成了小锤子，旁边是一个大铃铛。

一个非门，再加上反馈之后，就能产生一连串交替变化的输出，使得与之相连的灯泡一亮一灭，很像一把振动的直尺或一个来回游荡的秋千，在两个端点之间来回运动。作为一种类比，像这种东西，在电子技术领域里叫做振荡器。

发明者往往有将他的成果用到极致的愿望，要是笛卡儿还活着，他一定想看看振荡器的输出在他的坐标系里是什么样子，我觉得我们应该替他做这件事。

一开始，非门是有输出的。我们用一条直线来表示，并且把它画在纸上靠上的位置。我们省略了坐标轴，因为输出的电压具体有多少伏并不重要，持续的时间（线条的长短）也不重要。不过很快，由于反馈的关系，非门失去了输出，这意味着输出为零。于是可以在刚才那条横线的下面,也就是我们自认为是零的地方,再画一条横线,表示当前没有输出,或者说输出是零伏,并且也用线条的长度代表持续时间。再往后,这个振荡器一直在工作,而它的输出也必然如图 7.7 那样交替变化下去。

图 7.7　非门振荡器的输出是高低交替的

老实说,这不是一个真实的振荡器输出图像。首先,由于继电器内部的开关是机械的,而所有的机械开关都有一个通病:在接通和断开的瞬间会发生抖动,或者说震颤,所以它的波形一开始像锯齿,但极其短暂,然后才稳定成一条直线。所有的机械开关都会存在这种问题,但是我们在这里可以无视它的存在,它对我们当前所讨论的主题没有影响,你自己知道就行啦。

其次,像你每次打开或者关闭水龙头一样,电路在接通或者断开的瞬间,电压或电流不会马上就达到最大值,总是有一个由小到大或者由大到小的过程。要是你家比较怀旧,还在用那种需要拧一拧才能出水的老式水龙头,这种现象就特别明显。对于电路来说,造成这种现象的原因是多方面的,而且这个变化过程通常也极其短暂。由于现代科技的进步,这个变化过程可以缩短到几纳秒(把 1 秒除以 1 000 000 000 就得到了纳秒),或者更短暂。为了表示这个变化过程,需要在两种输出线条之间添加"坡度",即一条非常陡峭的斜线。但是,由于这个过渡太快太陡了,看起来人们更喜欢为了图方便而直接把它画成一条直来直去的竖线,如图 7.8 的左侧所示。

图 7.8　振荡器脉冲的上升沿和下降沿

这是一种非常有规律的、周期性变化的波形,属于有棱有角的方形,因此在电学里叫做"方波"。它既像我们国家的万里长城,又像一条毛毛虫一拱一拱地在地上爬,同时,它也类似于我们人体那有规律地跳动着的脉搏,一个接着一个。也许正是因为这个原因,我们现在讲的这个振荡器,它所产生的方波总是被称为"脉冲"。对于人类来说,脉搏的跳动表明我们还活着;而对于计算机来说,脉冲的意义也同样如此。很快你就能从本书里了解到,如果没有脉冲,计算机就完了。

对于振荡器输出的每一个方形脉冲，电压或电流从零上升到最大值的那条线叫做上升沿；反之，电压或电流逐渐下降的那条线叫做下降沿，如图 7.8 右侧所示。很清楚的是，在图 7.8 中，左边的图形实际上是右边图形的简单重复。和其他呈规律性变化的波形一样，每秒能产生多少个这样的脉冲，称为这种振荡器的频率。回忆一下我们在第 4 章里对频率所做的说明，频率是 1 秒之内相同波形的出现次数，在这里就是指每秒能产生多少个图 7.8 右侧那样的脉冲。平均下来，每个脉冲所占用的时间，或者更准确地说，两个脉冲相继出现的间隔时间，就是脉冲周期，它是频率的倒数。就当前的例子来说，如果每秒出现 5 个脉冲，那么频率就是 5Hz，周期为 0.2 秒。

精准的——我的意思是说，每秒产生的脉冲个数非常准确和稳定的——振荡器，其应用十分广泛。直到现在，还有很多人在用一种需要安上电池才能走动的钟表，当然，它还能定时。在这种钟表里面，有一个振荡器（用的当然不会是这种简陋粗糙的继电器），它每隔一秒产生一个脉冲，用来驱动一个小小的电动机，促使它每次转动一个角度，并通过齿轮传动机构带动秒针跟着向前移动一步，还"嗒"地响一下。由于这个原因，这种振荡脉冲经常被称为时钟脉冲，或者时钟信号，以表彰它至今仍在某些钟表里努力工作的精神。

## 7.3 电子管时代

发明振荡器，最早的目的是为了向天空中扬撒电磁波。在 20 世纪之前人们就知道，要想产生电磁波，必须使电流以极高的速度不断变化，而要产生高速变化的电流，振荡器可以做到这一点。

世界上第一个振荡器出自赫兹之手，也就是前面讲过的那个"可怕"的玩意儿，它每冒一次电火就会向外辐射电磁波。时间在历史书上流动得非常快，因为它通常只占一页纸，或者几行字。说话间，20 世纪就到了。

20 世纪初是一个激动人心的年代，在那个时候，已经有了电灯、电话、电报机和留声机，无线电技术正在起步。毫不夸张地说，整个 20 世纪的前十年，就是现代信息技术的黎明阶段，或者说第一缕曙光出现的时候。新的发明不断出现，而这些发明又造就了更多更新的发明，完全不是美国专利局局长查尔斯·杜埃尔在十几年前，也就是 1899 年高调宣称的那样，"所有能够发明的，都已经被发明了"。他说这番话的动机我并不十分明了，但是很显然，因为这句话，他成了名人。

电磁波的发现使科学家们非常激动，因为他们很想借助它来传递声音。至于动机，应该有两个。第一，不需要架设电线，节省材料和成本，尤其是对于隔着大江大海的两方来说，这种好处尤其明显；第二，这是科学工作者的本能。人类都很好奇，他们不会知道自己的工作会让百年之后的我们用上手机，相反地，他们只是在想：嗯，我就是要看看，这电磁波能不能传递声音。

愿望是好的，只是在当时不可能实现。原因很简单，而且也是两条。第一，没有一种好的方法把来自话筒的声音电流加载到电磁波上。而且，在接收方，也没有办法将微弱的信号放大。第二，当时的电磁波发生装置都很原始，电流通过空气放电时，是一个没有规律的导电过程。这意味着，不规则地急速变化的电流，将产生包含各种频率成分的电磁波，这种电磁波是不"纯净"的。我们需要的是那种波形非常规则，并且只在单一频率上工作的发射装置。

那么，我们刚刚发明的振荡器不就很好吗？而且，当时已经有了继电器。

答案是不好。原因很简单，发射电磁波需要很高的振荡频率，而继电器显然不能胜任。我们平时用收音机听的广播，它的频率在500kHz～1 600kHz之间；电视节目则需要几百兆赫兹的频率，而手机则更高，为几个吉赫兹。继电器是机械装置，每秒钟蹦跶几下、十几下可能还行，要是让它每秒钟蹦跶几百万下，太难为它了，实在是不行。

所以，如果你要发明一样东西，可能需要事先发明另外一些东西。

1904年的11月16日是电学史上一个很重要的日子，在那天，一个名叫弗莱明的英国人发明了一种新鲜玩意儿。这东西说起来真是很简单，其实就是一个灯泡，也就是说，它是一个已经被抽成真空的玻璃瓶，里面装有灯丝，通上电可以灼热发光。

当然，它肯定不会仅仅是一只普通的灯泡，要不然称它为一种发明实在说不过去，而远在大洋彼岸的爱迪生又该不高兴了。在这个玻璃瓶里，有一根导线安装在离灯丝不远的地方（但不是挨在一起），隔着一定的距离，再安装上另一根导线，就像图7.9所示的那样。

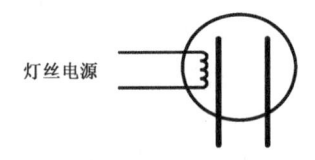

灯丝电源

图7.9  整个20世纪的电学成就始于这个简单的发明

这个装置没有什么特别之处，除了里面多加两根电线、显得有些古怪之外，它和一只真正的灯泡没有什么区别。

这个世界真的是很奇妙，平平常常的事物往往隐藏着玄机，取决于你是否有心。现在，我们再拿一只灯泡——这回是真正的灯泡，也就是我们平时经常使用的那种。然后，再用一个电源按照图7.10所示那样连接起来。

# 第 7 章
## 会变魔术的触发器

**图 7.10** 这是一个具有单向导电性的发明

通常情况下，右边那只灯泡是不会亮的，这符合我们从生活中得来的常识，因为两根电线是分开的，即使它们被一个抽成真空的瓶子罩着，那又怎么样？隔着那么远，这相当于断路，电流是无法通过这段空间的。

不要这么肯定，我们就是因为喜欢想当然地下结论，才经常犯错误，以至于功劳都被那些有心人抢去了。实际上，要是给灯丝通上电，让它灼热发光，这回，在真空中，两个隔着一定距离的导线竟然有电流通过，右边那只灯泡居然亮了。这真是太奇怪了，以至于有个富于想象力的作家把这种现象称为"真空驯电子"，很贴切，也很形象，只是经常让我想起耍猴儿。

世界真奇妙，只是不知道。这已经足以让人目瞪口呆的了，但是更令人惊讶的是——这也是它特别有用的原因——如果把电源的正、负极对调一下，让离灯丝很近的那根导线接正极，另一根接负极，这回，电流却消失了。

这事儿肯定和灼热的灯丝有关，因为只有在它通电烧热的时候才会发生这样的事，但不一定是非常直接的关系。毕竟，在灯丝和接电源负极的那根导线之间还有一点点距离。也就是说，电子不是从灯丝那里来的。

这在当时，具体的原因弗莱明也不清楚。现在我们已经知道，要是在两根金属之间加上电压，被灯丝烤得灼热的金属可以在真空里发射电子，有点儿像太阳风，那个极热的巨大球体源源不断地向整个太阳系抛射高能的粒子。或者换一种比喻，因为导线离灯丝很近，会被灯丝加热到很高的温度。而高温的导线就像工厂车间里用的那种风力强劲的电风扇，你可以被它吹开，但是要逆着风靠近它却很困难。这也是第一次以无可辩驳的事实证明了，电子其实是从负极（阴极）出来，流回正极（阳极），而不是长期以来一直认为的那样，从电源的正极出来，流回负极。

弗莱明用来做实验的装置和我们现在所描述的不太一样，其中最大的区别就在于他的玻璃管里没有那根靠近灯丝的导线，而是直接用灯丝来代替那根靠近它的金属，但原理和实际效果一样。

这个装置对电源的接法很挑剔，用术语来说就是具有单向导电性。它还有一个专业名称，叫做电子二极管，毕竟，它真正有用的只是那两根被分隔开的电极，而灯丝则不算在内。为了便于说明，我们把靠近灯丝的那块金属叫做阴极，因为它通常要接在电源的负极上①，主要的作用是发射电子；另一块金属叫做阳极，通常接在电源的正极上，用来把电子从阴极吸引过去。还有两个引脚是用来给灯丝供电的，不是真正对我们有用的那一部分。如图 7.11 所示，那是它的专用符号。注意观察那个图，阴极被画成一个半圆。这不是为了显得美观而特意这样画的，而是当人们了解了电子二极管的工作原理之后，为了使阴极能更有效地被灯丝加热，把它做成了一个筒形，像小桶一样把灯丝罩在里面。而且，在这个小桶的底部，涂了一层氧化物，比如氧化铜，这是因为氧化物在加热之后，发射电子的本领更高。

弗莱明发明了电子二极管，这个不假。问题是怎么就那么巧，他偏偏就拿了一只灯泡，在里面装了导体，有了这项发明，弄得好像先知先觉，就是冲着这个结果来的。

图 7.11　电子二极管的符号

按照通常的说法，弗莱明能搞出这个东西，最初的灵感来源于爱迪生，是后者在发明灯泡的过程中曾经发现过这种现象，作为一名科学家，爱迪生本能地意识到这是很不寻常的，值得进一步认真研究。但是很不幸，这个大忙人当时已经被灯丝的事情搞得晕头转向，根本没有时间深究这种现象。他所做的，只是把当时的情况记下来，然后接着干手头上的活儿。大家都为爱迪生感到惋惜，这是可以理解的，但是不必要。他当时那么忙，实在是抽不出精力来顾及这件事情。

那个时代是电学大发展的前夜，知识不足，热情有余，人们乐于尝试，仿佛有使不完的劲儿——用现在比较流行的话说，他们搞起科学研究来非常"生猛"。如果有一天早上发现牛粪上长了一棵牵牛花儿，他们会兴致勃勃地尝试所有的植物，折腾它们，看看是不是会有别的事情发生。就这样，在大致明白了电子二极管的原理之后，他们开始往里面加入一些别的东西——通常都是金属——看看除了爆炸之外，是不是会发生另外一些有意思的事。

在这方面干得最起劲儿的人是福雷斯特，一个美国人。世人对他小时候的评价不怎么高，说他很孤僻，甚至"有点儿精神分裂"。这可能是因为家庭方面的原因，他们在当地不是特别受欢迎。不过，他一个人倒是玩得挺开心，据说最大的

---

① 一直以来，负极也被称为"阴极"，不管是在工程上，还是在生活中，这两个名称经常交替使用，说的都是一个意思。

特点是喜欢动手摆弄各种机械。

由于刚刚发明了电子二极管，弗莱明很高兴，这是可以理解的。不过也有人不高兴，甚至可以说是非常失落，这个人就是福雷斯特。

这个福雷斯特野心勃勃，据说一开始和弗莱明一样，受了爱迪生做那个实验的启发，想搞出点儿发明，不料还没等他搞出什么名堂，那边已经传来了弗莱明发明电子二极管的消息。福雷斯特经济条件不是很好，又一心想做出点儿发明，取得一些成就，在这种情况下，他的心情可想而知。人总是有好胜心的，当获了大奖的时候，大概没有人会哭丧着脸。

失望的福雷斯特开始摆弄电子二极管，希望能为它做些完善的工作。很自然地，人们会想到，既然电子是从阴极通过真空流向阳极，那么，能不能控制它的流量，同时，也许能够看到一些古怪的事情发生。总之，不试试，谁知道呢？

为了控制电子从阴极到阳极之间的流动，他在原有的电子二极管里，也就是阴极和阳极之间，又加入一根金属丝，后来又改成金属网。之所以做成网状，是因为既能够让电子们容易通过，又可以对它们施加控制，很像我们平时看到的栅栏，所以称之为控制栅极，简称栅极，如图7.12所示。

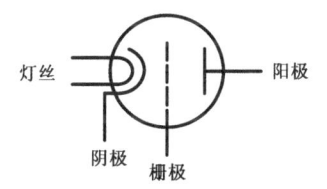

图7.12 电子三极管的符号

历史证明，福雷斯特笑到了最后，他的锲而不舍最终给自己带来了好运气，也使他名留史册。在这个装置上，他给阴极和阳极供电，就像电子二极管那样。同时，也给阴极和栅极供电，如图7.13所示。

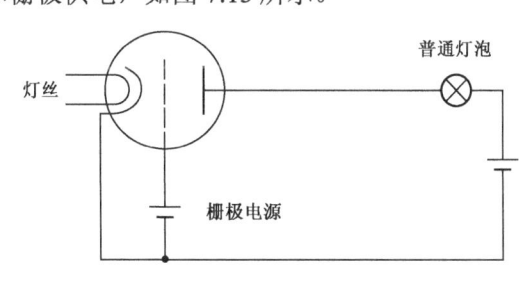

图7.13 电子三极管的原理示意

和他预料的一样，福雷斯特发现，通过改变栅极上电压的大小和极性，可以改变阳极上电流的强弱，甚至切断它，这叫做截止。

这的确很有意思，但差不多是在意料之中，似乎没有什么新意。不过，令人意想不到的是，只要栅极上的电流发生一点点变化，阳极上的电流就会大幅度地跟着改变。比如上图，细微地调整栅级电源，就会明显地改变灯泡的亮度。

这意味着，因为比电子二极管多长了一条腿，电子三极管具有放大作用。所以，这在电学史上是个很重要的事件，值得整个科学界集体庆祝一下，举行仪式，开怀畅饮，不醉不归。要知道，如果没有这个开端，恐怕我们现在还听不上音响，看不成电视，觉得每天下班回到家听一听爱迪生发明的唱片已经是最大的享受，吃完饭百无聊赖，坐在床上哄孩子们睡觉都能把自己哄睡着。

注意，电子三极管的放大效果不是无端地凭空产生的，这个放大后的能量来自于电源，它只是一个转换器。

这个发现的意义非同寻常，而福雷斯特发明的电子三极管也很快风靡全世界，派上了大用场。首先，贝尔和爱迪生他们肯定非常喜欢，因为他们正为电话的信号太弱而发愁，有了电子三极管，无论多微弱的声音信号，都可以变得十分洪亮。要是一只电子三极管放大的倍数不够，还可以多加几只进行接力放大，这都不是问题。

除了有线的东西需要电子管，无线的东西也搭上了顺风车。利用它的放大作用，再加上适当的反馈，就可以形成一个振荡器，能够产生固定频率的振荡电流。如果它的振荡频率足够高，就能向很远的地方发射无线电波，而且它的优势是可以获得极高的振荡频率，因为电子管的开关速度很快。

这是真正纯正优美的振荡，不但辐射电磁波的效率高了，而且只在固定的频率上工作，除非接收器希望接收这个频率上的信号，它不会对其他频率的接收器产生干扰，尽管天空中的无线电波越来越多，大家却都能相安无事。事实上，也就是从这个时候开始，利用电磁波进行语音和电报通信的时代开始了。

从电子管发明的那一刻到现在，全世界生产的电子三极管数都数不过来。人们称赞福雷斯特，说他"推动了无线电技术的迅猛发展，引发了一场革命并奠定了近代电子工业的基础"。福雷斯特一直活到1961年，一生中共拥有300多项发明专利，被人们尊称为"无线电之父"。但正如有些人所感叹的那样，很少有像他那样是这么多发明的父亲。

## 7.4 记忆力非凡的触发器

在当时，研究无线电技术，或者换句话说，研究如何用电磁波来进行通信的人很多。在这些专家里，有一个叫埃克尔斯的英国人需要特别提一下。这个人很

## 第 7 章 会变魔术的触发器

了不起,生在那个年代,搭上了技术革命的便车,搞出了不少令世人瞩目的成果。除此之外,他还写书,其中有两本分别叫做《无线电报手册》(1915 年)和《连续波无线电报》(1921 年)。现在,在很多电子学教材中还都称他是"发展无线电通信的先驱者"。除了坐在地球上研究无线电波的发送和接收技术之外,他还喜欢管天上的事儿,是最早注意到太阳辐射和地球外层大气会对无线电产生干扰的人之一。

和埃克尔斯一起工作的,还有他的一个同事,名叫乔丹。喜欢篮球运动的人们千万不要误会,他并不是 NBA 历史上那个永远的 23 号,那个篮球明星。他们不是同一个人,前者是个电工,后者拍得一手好气球。

埃克尔斯和乔丹的工作内容是研究无线电波的发射和接收。要发射电磁波,就要有振荡器。长久以来,制造振荡器的方法就是在电路中加入反馈,就像我们刚刚用非门制造的那个振荡器一样[①]。事实上,不光是那个时候,这也是我们现在经常采用的方法。由于老是和反馈打交道,难免会搞出一些稀奇古怪的事情来,1918 年,这两位仁兄一起发明了一种具有记忆功能的电路。

这个电路的核心是两个电子三极管,之所以让人觉得新奇,是因为它能记住你刚才都对它做了什么手脚。不过,这东西虽然很有意思,在当时却没有什么用处。直到又过了很长时间之后,因为要制造电子计算机,工程师们才又发现了它,觉得这还真是一个好东西。不过,他们这回采用逻辑门来实现相同的功能。

这个电路上下对称,分别都是一个或门连着一个非门,特别之处在于,它们各自的输出又分别是对方的输入。换句话说,在这个电路里存在着两个反馈,如图 7.14 所示。在一个电路里搞出两个反馈来,你别说,发明它的人还真是挺有想法。

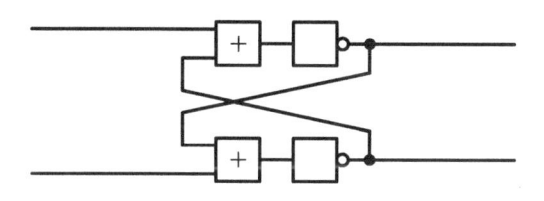

图 7.14 两个或非门首尾相连形成两个反馈

我知道你要干什么,你一定等不及看我要说些什么,准备自己研究这个电路的工作原理。嗯,不要这么干!你只会越研究越糊涂,还不如让我来当向导,听我的讲解,我只要像拿根牙签一样,轻轻那么一挑,全都豁然开朗啦。

这个电路很特别,上下都是一个或门连着一个非门,有两个对称的输出,不

---

[①] 不同之处在于,通常用于发射电磁波的振荡器,它产生的不是方波,而是交流电那样的正弦波,只不过频率极高。

拿两只灯泡接上使它发发光真是可惜了。

这儿说的是右边的输出。电路的左边还有两个对称的输入，很容易使人想到它是用来接开关的，因为开关可以控制输入的有无。既然有这样的想法，那不妨干脆把开关和灯泡接上试试，看它有什么用，如图 7.15 所示。

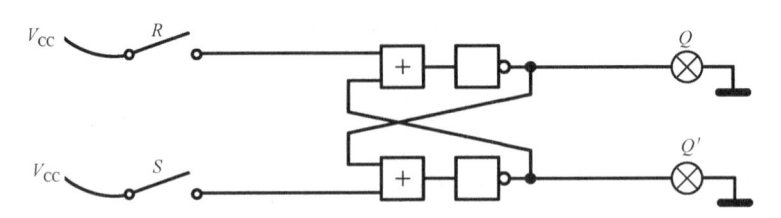

图 7.15　用来验证或非门反馈功能的完整电路

我们每天都要和人交流，不管是谁，这一开口，难免要提名道姓。这两个开关也有名字，一个叫"$R$"，另一个叫"$S$"，它们接在电源上，为电路中的逻辑门提供"0"和"1"。可它们为什么非得叫"$R$"和"$S$"呢？这个后面再说。眼下，和"$R$"长在一根藤上的是灯泡 $Q$，相应地，灯泡 $Q'$ 则和开关"$S$"是一家人。

电路刚接好的时候，你要确保两个开关都是断开的。现在，准备好了吗？我们可要合上开关 $R$ 了！

我们知道，或门属于那种好好先生，不挑剔，只要有一个输入为"1"，它就输出"1"。所以，如图 7.16 所示，闭合 $R$ 就等于 $R = 1$，于是不管 $Q$ 以前是亮还是灭，它现在一定不会发光，即 $Q = 0$。

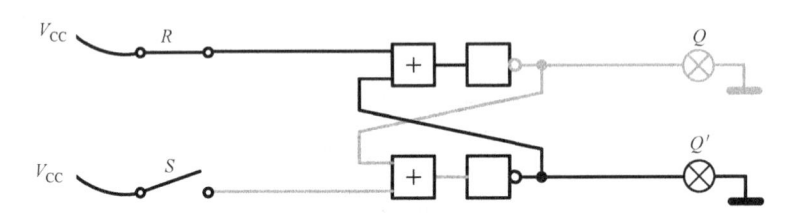

图 7.16　当 $R$ 闭合 $S$ 断开时，$Q$ 不亮而 $Q'$ 亮

这就完了吗？不会的。因为有反馈的存在，$Q = 0$ 紧接着被送到下面。同时，因为 $S$ 也为 0，所以经或门和非门后，灯泡 $Q'$ 因为被通上了电而兴奋得满面红光。也就是说，$Q' = 1$。

当然，$Q' = 1$ 又被反馈到上面。但是，因为 $R$ 已经给或门提供了"1"，所以 $Q$ 的状态不会受到影响，整个电路就此处于稳定状态不再改变。

有意思吧？很奇妙吧？这还不算什么，更神奇的是，这个时候，即使你断开 $R$，灯泡 $Q$ 依然不亮，而灯泡 $Q'$ 依然亮着！再合上 $R$、再打开、再合上……不管你怎么折腾，$Q$ 和 $Q'$ 还是那样。

原因很简单，还是那个图 7.16，你看，因为 $Q'=1$ 被反馈到上面，所以，即使 $R$ 断开，或者再次合上，也不会改变或门的输出，整个电路的状态也不会发生改变。

现在，让我们把注意力转移到电路的下半部分。这一次，我们让 $R$ 一直处于断开状态，将 $S$ 合上。就在一瞬间，所有的事情都颠倒了，灯泡 $Q$ 亮着，而 $Q'$ 却不亮了！如图 7.17 所示。

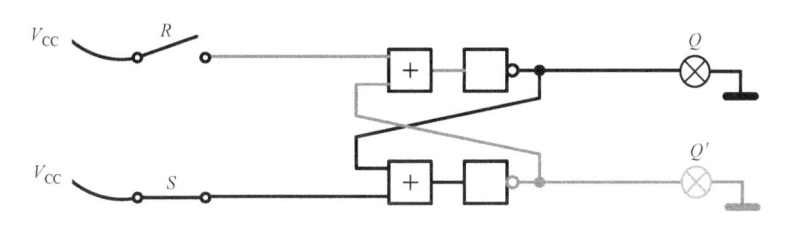

图 7.17　当 $R$ 断开 $S$ 闭合时，$Q$ 亮而 $Q'$ 不亮

由于电路是对称的，上下两部分一模一样，所以这件事情也不难理解。一旦你合上开关 $S$ 使得 $Q=1$ 而 $Q'=0$，往后再怎么摆弄 $S$，是闭合还是断开，都不会再影响到电路的状态。换句话说，只有最开始那一下子是最重要的。

尽管我们是在讲科学，但它会让朋友们以为你具有特异功能。你可以叫你的朋友背着你合上一个开关，然后再把它拉开，这时候，你可以踱过去，观察一下哪个灯泡亮着，然后准确地说出他刚才动的是哪个开关。相信这一定会让你的朋友张大嘴巴，惊奇地看着你。

在这本书还没有写完的时候，我就把一部分内容放到了互联网上，大家看了之后给我提出不少意见，非常宝贵，这是反馈。要是当初我没有这样做，那么这本书印出来之后，它的内容全是我自己当初的想法。但是实际上，我做了一件事，写了一些东西，加上了读者的反馈之后，触发了一连串的事情，产生了完全不同的结果。也正是因为这样，我们刚刚讲的这个电路，称为触发器。

看到"触发器"这三个字，容易使人想到在人迹罕至的大森林里，一只笨重的狗熊踩上了猎人布置的铁夹子。没错儿，这是一种机关，一种装置，正等着做某件事情，但就差一个外部条件。

触发器在很多英文书中被称为"Flip Flop"，简称"FF"，差不多类似于我们汉语里的象声词，大致的意思是"噼里啪啦"或者"噼噼啪啪"。当然，这不是过年放爆竹，而是一大堆继电器在工作时所发出的声音。

触发器的工作状态依赖于两个开关 $S$ 和 $R$，闭合一个断开另一个，总是会得到两个相反的输出 $Q$ 和 $Q'$；要是这两个开关都断开，那么，取决于 $Q$ 和 $Q'$ 刚才处于什么状态,它们依然保持这种状态不变。

这都是我们已经知道的。不过,你有没有想过,还有最后一种情况,要是 $S$ 和 $R$ 都闭合,会怎样呢?老实说,情况很不妙。

如图 7.18 所示,闭合两个开关,将直接导致上下两个或门的输出永久为 1,经过非门变换之后又都变成 0,于是两个灯泡都不亮。

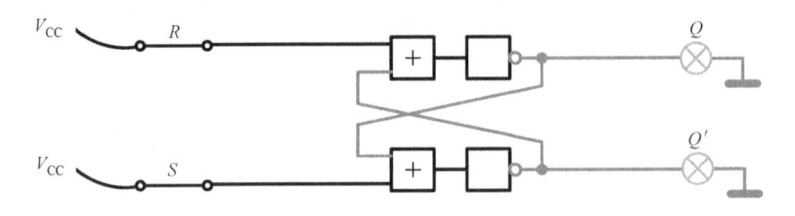

图 7.18 当 $R$ 和 $S$ 都闭合时,$Q$ 和 $Q'$ 都不亮

这是非常粗暴的做法,是暴力干涉。通常情况下,灯泡 $Q$ 和 $Q'$ 是互补的,配合得挺好,互为依托,相互制约,一个亮起来,另一个就会熄灭,能自己达到合适的稳定状态。但是现在,虽然电路里依然存在反馈,但是不起作用,整个电路现在已经丧失了记忆力,差不多已经失去了理智,神经错乱了。

总结一下。这里讲的触发器,一共有 4 种工作状态,参见表 7.1。

表 7.1 触发器的输出与 $S$ 和 $R$ 的关系

| S | R | Q | Q' |
| --- | --- | --- | --- |
| 0 | 0 | 不变 | 不变 |
| 0 | 1 | 0 | 1 |
| 1 | 0 | 1 | 0 |
| 1 | 1 | 0 | 0 |

在这里,我们把 $R$ 和 $S$ 分别比做爹妈,为"0"表示不打孩子,为"1"表示打孩子;同时,把 $Q$ 比做孩子对爹的态度,把 $Q'$ 比做孩子对妈的态度,为"0"表示不亲近,为"1"表示亲近。那么,该表就可以用亲子定律描述如下(让那些学过触发器的父母们引以为戒):

爹打,妈不打,和妈亲近;

爹不打,妈打,和爹亲近;

爹不打,妈也不打,以前和谁亲近,现在仍和谁亲近;

爹打,妈也打,两个都不亲近。

现在,你再来猜猜,当这个电路刚刚通电时($R$ 和 $S$ 都是断开的),两个灯泡会是什么状态?

答案是不知道，不一定。因为这里面存在着反馈，会引发竞争，竞争的结果是肯定有一个灯亮，而另一个不亮。但是，到底哪个亮，哪个不亮，这个无法事先知晓，既然是竞争，那么竞争的结果只有在实际开始竞争以后才知道。竞争的结果取决于双方的实力，在这个电路里，就是零件的参数和工作速度，速度慢的一方只能在竞争中处于下风。

## 7.5 触发器的符号

像盖房子一样，触发器也是构造电子计算机的重要材料。为方便起见，上面介绍的触发器通常被组装成一个现成的电路，这样我们就可以不用关心它的内部结构，直接拿过来使用，如图 7.19 所示。

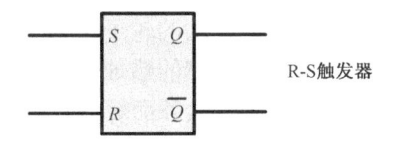

图 7.19 R-S 触发器的符号

这是最早的，也是最基本的一种触发器，我们一般称它为 R-S 触发器。在这里，$S$ 和 $R$ 不再代表开关，而 $Q$ 的意思也和灯泡相去甚远。然而，无论是开关的通断还是灯泡的亮灭，代表的无非是电压或者电流的有无，两种不同的表示方法，它们背后的思想是一致的。唯一不同的是以前的 $Q'$ 换成了 $\bar{Q}$。$Q$ 和 $\bar{Q}$ 总是以相反的状态出现，$Q=0$ 则 $\bar{Q}=1$；$Q=1$ 则 $\bar{Q}=0$。这是两个情同手足的小蝌蚪，两个小伙伴，不同的是，一个光着脑袋，另一个头上顶着一片小树叶。

触发器有两个截然相反的输出，不过多数情况下我们只需要一个输出就已足够。因此，一直以来就把 $Q$ 作为触发器的输出。结合表 7.1 还可以看出，在触发器正常工作的前提下，$Q$ 的输出和 $S$ 的输入总是一致的，$S=0$ 则 $Q=0$；$S=1$ 则 $Q=1$。这意味着可以通过设置 $S$ 的值，使得 $Q$ 的输出和 $S$ 保持一致，这就是"$S$"的由来（在英语里，$S$ 是单词"Set"的第一个字母，这个单词的意思是"设置"）。

不管 $Q$ 以前是什么，比如 $Q=0$，我们可以通过让 $S=1$ 来使 $Q$ 变成 1。但是，当 $R=1$ 的话，$Q$ 又变回 0，这等于将 $Q$ 打回原形，这称为"恢复"或者"复位"，"$R$"就是这么来的（$R$ 取自英语单词"Reset"的第一个字母，该单词的意思是"复位"）。

# 第8章

# 学生时代的走马灯

每年正月十五是元宵节，这个中国人都知道。元宵节里闹花灯，人山人海，热闹非凡，到处都是灯的海洋。在这些花灯里，有一种叫做走马灯，也叫跑马灯，制作方法是在一个大灯笼里装一个能转动的轮子，粘上各种图案。正月十五，要出去显摆的时候，就在灯笼里放一根点燃的蜡烛，这时，热气升腾，轮子旋转，带动图案跟着转动，在烛光的投射下，从外面看就是一幅幅会动的图像。

过年的时候挂这种灯的风俗起码在宋朝就已经有了，当时，灯里以武将骑马的图案居多，转动时看起来好像几个人你追我赶一样，这就是走马灯的由来。今天，当我们再提到"走马灯"这个词的时候，更多的是用来比喻那些来来往往、不停穿梭的事物。

小时候，我爸爸偶尔会说我"闲得学驴叫"。尽管我的确能把驴的叫声学得惟妙惟肖，但他说这样的话却经常是因为我净做一些他看不惯的事情。

比如，我也曾经发明过一个走马灯，但并不是传统意义上的那种。我找了一些小灯泡，每隔一段距离放一个，把它们一字排开（或者围成一个圆形）。当它刚启动的时候，只有一个灯亮，紧接着，这个灯泡熄灭，与它相邻的下一个灯亮起来，就这样轮流发光，像火炬传递一样，周而复始，循环不止，这就是我们所要制作的简单走马灯。

造出这个走马灯的时候我还在上学，所以我坚决不能让爸爸知道，否则我就是"闲得学驴叫"。看在我冒这么大风险的份儿上，你难道不想知道这样的走马灯是如何造出来的吗？这件事还得从触发器说起。

## 8.1 能保存一个比特的触发器

在埃克尔斯和乔丹的实验室里，触发器没有什么用途，它只是证明了电子管可以做成这么一样东西,仅此而已。

好的东西总有用武之地,尤其是科学家和工程师们喜欢翻老底子,让那些现成的发明可以"为我所用",触发器就是一个现成的例子。

为什么这样说呢?普通的电路,以及常规的逻辑门都有一个共性,那就是输出直接依赖于输入,当输入消失的时候,输出也跟着不存在了。触发器不同,当它触发的时候,输出会发生变化。但是,当输入撤销之后,输出依然能够维持。

这就是说,触发器具有记忆能力。若干年后,当工程师们想在计算机中保存一个比特时,他们想到了触发器,这是一种职业嗅觉在起作用。不过,触发器有两个输出,保存一个比特不需要这么多。

如图 8.1 所示,解决的办法是只留下一个输出 $Q$,而 $\bar{Q}$ 废弃不用(把它的引线剪掉)。这样,被保存的比特可以从 $Q$ 端观察到,或者把它取走,引到别的地方使用。通过它,可以知道当前触发器保存的是什么,是 0 还是 1。

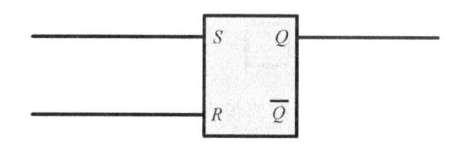

图 8.1 通常把 $Q$ 作为 R-S 触发器的输出

不过,凭什么非得是 $Q$,而不是 $\bar{Q}$ 呢?这里面没有深奥的科学道理,只是一种约定。它们俩总是相反的,你为 0 的时候,我为 1;你为 1 的时候,我为 0。其实留下谁都可以,$Q$ 能有幸被留下,唯一的原因可能是工程师们觉得它省事儿,不需要每次都在这个小蝌蚪的脑袋上画一条横线。

我们的愿望是用触发器保存一个比特,一个比特只需要一根电线就可以传送,可是你瞧,它有两个输入端 $S$ 和 $R$。而且,触发器要正常工作,离不开这两位仁兄的通力配合,少了谁都不成,要想使 $Q=0$,$S$ 必须为 0,$R$ 必须为 1;要想使 $Q=1$,必须使 $S=1$ 而 $R=0$。当然,在这个过程中,$\bar{Q}$ 也会发生变化,而且与 $Q$ 相反,但它已经被当成累赘给剪掉了,不提也罢。

这可如何是好呢?难不成要保存一个比特,就必须得用两个输入吗?不要悲观,解决之道是拿一个非门,按照图 8.2 所示的方法连接起来。

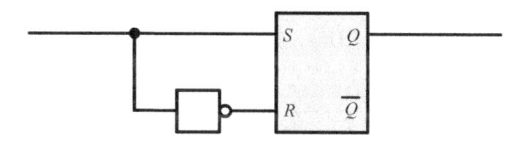

图 8.2 使用非门使 R 与 S 总是相反,解决用触发器保存 1 个比特的问题

很显然，因为要想使触发器保存一个比特，就必须使 $S$ 和 $R$ 以相反的方式出现，所以非门的作用就是创造这样的条件。多么巧妙！不是天才，怎么也想不出这个好办法。

那么，这种做法到底有没有效果呢？不试试怎么知道！为了看看它能不能保存一个"0"或者一个"1"，我们在它的左边接上开关，通过闭合或者断开开关，就能得到要保存的比特（0 或者 1）。同时，触发器的输出端接了一个灯泡，它的亮灭可以验证该比特是否已经被保存。

如图 8.3 所示，电路刚接好的时候，开关是断开的。断开的时候相当于要保存一个比特"0"。这个时候，如图所示，$S=0$，$R=1$，触发器动作，$Q=0$，所以不要指望灯泡会亮起来。

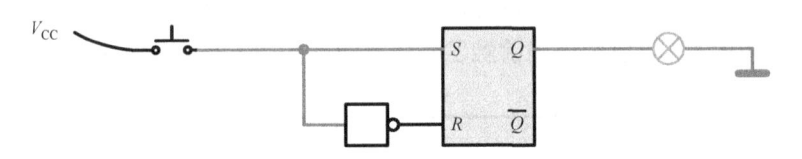

图 8.3　使用触发器保存比特"0"的过程

灯泡的冷漠表明目前触发器中保存的是"0"。现在，用手摁一下开关，电路被接通，相当于输入为"1"。如图 8.4 所示，这个时候，$S=1$，$R=0$，触发器保存这个比特（"1"），于是灯泡亮了。

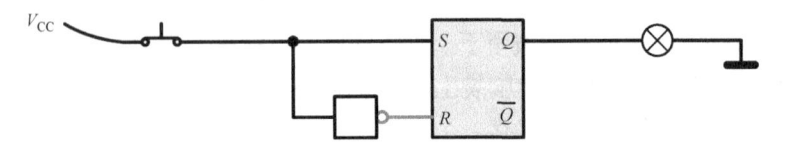

图 8.4　事实证明，仅仅增加一个非门，并不能使 R-S 触发器独立地保存并维持 1 个比特

这是个按键开关，当我们一撒手，它就会自动弹起来。嗯，这的确是一个性能优良的开关，不过我想说的不是这个，而是当开关弹开后，被保存的比特能够独立存在而不受影响。可现实呢，你会发现，一旦按键开关弹开，灯泡马上就会变脸——不亮了！

傻眼了吧？这忘恩负义的东西，阳奉阴违，人刚走茶就凉了。原因很简单，开关弹开，相当于输入的比特是"0"，于是触发器又忙不迭地把这个"0"存起来，灯泡自然就又不亮了。

这可是触发器呀，触发器是干什么的？连一个比特"1"都存不住，那它和一根电线有什么区别？

不要怪触发器，它只是一个电路，一些没有生命的零件，要怪只能怪我们没有把它设计好。为了把它设计好,我们给触发器安排两个门卫——如图 8.5 所示,这是两个与门。这两个门卫都归同一个经理管辖,这就是控制端 CP。

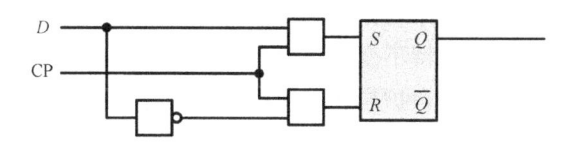

图 8.5 经过改进的触发器,增加了 1 个控制端

我们这样来安排电路是有用意的,而且真的是很有效。如图 8.6 所示,你看,通常情况下 CP = 0,意思是现在不想保存数据。这时,因为与门的关系,不管 $D$ 上是什么,$S$ 和 $R$ 都为 0,所以触发器保持原有的内容不变。

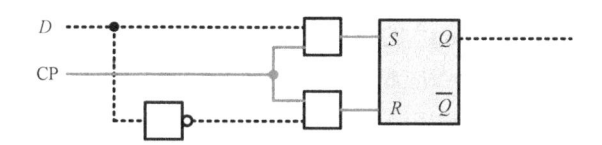

图 8.6 当控制端为 0 时,触发器不接收 $D$ 端的比特

这就是说,CP = 0 的另一层意思是希望触发器不被外面的数据干扰,继续保持原先保存的那个比特。

在触发器前面放两个门卫(与门),不单单是保护原有的比特,它们还有更重要的任务。比如,如果 $D = 0$,而且有经理陪同前来,即 CP = 1,那么如图 8.7 所示,$S = 0$ 而 $R = 1$,于是"0"就会被保存到触发器里($Q = 0$)。

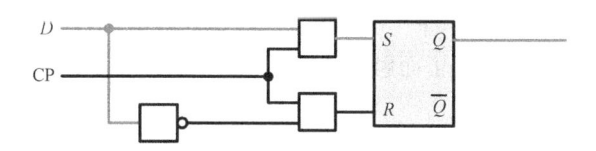

图 8.7 当控制端为 1 时,如果 $D$ 端为 0,触发器的 $Q$ 端为 0

再比如,同样是在有经理陪着的情况下(CP = 1),要是 $D = 1$,那么 $S = 1$ 而 $R = 0$,于是"1"就被保存到触发器里($Q = 1$),如图 8.8 所示。

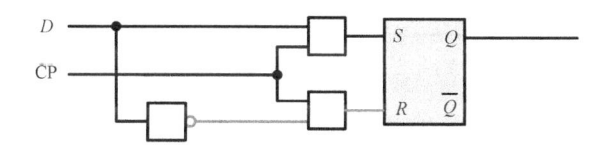

图 8.8 当控制端为 1 时,如果 $D$ 端为 1,触发器的 $Q$ 端为 1

不管保存的是"0"还是"1",当它成功地进入触发器之后,日理万机的经理就打道回府了(CP=0),于是 S 和 R 都会一直为 0。换句话说,没有经理的陪同,负责保卫工作的人无法确定来者是不是危险分子,谁也别想再进入触发器,触发器将一直维持刚才保存的比特不变(请再看一下图 8.6)。

最后,一个需要经理亲自护送才能保存比特的触发器称为 D 触发器,D 触发器的符号如图 8.9 所示。

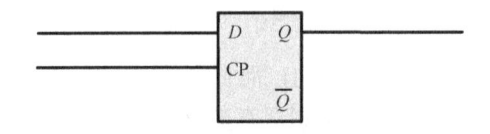

图 8.9　D 触发器符号

"D"取自英语单词"Data"的首字母,而"Data"的意思是"数据"、"数字"。所以,D 触发器的名字很恰当地表明了制造它的原始目的。

## 8.2　边沿触发

对于我们刚刚接触到的 D 触发器来说,控制端 CP 就好比是触发器公司的经理,当它出现的时候,才能表明来的人是安全的。所以,你也可以把 CP 看成进入 D 触发器的通行证、派司、路条、门票,或者唐僧西天取经时怀里揣着的通关文牒。不过,这些东西通常都是带有有效期的,所以连 CP 也不例外,它的有效期,就是 CP=1 的时间。当 CP=1 时,在它的持续期间,D 触发器将会卖力工作,随时都会因为外来的比特变了而触发;一旦 CP=0,就意味着过了有效期,触发器将不能保存新的比特。

为了证明你真的理解了上面那些话,我出一道题,请你分析一下,如果从 $t_0$ 时刻开始,D 端和 CP 端各自出现了如图 8.10 所示的脉冲,那么,在 $t_1$ 时刻,触发器里保存的是 0 还是 1 呢?

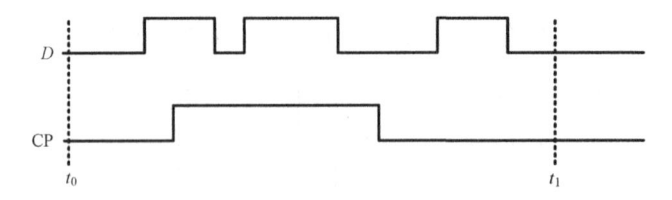

图 8.10　触发器里保存的比特是 0 还是 1,取决于 CP 端最后从 1 变为 0 的时刻 D 端的比特是 0 还是 1

# 第 8 章
## 学生时代的走马灯

请原谅，我本想为了防止你偷看而把答案放到另一本书里。但是转念一想，这是很不仗义的做法，所以还是直接告诉你吧，触发器里保存的是比特"0"。

很明显，在 CP=1 期间，只要 $D$ 端的比特改变了，触发器就会随时触发。所以，你一定要把想保存的比特放到 $D$ 端，稳住，等 CP 从 0 变到 1，再从 1 变到 0 之后才能松口气。

这当然也不错，需要的不过是一点点细心。不过，要想做一个走马灯，这种触发器是不能胜任的，我们需要一种新的触发器，它只会在 CP 脉冲从 0 变成 1，或者从 1 变成 0 的瞬间才会触发——换句话说——保存一个比特。

这就与我们刚刚讲过的 D 触发器不同了。我们刚才讲的触发器，在 CP 为 1 的期间可以随时根据 D 端的数据触发。而现在，我们希望 CP 一直为 0 或者一直为 1 的期间都不会触发，只在 CP 从低到高，或者从高到低变化的瞬间触发。

从 0 翻转到 1，或者从 1 翻转到 0，这个变化过程称为"跳变"或者"翻转"。CP 的跳变需要一个过程，可能是几个纳秒，尽管非常非常短暂，但实际上是存在的。反映在图像上，就是两个边沿，即上升沿和下降沿，如图 8.11 所示。

图 8.11　边沿触发器的两个触发时机

我们即将发明的新型触发器叫做"边沿触发"的 D 触发器，因为它只在 CP 脉冲的边沿触发。无论什么时候登山，你迟早还得下来。所以，要说起边沿触发的触发器，实际上还分为"上升沿 D 触发器"和"下降沿 D 触发器"。今天我们只讲前一种，即上升沿 D 触发器。

要制造一个上升沿 D 触发器，其实很简单，它的秘密在于，可以像图 8.12 那样，将两个 D 触发器首尾相连。

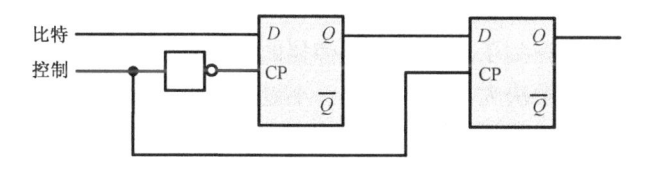

图 8.12　上升沿触发器的原理

这个大触发器实际上由两个小的 D 触发器首尾相连而成，前一个触发器的输出是后一个触发器的输入。而且，你看见没有，这两个触发器永远不会同时工作，因为控制脉冲是右边那个触发器的直接领导，但是，想要直接给左边的触发器下达命令？那不成，必须通过一个非门！

如果你想在这个电路里保存一个比特，必须先使控制端为 0。这时，左边的触发器 CP = 1，它可以把任何要保存的比特吃进肚子里，并立即传送给右边的触发器。但是，很遗憾，右边的触发器不工作。

现在，如果控制端从 0 跳变到 1，说时迟，那时快，一切都颠倒了，左边的触发器拒绝再吃掉任何比特，右边的触发器一下子活跃起来，把左边那个触发器的输出保存起来。换句话说，直到这个时候，比特才算是被这个大触发器保存了。

此后，如果控制端从 1 又回到 0，即下降沿，左边的触发器苏醒过来，但右边的触发器却开始休眠，但它仍有能力维持原先的输出不变。这就是说，控制脉冲的下降沿不会改变这个大触发器的内容。

上面这个二合一的大触发器，不管控制端是 0、1 还是从 1 到 0 的下降沿，它都不能保存比特，除非一种情况，那就是从 0 到 1 的跳变，即上升沿。为了便于表示，上升沿 D 触发器的符号如图 8.13 所示。注意，和普通的 D 触发器不同，它的控制端 CP 旁有一个三角形，表明它是边沿触发的。

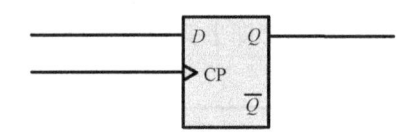

图 8.13　上升沿 D 触发器的符号

为了证明你确实已经理解了上升沿 D 触发器的工作原理，这儿有一个小小的考试题。回到图 8.10，请问，同样是在 $t_1$ 时刻，上升沿 D 触发器里保存的是什么？是 0 还是 1 呢？不要忘了写信告诉我，我等着你。

## 8.3　揭开走马灯之谜

讲了这么多，现在到了揭开走马灯神秘面纱的时候了。很幸运地，我们只需要一些触发器就可以解决大部分的问题。不过，我们需要的不是传统的触发器，比如 R-S 触发器，而只能用上升沿 D 触发器。

做任何事情都需要一个过程，把一只老鼠放进管道，要过一会儿它才能从管道的另一头钻出来并迅速逃掉。上升沿触发器只在 CP 脉冲的上升沿触发，比特从输入端被吃掉，经过一个小小的延迟之后，才能稳定地出现在输出端 Q 上。延迟的时间或长或短，取决于制造一个触发器所使用的材料。如果你用的是继电器，那么这个延迟会以秒为单位，大约是零点几秒到 1 秒钟，因为它不单纯是电子的，更是机械的；如果你用的是电子管或者更好的材料（这些东西我稍后再慢慢为你介绍），那么，好，这个延迟可以缩短到几个纳秒。别忘了，我曾经说过，1 纳秒

# 第8章
## 学生时代的走马灯

是1秒的十亿分之一。

基于这一点，我们可以把若干个上升沿 D 触发器首尾相连，并把它们的 CP 端连在一起，让它们可以在同一时间触发，如图 8.14 所示。

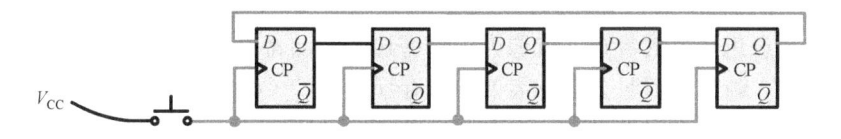

图 8.14　几个首尾相连的触发器使用同一个控制端，能同时触发

如图所示，我们想办法让最左边的触发器保存比特"1"，而别的触发器都保存比特"0"。通常情况下，按键开关是断开的，所有触发器都不工作，因为它们的 CP 都为 0。一旦开关按下，在电路接通的瞬间，所有触发器都会看到一个上升沿，于是它们的第一反应是将前一个触发器的输出保存起来。一个小小的延迟之后，它们吃进去的比特会出现在各自的输出端 $Q$ 上。但是由于上升沿已经过去，它们只好就此停下来。不过，此时你会发现，第一个触发器的输出 $Q$ 已经不再为"1"，取而代之的是第二个触发器。

这就是说，如果你不停地按动开关，这个比特"1"就会在触发器间顺序地传递，从左向右，最后再回到左边，这样循环往复。

现在，我们的意图再明显不过了，要是每个触发器在把输出送往下一个触发器的同时，还连一个灯泡，这不就是我们想要的走马灯吗？

是的，完全正确。但问题是，把这样一个走马灯挂到家门口供大家观赏的时候，应该派哪个家庭成员来不停地按动那个开关呢（谁愿意去呢）？

在上一章里我们已经用非门造出了振荡器，非门振荡器的输出和你用手反复按动开关所产生的效果是一样的。既然是这样，那就不用人工来反复按动开关，直接接上一个振荡器即可，如图 8.15 所示，你看怎样？

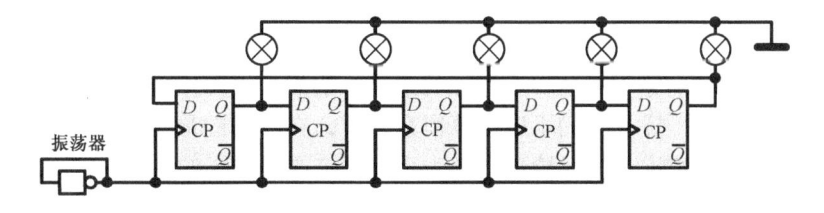

图 8.15　采用上升沿 D 触发器和振荡器的走马灯电路

这个走马灯的速度是可调的。如果振荡器的振荡频率很高的话，灯泡亮灭之间的变换就很快，反之则慢。那么，为什么制作这样一个走马灯非得使用上升沿 D 触发器呢？

振荡器所产生的，是一连串交替变化的 0 和 1。不像上升沿触发器，普通的 D

触发器可以连续触发，只要它的 CP 为 1。如果走马灯用普通的触发器来制造，在每一个 CP＝1 的持续期间，它们可能会连续触发，从而使得比特"1"像骑上了泥鳅一样连续穿越好几个触发器，直到 CP＝0。这样的话，走马灯也就成了飞马灯。

不把振荡器和灯泡算在内，一个走马灯电路通常称为循环移位寄存器。所谓"寄存"的意思是临时存放，就像火车站旁边的物品寄存处。俗话说"铁打的营盘流水的兵"，触发器随时会根据需要而保存新的比特（如果你希望得到一个不变的 0 和 1，干吗还要使用触发器），仿佛这些比特都是临时寄存在触发器里。当若干个触发器组合在一起，可以同时保存许多比特时，就称为寄存器。

不过，你也不要以为世界上就只有循环移位寄存器，它只是另一种寄存器——移位寄存器的特例。移位寄存器可以设计用来保存多个比特，并将这些比特顺序左移或者右移。我们知道，当用加法机做加法时，加数和被加数的所有比特都是同时进入加法机的，就像几个好朋友勾肩搭背并排走路，这称为"并行"。

但是在另一些场合，本来是并行的二进制数据需要一个比特一个比特地按顺序拆开，然后再一个比特一个比特地发送出去，到达目的地后再按原来的次序组装起来，这称为"串行"。串行传输成本低，对基础设施要求不高，稳定并易于控制。串行传输的应用非常广泛，键盘和鼠标以串行的方式向主机传送数据；我们用的 U 盘也是以串行的方式和主机交换数据；我们上网时，网络信息也是以串行的方式传输。

为了实现串行的发送和接收，就要用到移位寄存器。首先，移位寄存器的每一个触发器分别接受并行数据的对应比特，然后开始循环移位，将每一个比特按顺序送出。在接收端，另一个循环移位寄存器将接收到的比特按顺序往后移动。当移动到最后一个触发器时，并行电路同时从每一个触发器那里取走比特，形成并行数据。

## 8.4 这个触发器很古怪

一个在夜晚不停"流动"着灯光的走马灯的确可以为节日增加气氛，但就像节日终究要过去一样，我们不应该停留在这里。在本章的最后，我们来见识一个新的触发器。老实说，这可能是迄今为止你见过的最古怪的触发器！

实际上，这是一种稍加改造的上升沿 D 触发器，如图 8.16 所示。

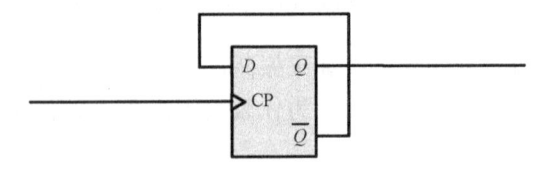

图 8.16　首尾相连的上升沿 D 触发器

# 第 8 章
## 学生时代的走马灯

改装后的触发器显得很古怪,它的输出 $\bar{Q}$ 又被送到输入端 $D$,看起来像一个反馈。那么,它是如何工作的呢?

为了弄清楚它的工作原理,我们需要另外两个道具:开关和灯泡。开关用于生成控制脉冲,而灯泡则可以使我们观察到开关对灯泡的亮灭会产生什么影响。

如图 8.17 所示,我们知道,触发器有两个相反的输出 $Q$ 和 $\bar{Q}$,现在,我们假设 $Q=1$ 而 $\bar{Q}=0$,灯泡是亮着的。

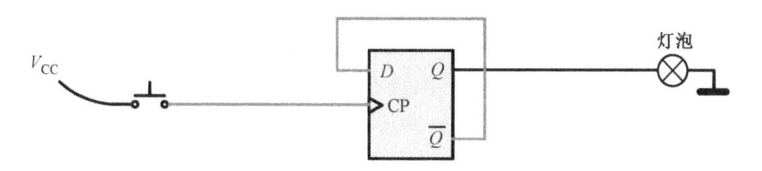

图 8.17  事实证明,反复按动开关时,灯泡就会在亮灭之间交替变化

不要担心,只要开关是断开的,CP 端就看不到上升沿,触发器也不会工作,所以从 $\bar{Q}$ 到 $D$ 上的反馈在触发器内部被阻断。

现在,因为 $\bar{Q}=0$,所以 $D$ 也为 0。如果按下开关,在它的上升沿,触发器动作,将 $D$ 上的比特 "0" 保存。结果是可以预料的,那就是导致 $Q$ 和 $\bar{Q}$ 同时翻转,$Q=0$ 而 $\bar{Q}=1$,灯泡熄灭。

我们知道,触发器更像一根管道,$D$ 上的比特被保存后,需要经历一个小小的延迟,才会使 $Q$ 和 $\bar{Q}$ 产生变化。实际上,当 $Q$ 和 $\bar{Q}$ 翻转之后,CP 的上升沿已经过去,在下一个上升沿到来之前,从 $\bar{Q}$ 到 $D$ 上的反馈又一次被阻断。

同理可以分析,在又一次按下开关之后,$Q=1$ 而 $\bar{Q}=0$,灯泡又亮了。换句话说,它就是一个乒乓开关,或者叫反复开关,当你按一下它,灯亮了;再按一下,灯灭了;再按,又亮了,再按,又灭了,……。

尽管只是简单地改装了一下,用一个普通的上升沿 D 触发器,在它的 $D$ 和 $\bar{Q}$ 之间连了一根电线,但它仍然有资格被认为是一种新型的触发器。至于它的名字,有很多种叫法,比如"乒乓触发器""反复触发器"。有时候,教授们会给它起一个英文名字,叫"T 触发器","T"是英语单词"Toggle"的首字母,意思是"反复"。事实上,名字是无所谓的,不管你把玫瑰叫做什么,它都是那样芬芳[①]。

---

[①] 在莎士比亚的大作《罗密欧与朱丽叶》里,朱丽叶说:"啊!换一个姓名吧!姓名本来是没有意义的;我们叫做玫瑰的这一种花,要是换了个名字,它的香味还是同样地芬芳;罗密欧要是换了别的名字,他可爱的完美也决不会有丝毫改变。"

# 第 9 章

# 计算机时代的开路先锋

在前面，借着为懒汉解决一个小小的难题，我们讲了各种各样的触发器。你看看，我们本来是要讲计算机的，却当起了电工师傅在家里搞装饰，真是罪过。触发器可以由与、或、非门组成，如果说这些最基本的与、或、非门是混凝土、沙子和钢筋的话，触发器就是盖房子要用到的大梁和预制板。

触发器当然不能用来盖房子，而它也并非真正的预制板。我打这个比方，其实是想说，这是一种很重要的东西，电子表、电子钟、手机，甚至我们这本书要讲的主角——电子计算机，都离不开它。

所以，讲触发器只是一个铺垫，我们真正要讲的是计算机为什么会自动工作（计算），这种"自动"本质上是怎么发生的。而且，这本书的前半部分基本上都是铺垫，似乎这个垫子已经铺得差不多了，接下来应该切入主题，不是吗？

嗯，确实如此。不过，经过仔细检查，我发现这个垫子还少了一块，而且缺少一些点缀。所以，在这一章里，让我们把这些前期工作做完，然后再痛痛快快地开始。

## 9.1 纯电子化的计算时代

我曾经看到过一些文章，说最早的计算机是电子管的。这倒没错，事实的确如此。不过，在他们的字里行间，我读到的意思是，因为要发明电子计算机，所以才有了电子管。老实说，这是真正的奇谈怪论。

世界上第一只电子二极管发明于 1904 年，第三年，也就是 1906 年，福雷斯特才发明了电子三极管。电子二极管和三极管的发明不是因为要制造计算机，相反，它们被广泛地应用于电话、电报和无线电通信。原因很简单，因为现代

# 第9章
# 计算机时代的开路先锋

的电子计算机还没有走过理论准备阶段。那些将要在日后大出风头的计算机先驱们，此时还都是一些毛头小子，过着和他们同龄人一样的生活。尽管1918年埃克尔斯和乔丹发明了世界上第一个触发器装置，但他们尚不知道这东西有什么用处。

直到1936年，情况也没有什么太大的改观，唯一的例外是香农发表了他的论文《继电器和开关电路的符号化分析》。在这篇论文里，他打通了进入数字王国的第一道关口，那就是，如何根据我们想要得到的结果来构造一个开关电路。

香农的工作是基础性的，特别是对于制造现代的电子计算机。具有讽刺性的是，数字电路的第一个应用并不是电子计算机，而是被用做电话交换。事实上，这也正是香农先生本来的目标。

我们知道，每一部电话都应该和其他任何一部电话相连，这是保证它们互相能够通话的必要条件。但是，你不可能真的把全国乃至全球的电话都在物理上一对一地连起来，这样做的成本高到无法实现。解决之道是铺设公共的主干线路，每部电话只在必要的时候才会和主干线路接通。

最早的时候，使一些电话互相连通而另一些电话断开的工作是由人工完成的，这些负责接线的人称为接线员。接线员通常都是女性，因为她们有耐心，记性好。这样，当吕桂花想和在外地工作的丈夫牛三斤通话时，视距离远近，可能需要经过多次转接才行。

电话接线的岗位能提供大量的就业机会，但科学家们却不管这些，他们心里想的仅仅是"我能让打电话的麻烦程度降到最低吗"。这样，当开关电路的理论建立起来之后，第一个受益的就是电话交换。当一部电话拨出号码之后，交换电路就会产生一个输出，使某个继电器吸合，从而将两部电话接通；当用户煲完了电话粥，挂机之后，继电器断开，让出干线供其他用户使用。本质上，我们现在的电话交换机也是这么工作的。

数学和逻辑电路的发展吸引了一批年轻的科学家，使他们看到了从事计算机研究的前途，并愿意把自己一生的时光倾注在这个领域里。传统上，所有的计算机都是机械的，比如算盘和齿轮。机械的东西并不是不好，你看起重机和挖掘机都很能干，在掘地负重方面是无可替代的，但是要用机械的办法来造计算机、搞数学计算，就显得很笨拙：精度不高、速度慢、操作起来麻烦。

我们知道——在那个年代，科学家们也同样知道——继电器可以用来制造逻辑门。那么，好，我们可以用逻辑门来搭建各种各样的逻辑电路，包括那些用于解决数学问题的运算电路。

用继电器制造的运算电路是一个名副其实的怪胎。为什么这样说呢？原因在于，它的工作需要电流驱动，但它的吸合和释放却是一个机械过程。换句话说，它一半是机械的，一半是电子的。除此之外，它的工作速度也不那么令人满意，你当然可以用它来制造触发器，但这些产品不能在较高的频率下工作，因为它的触发过程不会在瞬间完成。频率不高就意味着计算速度很慢，速度很慢就会限制计算机的应用，这是很显然的。

计算机应当摆脱机械，包括笨拙的继电器，完全实现纯电子化的运算，这对于那些电子计算机的先驱们来说，应该是很自然的想法。纯电子化的运算很奇妙，两股代表着不同数值的电流在某个装置内汇合，互相影响，变成另一股合适的电流，这就是计算结果。最重要的是，在这个过程中没有机械的影子，看不到继电器衔铁的吸合与释放，也听不到已经司空见惯的噼啪声。第一个做出这项变革的，是一个叫约翰·文森特·阿塔纳索夫的人。

阿塔纳索夫1903年生于美国，父亲是来自保加利亚的移民，母亲是数学老师。从1936年开始，他在艾奥瓦州立大学的物理系任副教授。艾奥瓦州位于美国中部，外面的客人穿过茫茫荒野来到这里，唯一的想法可能就是希望尽快回到外面的文明世界，除此之外，他们几乎不会认为这里能产生什么有价值的东西。

但是，1937年，在阿塔纳索夫34岁的那年冬天，他在这里找到了使计算机实现纯电子化运算的答案。这一年，实际上就是即将结束的机械时代与即将到来的数字时代之间的交接点。从这一点来说，1937年应该被称作电子计算机元年。

阿塔纳索夫的核心思想是使用二进制，并采用电子管来制作进行加减乘除所需要的逻辑电路。电子管是新材料，继电器能做的事情，它也能做。比如，可以利用电子三极管的栅极来控制阴极和阳极之间的通断，这就相当于一个逻辑上的非门。电子管还有一些继电器所不具备的优势，它是纯电子的，开关速度要比继电器快成千上万倍。

对于早期的计算机来说，电子管是好东西。遗憾的是，因为比灯泡复杂了很多，所以价钱自然也很贵，即使是在它发明二十年后的1937年，视质量的好坏，一只电子管要卖到几美元甚至十几美元。

这还不是最主要的，任何学科都需要完备的理论作为支撑，电子计算机也不例外。尽管在那个时候电子管无疑是最好的材料，但电子计算机却还没有为自己日后的发展准备好理论基础。所以，20世纪20年代到40年代，电子管只是在其他领域里得到了广泛的应用，特别是无线电广播在无数无线电爱好者的努力下得到迅速发展，收音机开始潮水般涌上市场，巨大的需求刺激着电子管的生产和销售。据说当时一个规模比较大的企业每年生产的电子管数量在百万个以上。

所以，电子管的这种兴旺和计算机没有关系。计算机一直在按自己的步调慢慢发展，但就在这个过程中，另一种比电子管更好的东西出现了。

## 9.2 晶体管时代

撇开制造计算机不论，即使对于其他行业来说，使用电子管也有一些不便之处。电子管体积太大，数量一多就比较占地方。还有，要让它老老实实地干活，必须依靠灯丝把阴极烧热。这灯丝跟灯泡一样，吃的是电，发出来的是光和热，成千上万的电子管加起来，一起闪耀着暗红色的光芒时，不知道要花多少电钱。

说到灯丝，不得不提的是，电子管这东西有点儿慢性子，因为从灯丝发热到把阴极烤得能发射电子，这需要一段时间，称为预热。现在流行宽屏电视，都是又薄又大，但少数家庭还保留着那种象盒子一样的老款电视机。因为电视机的显像管和电子管有些类似，是通过阴极发射电子轰击荧光屏来显示图像的。所以，每次打开这种电视之后，需要一小会儿才能看到图像，就是这个原因。

最后，这东西怕振，振得厉害就容易散架。特别是灯丝，在灼热的时候很容易因为振动而断掉，它断掉不要紧，只是电子管也跟着就寿终正寝——歇了。

就在资本家们忙着源源不断地把电子管组装成各种奢侈玩意推向市场，咧着嘴眉开眼笑地数钞票时，那边厢，有很多科学家正忙着搞新的发明，准备革电子管的命。和科学史上往常那种误打误撞不同，这是一次目标非常明确的行动，就是要用新的材料来取代电子管。最终，这好事摊到了一个名叫肖克利的人头上。

肖克利1910年生于英国伦敦，父母都是地质学家。3岁的时候，他跟着父母一起到了美国。他的父亲威廉·赫尔曼·肖克利是采矿工程师，常年在外面荒凉的矿区生活，由于这样的工作特点，他无法和妻子过上有情调的生活，这可能是当代女性所无法容忍的。

肖克利的母亲名叫梅·布拉德福·肖克利，是20世纪早期少数从事地质学工作的妇女之一，有着雄厚的岩石和矿物知识根底。受她的影响，肖克利10岁的时候就成了一个岩石迷。后来，他在麻省理工大学读固体物理学。

1936年，肖克利从麻省理工大学来到著名的贝尔实验室。由于性格方面的原因，他在这里的名声并不是很好，据说他对待同事态度粗暴，既不友好也不礼貌。到后来，当他从走廊里经过时，大家都会自觉地远远避开。但是，瑕不掩瑜，他有着令人刮目相看的聪明才智，1947年，他和两位同事发明了晶体管，1948年申请专利，1956年，他们三个人一起荣获了诺贝尔物理学奖。

晶体管是电子管更好的替代品，被称为"20世纪最重要的发明"。说到晶体，顾名思义，就是那些有光泽的东西，这个词和汉语里的其他词汇，比如结晶、晶莹有一定的关联。不过，晶体不一定非得是白白亮亮的，像食盐，有些东西虽然灰头土脸，其貌不扬，比如石墨，但是在光线的照射下依然"晶光闪闪"。

在万事万物中，晶体只占了一部分。和其他万物相比，晶体总是有规则的形状，即使打碎了也是这样。另外，它们有固定的熔点，像铁，就算把它烧得红彤彤的，但温度达不到1 535℃，打死它也不愿意熔化，还是硬邦邦的。相比之下，尽管有些东西看起来也是亮晶晶的，但它们是非晶体，比如玻璃。和铁不同，它们谈不上熔点，达到一定的温度，就开始变软，直至熔化。

以肉眼来分辨晶体和非晶体不是很可靠，但是在微观上，也就是在原子的层面，它们之间的差别却很清楚。但凡晶体，组成它们的原子排列得很规则，它们之间的关系也很稳固，这都是电子的功劳。"比士兵们排的方阵还要规整"，有人如是说道。正是因为这样，所以肉眼看来它们有固定的形状，要是温度不够高，是不足以破坏原子之间的那种稳定关系的。

所有的金属都是晶体。其他物质，不管它们导不导电，很多也是晶体。比如面碱、糖、味精、人的牙齿和骨头等。当然，钻石也是晶体，而且是贵得要命、人们做梦都想拥有的晶体，最好是来一大块。

晶体那么多，却都不是本章的主角，真正的主角是我们相对来说不大注意的硅和锗。硅以前不叫"硅"，而叫做"矽"。如果你认得这个字，你就会同意它和"锡"同音，不容易分辨。于是，1953年我们国家把"矽"改成了"硅"。

硅在这个星球上含量丰富，到处都是——哎呀，简直是多极了，砖、瓦、水泥、玻璃、吃饭用的碗碟、地下铺的石头，都含有硅。风和日丽的日子，当你听着海浪，闻着海风的气息，光着膀子躺在热乎乎的沙滩上享受生活的时候，你应该乐于知道，这无穷无尽的沙子，每一粒都含有硅。相比之下，锗则似乎不是那么常见。

硅的年龄和这个星球一样古老，但是直到1822年才由瑞典化学家发现。锗则稍晚一些，1886年才在德国被发现。在发现并认识到它们的价值以前，它们仅仅被用来砌墙、修马路和盖猪圈。

据测定，硅占了地表岩石的四分之一。这是个好消息，但，不全是。制造晶体管需要纯净的硅和锗，也就是在一块硅和锗里基本上不含其他原子。遗憾的是硅在自然界里几乎都是以化合物的形式存在，比如二氧化硅。化合物就是几种不同的原子或分子互相结合而形成的另外一种截然不同的物质。通常，纯正的硅是一种暗色的，但有点儿光泽的固体，而氧气则不可捉摸地飘浮在我们周围。当温度很高的时候，它们互相结合，就形成了二氧化硅，也就是沙子和岩石。地球上的沙子和岩石应该就是这么来的，因为据说地球刚刚形成的时候温度高极了。

要得到纯净的硅，就得从硅的化合物中把其他原子攥出去，比如二氧化硅中的氧。不过，这可不像把萝卜上的泥洗掉那么简单，需要很高的温度，经过好多道复杂的工序，既费钱又费事。即使是这样，也不可能得到完全纯净的硅，换句话说，它里面还含有少数其他原子。毕竟从二氧化硅中把氧去掉不像从大米里拣石子。在这方面，我们所能达到的最高成就是可以把硅的纯度提高到99.999 999 999 9%，要是你知道像豌豆粒那么大的一块硅里有多少个硅原子的话，那你差不多就能算出还有几个其他原子混在里面。

纯净的硅叫本征硅，意思可能是说这种人工提炼的硅才具备硅的本质特征，因为自然界里的硅也叫"硅"，但它们都是化合物。

和金属相比，硅和锗的导电性能很差，不过好歹比那些顽固不化的绝缘体要活跃些。所以，它们赢得了"半导体"的称呼。不过，它们身怀绝技，有着令人瞠目结舌的本领，这才只是开始。

拿一块纯净本征的半导体，就像图9.1所示的那样，在一边掺上硼，另一边掺上磷，然后分别引出两根导线。这样做了之后，会发生一些古怪的事情：不但这块半导体的导电性能获得了很大的改善，而且像电子二极管一样，具有单向导电性。

图9.1 本征半导体的掺杂方法

顺便说一下，掺杂不是拌饺子馅，通常需要在通有杂质气体的高温炉里进行，当硅和锗处于熔融状态的时候，杂质气体便能渗透到里面，并产生一些奇特的物理过程。在掺杂的过程中，像氧气这类东西是不受欢迎的，必须杜绝。否则一不留神就掺成二氧化硅了，而二氧化硅到处都是，用不着这么费劲去弄。

不是所有东西都可以通过掺杂而产生单向导电性。比如，要是你采用相同的方法给食盐掺杂，就不会产生奇迹。所以，归根结底这是半导体特有的性质。从晶体的性质到半导体的性质，再到掺杂时半导体内部会发生怎样的物理变化，这一切的一切不是在这里能说得清楚的，可能需要和肖克利成为校友，到麻省理工大学学儿年固体物理学，或者干脆就近，到清华大学或者北京大学坐几年板凳。

因为硅和锗是晶体，所以这个具有单向导电性的装置就叫晶体二极管。晶体二极管根据用途分为很多种，形状也五花八门，不尽相同。有的像颗米粒，有的像棵大蒜。说到这里，也许大家对它感到既陌生又遥远。其实它一直生活在你身边，倒是你从来都对它视而不见。

在发明晶体二极管没多久，人们就发现如果在半导体中掺入砷、镓等原子，制作出来的晶体二极管就会发光，称为发光二极管（LED）。要是进行一些特殊处理，还可以控制光的颜色。从那以后，发光二极管就被越来越广泛地用到所有可能的地方。在你使用的电子计算机上，显示器的指示灯是发光二极管，主机的电源指示灯也是发光二极管；电饭锅、微波炉、电视机上的指示灯还是发光二极管。当你打开手机和平板电脑时，用来照亮屏幕的背光灯也是发光二极管。在 2008 年北京奥运会上，据统计，所使用的发光二极管总数可达好几十万个。发光二极管体积小，不需要高热的灯丝就能发光。更重要的是，它耗电量非常小，仅仅这一个优点就使它具备广泛推广应用的价值。现在很多家庭搞装修，都不再使用白炽灯的节能灯，而是采用高亮度的发光二极管。

和电子二极管一样，晶体二极管只具有单向导电性，不具备放大作用。不过，在接着探索了一段时间之后，这也不再是一团迷雾。如图 9.2 所示，在一块本征半导体的两边掺上硼，在中间掺上磷（中间这个区域一般做得很薄，大约有 1 微米①到十几微米，而且掺得很少），这样就发明了一种新型的半导体材料。

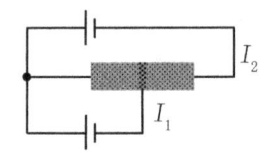

图 9.2　晶体三极管工作原理示意图

看上去我们是在做两个背靠背紧挨在一起的晶体二极管。这种看法当然没有错，但不是它真正的价值所在。现在，像图中所示的那样，为这块半导体的三个部分通电。这时，你会惊讶地发现，只要电流 $I_1$ 发生一点点变化，电流 $I_2$ 就会大幅度地跟着变化。也就是说，这个新的半导体材料像电子三极管一样，具有放大作用。相应地，它被称为晶体三极管。

和晶体二极管一样，晶体三极管也是种类繁多，长什么样儿的都有，图 9.3 左边显示的就是其中的一个种类。

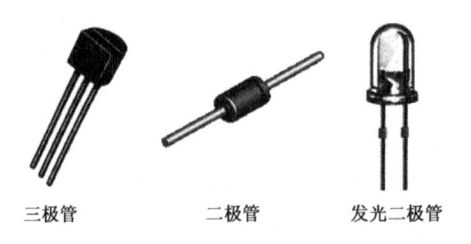

三极管　　二极管　　发光二极管

图 9.3　常见的几种半导体器件外观

图 9.3 还显示了常见的晶体二极管和发光二极管。不要按图索骥，你可能会失望，因为它们有着各种各样的型号，形状大小也迥然不同。

不像电子管，晶体管可以做得很小、很轻巧，不需要很高的电压就能工作，

---

① 微米记做 μm。1μm=1/1 000 000m。

# 第 9 章
## 计算机时代的开路先锋

更不需要一个灯丝来为它加热——这简直是个累赘。可想而知,当晶体管源源不断地从工厂里运出来之后,会刮起多大的普及风暴[①]。

实际上,在了解了晶体管的本质之后,人们多多少少都会有些特别的想法,比如,晶体管的工作原理和一块硅的大小实际上没有关系,可以将晶体管做得很小,也许可以做到连肉眼都看不见,但丝毫不影响它的单向导电性,也照样可以放大信号。因为即使一块硅小到连肉眼都看不见,它还是一块硅,依然有数不清的原子。本来晶体管是可以做得很小的,但是要用在电路上,它必须有一个外壳,以防止损坏;还得引出导线以方便连接——所有这一切都使得晶体管在做成实际的产品之后显得有些大。

和电子管一样,晶体管也是制作逻辑门,乃至各种触发器的好材料。而且,使用晶体管,可以更省电、体积更小,且轻巧耐用。

如何使用电子管和晶体管来制造逻辑门,这不是本书的话题。每本书都有它的主题,每个大学教授都有自己擅长的学科,有个成语叫"抛砖引玉",我在这里扔一块砖,能不能跑出一块玉来,我不知道。我只是希望大家在看了这本书之后,如果心情很好,动了刨根问底的念头,可以自己翻翻教材。

在发明了晶体管之后,肖克利坐不住了,一心想要发大财。在这种心态下,他离开了贝尔实验室——这个为他的发明创造提供便利,但现在被他认为是碍手碍脚的地方,出去制造晶体管。

由于发明了晶体管,而且获得过诺贝尔物理学奖,肖克利被认为是当世大贤,头顶笼罩着光环,不知道有多少年轻人仰慕。一听说他出来单干,而且正需要人才,都从四面八方赶来,摩拳擦掌,跃跃欲试,准备和他们的大偶像一起建立丰功伟业。但是时间一长,大家才明白肖克利本人虽然在智力上堪称是个天才,但为人傲慢,眼高手低,不懂市场和管理,很难与人相处。就像有人所说的那样,他是"一个天才,又是一个十足的废物"。

最开始的时候,这还能忍,到后来分歧实在是越来越大。1957 年 7 月,肖老板突然发现有一些做实验用的金线不见了,盛怒之下打算让他的八个弟子全部接受测谎仪的测试。在对他不再抱有任何幻想之后,不多久,这八个他最得意的门徒最终选择了集体出逃。这些人很多都成就非凡,比如 INTEL 公司的创史人罗伯特·诺伊斯。

至于肖克利本人,在经历了毫无建树的岁月之后,1963 年,他离开自己的公司到大学做了一名教授。70 年代,这位大教授忽然对人种和优生学甚感兴趣,在埋头做了一番所谓的研究之后,公然宣称并不是所有的人在遗传上都处于同等水

---

[①] 新生事物的成长过程通常不会一帆风顺。晶体管刚出现的时候,由于其工艺、性能方面还有待提高,加上输出功率很小,业界都不看好,有人甚至断言"晶体管不可能取代电子管"。

平，他们也不是在同等的基础上进化。更惊人的是他还发表论文，宣称黑人的智商要比白种人低 20%。这下可捅了大娄子，愤怒的黑人学生涌出来声讨抗议，在校园里焚烧他的肖像，以此来发泄对他的不满。据我所知，还没有哪一个诺贝尔物理学奖的得主能够像他一样获得这等殊荣。

## 9.3 新材料带动技术进步

人类从来都不缺乏梦想，但是，这些梦想能不能实现却要看有没有合适的工具和材料，大人们经常"教训"我们要"现实一点"，就是这个意思。前不久我回了一趟家乡，对此深有感触。从长春到湖北十堰，两地相距四千多里，要是在古代，骑马是最快的，那也要花几个星期吧；现在，我坐的是火车，要花 30 多个小时；将来时速 350 公里的高铁全线贯通的话，再回去就只需要 10 来个小时。这就是新技术、新材料带来的进步。

电子管和晶体管的应用也是这样。在没有这两样东西的时候，我们从来不曾听过收音机，也没看过电视和电影，哪怕是连幻灯也没看过，电子计算机就更别提了。但是，当这两样东西发明之后，你看，整个世界很快变得丰富多彩起来。

要想搞清楚电子管和晶体管到底有多少种用途是不可能的，因为我们总是会产生更多的需求。比如现在，在本章的最后，我们就有一个很特别的需求。事情是这样的：我们想发明一个装置，来帮助制药厂自动统计药丸的数量。

注意，这不是个普通的例子，名义上我们是在给制药厂帮忙，但我们要发明的东西电子计算机也同样用得着，而且，毫不夸张地说，少了它就不行。

在药厂车间里，药丸生产出来之后，要通过一个有孔的装置掉落下来，然后集中装瓶。当然，从此往后的事情不是我们要关心的，我们真正感兴趣的是，如何统计药丸的数量——请不要告诉我你的眼睛很厉害，可以坐在那里一直盯着数数。

实际上，制药厂有自己的办法，他们可以采用光电技术。如图 9.4 所示，在药粒下落部位的一边，是一个发光装置，可以定向发射出一束光线。

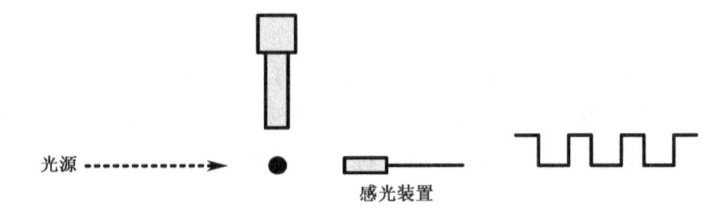

图 9.4 假想中的药丸统计原理

第 9 章
计算机时代的开路先锋

在另一边,是一个光电转换器,这是一种半导体器件,现在用得非常广泛,在光线的照射下可以产生电流。

平时,在没有药丸掉落的时候,光线可以毫无阻挡地照射在光电转换器上,从而产生电流;反之,如果有药丸掉下来,在它恰好经过发光装置和光电转换器中间的一刹那,光线被挡住,光电转换器不再有电流产生。如果药丸像屋檐上的水滴一样连续下落,就会使光电转换器产生断断续续的电流输出,经过修整之后,就是一连串的方波脉冲。现在我们应该做什么?当然是统计脉冲的个数!

脉冲的个数就是药丸落下来的数量,而要统计脉冲的个数,前面讲过的乒乓触发器是不二之选。回顾一下有关乒乓触发器的知识,如图 9.5 所示,每当一个脉冲到达 CP 端的时候,这个触发器的输出 $Q$ 就会发生翻转,如果原先是 0 则变成 1;如果原先是 1 则变成 0,而 $\bar{Q}$ 也是这样,只不过它与 $Q$ 的值正好相反。

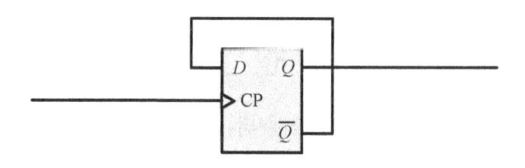

图 9.5 乒乓触发器示意图

为了在后面讨论问题的时候画起来方便,我们把乒乓触发器用图 9.6 那样的符号表示。看得出,我们隐藏(省略)了输出端 $\bar{Q}$ 和输入端 $D$ 之间的连接。

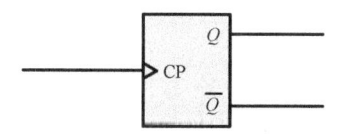

图 9.6 乒乓触发器的符号

取决于要统计的药丸数量有多少,你可能需要好多这样的触发器,并将它们首尾相连,这样就造出一种可以计数的东西,也就是计数器。如图 9.7 所示,这个计数器用了 5 只乒乓触发器。注意每个触发器,它们和以前的视角不一样,这完全是为了大家看起来方便。

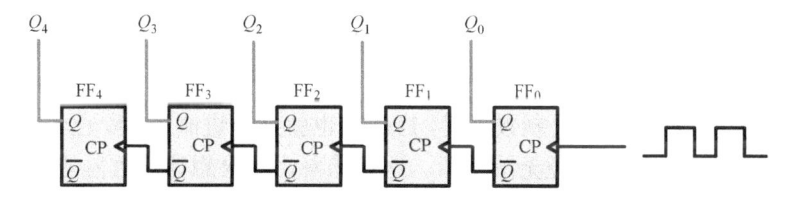

图 9.7 5 个乒乓触发器构成的计数器

很明显，从右往左看，每一个触发器的输出端 $\bar{Q}$ 都连着下一个触发器的控制端 CP。在这个计数器开始发挥它的神奇作用之前，需要将每一个触发器清零，使得 $Q_4Q_3Q_2Q_1Q_0 = 00000$，这表示的是 1 个二进制数，也就是十进制的 0。毫无疑问，所有触发器的输出端 $\bar{Q}$ 也都为 1。

如图 9.8 所示，在第一个时钟脉冲到来的时候，在它的上升沿，最右边的那个触发器 $FF_0$ 翻转，使得它的输出 $Q=1$，于是 $Q_4Q_3Q_2Q_1Q_0 = 00001$，即十进制的 1。与此同时，$\bar{Q}$ 也从以前的 1 翻转到 0。但由于它属于下降沿，因此不会对 $FF_1$ 及其他任何触发器造成影响。

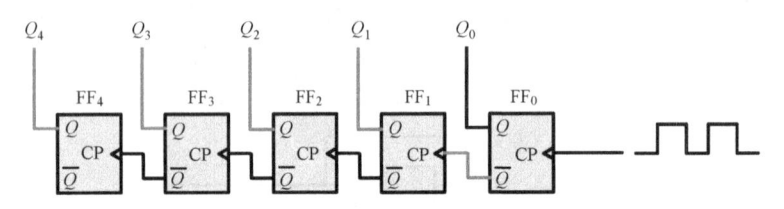

图 9.8　当第一个脉冲到来后，计数器的值为 00001

同理，当第二个脉冲到来时，$FF_0$ 的 $Q$ 从原先的 1 变成 0，即 $Q_0=0$，而 $\bar{Q}$ 则从 0 变成 1。对于 $FF_1$ 来说，$FF_0$ 的 $\bar{Q}$ 从 0 变成 1 就意味着它的 CP 看到了一个上升沿，所以它也紧跟着触发，使得 $Q_1=1$。同时，$FF_1$ 的 $\bar{Q}$ 也从 1 翻转到 0，但这是一个下降沿，所以其他触发器不会跟着变化。此时，$Q_4Q_3Q_2Q_1Q_0 = 00010$，即十进制的 2，如图 9.9 所示。

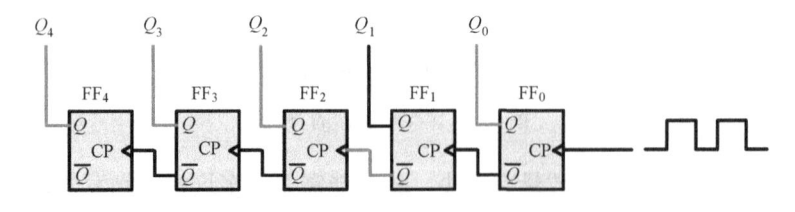

图 9.9　当第二个脉冲到来后，计数器的值为 00010

按照相同的方法还可以分析，当第三个振荡器脉冲到来时，$Q_4Q_3Q_2Q_1Q_0 = 00011$，即十进制的 3；第四个振荡器脉冲到来时，$Q_4Q_3Q_2Q_1Q_0 = 00100$，即十进制的 4；……；就这样一直计数，直到 $Q_4Q_3Q_2Q_1Q_0 = 11111$，即十进制的 31，如图 9.10 所示。

对于一个 5 比特的二进制数来说，11111，也就是十进制的 31，已经是最大了，再大的话，用 5 个比特已经无法表示。这意味着，如果想让计数器能统计更多的脉冲，唯一的办法就是增加这种乒乓触发器的数量。这样，如果用 8 个触发器组成这样的计数器，它可以累计 255 个脉冲（二进制数 11111111）；如果用 16 个触发器的话，它可以累计 65 535 个脉冲（二进制数 1111111111111111），使用的触发器越多，它能够累计的脉冲数就越大。

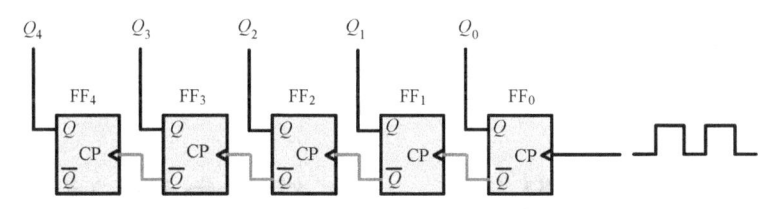

图 9.10　当第 31 个脉冲到来后，计数器达到它所能表示的最大值 11111

设想一下，如果计数器已经计数到最大，此时又来了一个脉冲，会怎样呢？这可以作为一个思考题，请我亲爱的读者结合图 9.10 自行分析。

计数器有着广泛的用途，从广场上的倒计时牌到戴在手腕上的电子表，甚至每一台计算机的内部，都是它的用武之地。不用怀疑，如果没有它，现代的计算机将无法自行工作。从下一章开始，我们的工作将证明这一点。

# 第10章

# 用机器做一连串的加法

在前面我们已经造出了加法机。你别说,用几样简单的东西——继电器、开关、灯泡,还有电线,就能做算术题,真是了不起。都说猴子是人类的祖先,而且还是活物,你要是让它做算术题,它也只能是朝你翻翻眼、龇龇牙,这就是回答。上中学的时候,我有一个同学不知怎么地把驴给惹毛了,弹了他一蹄子。如果他当时的意思是让驴算数学题,那么他额头上的"0"无疑就是驴给出的最佳答案。

和现代的计算机相比,用这台机器算加法,对人和机器都是一种考验。一方面,机器需要忙碌地运转才能算出结果;另一方面,人也没法消停,得在旁边侍候着,像保姆一样扳动开关,输入数据,然后等着结果出来。这还不算什么,最让人心存疑惑的是,用它来算加法还不如我们用纸和笔来得快,充其量也就是一个玩具,发明这东西有用吗?

当然是没有用——如果我们一直停留在这里原地不动的话。好在现实的情况并非如此。如果说现在你正在使用的计算机是一个智力健全的成年人,那么这台加法机就是一个刚出生的婴儿。从加法机到现代的计算机,这中间还有很多路要走,在这一章里,我们将继续向着这个宏伟的目标再迈出那么一小步。

## 10.1 把一大堆数加起来

传统上,"机"给我们的印象是,它们都是一些大家伙。相反,我们前面已经发明出来的、能做加法的东西就像汽车里的发动机一样,将被当成一个用于制造计算机的零部件,所以称之为"加法器"或者"加法部件"可能更符合它的身份。

名称不是大问题,不管叫什么,也掩盖不了它其实就是一大堆全加器的事实。

# 第 10 章
## 用机器做一连串的加法

像以前一样,用加法器来算数学题,需要用一排开关拼成一个被加数,比如 10011(十进制数 19);用另一排开关拼成一个加数,比如 00101(十进制数 5),然后加法器就会自动算出结果 11000(十进制数 24),如图 10.1 所示。

注意,不像以前,在这里我们把加法器画成了两边高中间凹的桶形,这很形象地表明它要接收两路输入,相加后形成一路输出。如果这两排开关是我们头上的两只眼睛,那么加法器就是汇总和加工它们的大脑。当然,除了这一点比较相似之外,我们的脑袋并没有长成加法器那样的桶形,真是庆幸。

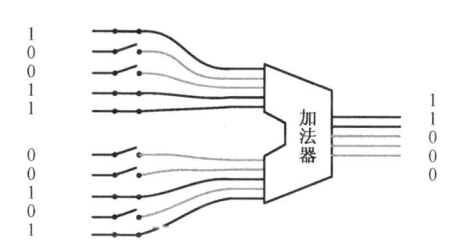

图 10.1　使用两排开关分别给出被加数和加数,加法器就会算出结果

只做一次运算,仅仅把两个数相加,这很简单。怕的是有好几个数相加,这可就热闹了。比如:

$$10 + 5 + 7 + 2 + 6$$

首先,你需要将 10 和 5 相加,也就是 01010 加上 00101,得出 01111,即十进制数 15。

01111 只是一个中间结果,因为它还要加上后面的数。所以,我们还得再次折腾那两排开关,分别把它们扳成 01111 和 00111,也就是上一步相加的结果 15,以及下一个要加的数 7。如果加法器工作正常,而且灯泡都没坏的话,结果肯定是 10110,也就是十进制数 22。

很显然,除了一开始,以后每次都有一个中间结果参与计算,都需要拨弄一番开关,将上一次算出来的结果再作为加数或者被加数输入到加法器里。

这当然是很不方便的。相信你肯定用过那种可以放在口袋里的袖珍计算器,相比之下,它就善解人意,从来不要求你记住每次相加的中间结果,也用不着把中间结果再输入一次。相反,你只需输入一个数,按一次"+";再输入下一个数,再按一次"+";……,就这样输入所有要相加的数即可得到结果。相比之下,我们的这个加法器在连续做加法时就显得有些笨拙了。

这里面的奥秘是什么呢?

其实,即使是袖珍计算器也不能在不使用中间结果的情况下计算数学题,只不过它不想让我们操心这些事情,所以就大包大揽。我们已经讲过移位寄存器,同时也跟你说过所谓的"寄存器"是什么意思。在袖珍计算器的内部,也有一个寄存器,可以保存一个二进制数,中间结果就保存在这里。然后,每当你输入另一个数时,它就被悄悄地安排来参与下一次计算,算出来的结果还放在这里。

保存一个二进制数?嗯,我想这里需要一个新的发明。我们知道,一个触发器只能保存 1 个比特,但是一个完整的二进制数通常包含好几个比特,是一个比特串。而且,二进制数中的所有比特都必须一起处理。

取决于想要保存的二进制数有多大,寄存器通常由好多个边沿 D 触发器共同组成。举个例子,如图 10.2 所示,这个寄存器包含了 5 个上升沿 D 触发器,所以能用来保存一个 5 比特长的二进制数。

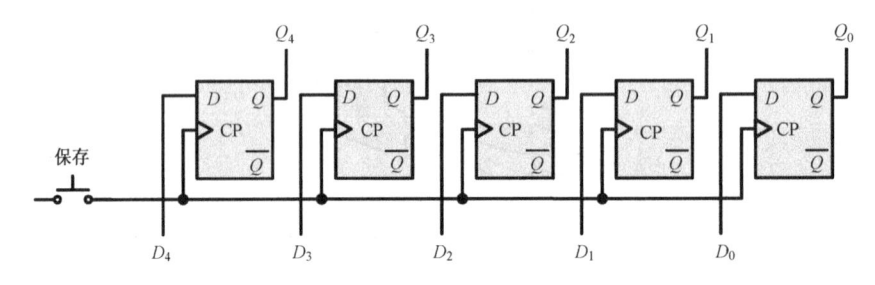

图 10.2 使用多个触发器可以构成一个寄存器

你明白了吗?我的意思是,不管一个二进制数包含多少个比特,要保存它,只需要把它的每一个比特都保存起来即可。所以,在这个例子中,被保存的二进制数,它的每一位,都分别进入 $D_0$……$D_4$ 这 5 根线;同时,如你所见,所有触发器的 CP 端都连在一起,这样就可以接收同一个控制命令。一旦"保存"开关按下,在 CP 脉冲的上升沿,所有触发器同时开始干活,二进制数的每一位都在同一时间被保存起来,并立即出现在 $Q_0$……$Q_4$ 上。

同样是为了方便,寄存器需要一个简明的图示,否则到了后面,当你摸不着头脑的时候又要怪我。寄存器的符号如图 10.3 所示,注意那个三角形,这表明该寄存器只在 CP 脉冲的上升沿才会工作。

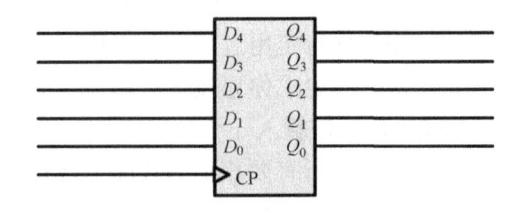

图 10.3 寄存器的符号

在伟大的寄存器先生隆重出场之后,做数学题的时候再也不用关心那些中间结果了。我们应该把它连到加法器上,越快越好。不过,把它放到哪个位置呢?

如图 10.4 所示,RA 就是我们刚刚造出的寄存器,它在加法器的前排就坐。

# 第 10 章
## 用机器做一连串的加法

按键开关 $K_{RA}$ 和 RA 的 CP 端相连,当我们用左边那一排开关扳出一个数之后,如果按一下 $K_{RA}$,这个数就被锁住。与此同时,它把自己吃进来的内容输送到加法器,并一直保持,作为第一个要相加的数。

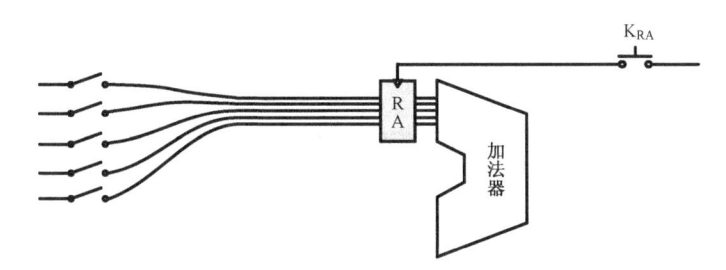

图 10.4　数字先到达寄存器,再提供给加法器

现在,我们想用同一排开关向加法器提供另一个数。之所以不像以前那样分别用两排开关来提供被加数和加数,是因为这样能使电路看起来更简单,也可能是附近商店里的开关都卖完了,所以不得不这样做。当然,我知道这样的理由很牵强,糊弄不了你,真正的原因到了后面我不说你也能自己领悟。总之,用一排开关也很不错,如图 10.5 所示。

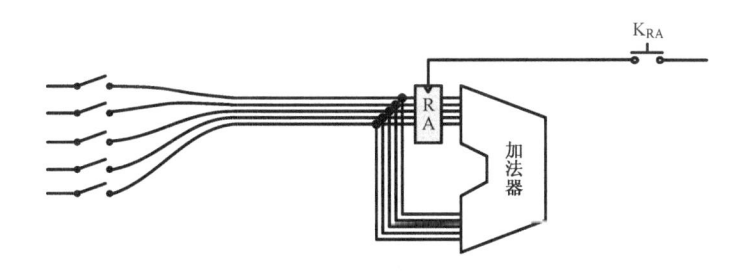

图 10.5　用同一排开关既提供被加数、也提供加数

经过改造之后,通过左边那排开关送进来的数可以到达寄存器 RA,同时也被送到加法器的另一个输入端。取决于你的动机,如果你想把它保存到寄存器 RA 中,那就按一下 $K_{RA}$;如果你想用它和 RA 中的数相加,就什么也不做,结果自然会从加法器的输出端呈现。

不得不在这里称赞一下加法器的工作态度和敬业精神。它很勤奋,随时都在自觉自愿地计算,不需要下达命令。当用开关摆出第二个数的同时,相加的结果也出来了(甚至就在你摆动每个开关的同时,它也在做计算,在这里表扬一下)。

要在往常,这个中间结果应该记下来,然后重新用开关输入运算器,和下一个数相加。但是，由于我们已经下决心甩开这个包袱，所以这个中间结果可以保存到寄存器 RA 中，这样就很自然地为下一次计算准备好了一个中间结果。

为了达到这个目的，一个可能的方案如图 10.6 所示，把加法器的输出同寄存器 RA 的输入端直接相连。

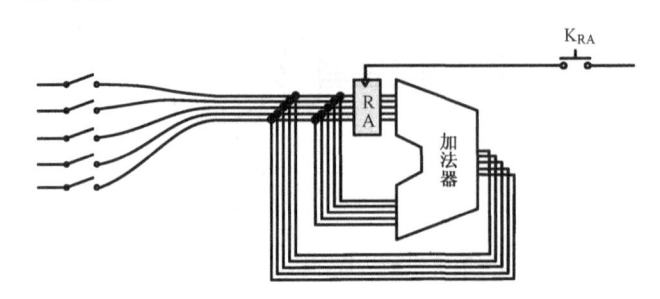

图 10.6　加法器的计算结果应当返回寄存器中

想法不错，不过这里有几个麻烦。首先，左边那排开关和加法器的输出是直接相连的，都要走寄存器 RA 门前那段路。在逻辑电路里，大家共用的公共线路称为总线。想一想如果好几列火车都企图在同一时间通过一段铁轨时会发生什么，要是不把它们隔开，左边那排开关和加法器的输出都会抢着与寄存器 RA 说话。在这种情况下，就像刚刚从恋爱阶段过渡到琐碎生活的男女一样，在不走运的情况下这极有可能发生电气上的冲突，并产生神奇的烟火和气味。

其次，从图中可以看出，即使不考虑电路冲突，计算结果在从加法器出来之后，不但会送往寄存器 RA，还会再次进入自己的输入端，这理所当然地会形成一个反馈，而且是一边反馈、一边还在做加法，一切全乱了套。在这种情况下，你还能指望保存在寄存器 RA 中的数是正确的吗？

要彻底解决这个问题，就必须重新设计整个电路。一个最简单的解决方案是使用电子开关，更多的时候，我们也称之为传输门。

## 10.2　轮流使用总线

最简单、最好理解的电子开关就是一只我们再熟悉不过的继电器，通过控制继电器线圈中电流的有无，可以间接地控制另一个电路的通断。

二进制数的所有比特都是同时传输的，所以就需要好几个继电器来分别接通或者切断它的每一位。如图 10.7 所示，我们把所有继电器的线圈都接在同一个开关上，使它们同时吸合或者释放，就可以达到目的。

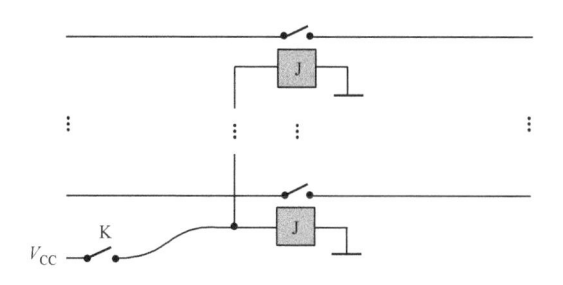

图 10.7　用一只开关来控制多条线路的通断

采用继电器来制造这个隔离装置，当然又直观又容易理解，但它并不是最好的材料，特别是在半导体技术出现之后。使用半导体材料，我们可以制作出更小、更便宜、更省电的这种电子开关来。哦，对了，"电子开关"并不是一个专业的称谓，它真正的名字应该是"传输门"。实际上，它确实像门，打开它，信号可以从一边传到另一边；关上它，就传不成了。

原则上，要通过总线传送数据的任何一方都应该使用传输门以免互相干扰。如图 10.8 所示，左边那排开关通过传输门 GA 接入总线；加法器的输出则通过另一个传输门 GB 接入总线。

除此之外，你可能已经发现该电路还多了一样东西。对了，确实多加了一样东西，这就是临时寄存器 TR，它和 RA 是一模一样的，不同之处在于，它要用来临时保存加法器的计算结果。

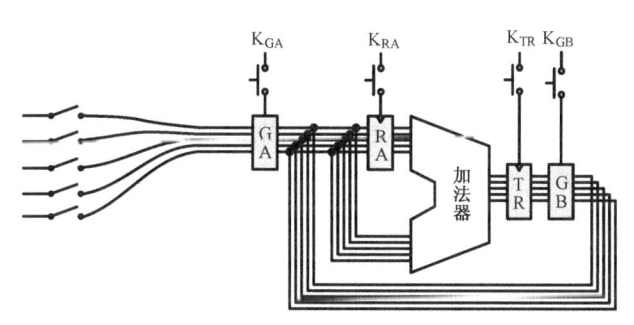

图 10.8　完整的加法运算电路，它可以将多个数字相加

用这个新设计的电路做加法是很有趣的（当然，可能有些烦琐）。考虑到你是个新手，我想我应该手把手地教你实际做一次，来看看它是如何工作的。在开工之前，$K_{GA}$、$K_{GD}$、$K_{RA}$、$K_{TR}$ 都应当是断开的（我觉得强调这一点有些多余，因为它们都是按键开关，只要你不碰它们，它们就一直处于断开状态）。

在前面，我们采用的例子是计算

$$10+5+7+2+6$$

为此，我们首先要做的是用左边那排开关扳出第一个数"10"，并将其保存到寄存器 RA 中。万事开头难，这是开场动作，我们不妨称之为"装载"。

装载的过程是这样的：假设数已经扳好了，接下来，按住 $K_{GA}$ 不要松开，使传输门 GA 打开，于是数据到达寄存器 RA；接着，再按一下 $K_{RA}$ 将数据锁进 RA 中；最后，松开 $K_{GA}$。

当然了，从图 10.8 可以看出，这个数不但到达寄存器 RA，还到达加法器的另一个输入端，以及传输门 GB。同时，加法器也一直在工作。但是，因为传输门 GB 没有打开，这里不会出什么乱子。

这是个单一的过程，但却需要两只手操作，同时还有一个手法问题比较讲究。什么手法呢？那就是不允许同时按下 $K_{GA}$ 和 $K_{RA}$。当按下 $K_{GA}$ 时，数据还没有稳定下来，要是 RA 在这个当口工作，它保存的数据就很有可能是错的。

装载过程已经结束，第一个数"10"已经位于寄存器 RA 中了。现在，我们要用第二个数与它相加。这需要再次扳动那排开关，得到第二个数"5"。然后，按住 $K_{GA}$ 不要松开，使"5"进入加法器的另一个输入端。加法器是自动即时相加的，它会立即计算出相加的结果"15"。此时，按一下 $K_{TR}$ 将其保存到临时寄存器 TR 中，然后松开 $K_{GA}$。

因为是要做一连串的加法，所以当前的计算结果还必须参与下一次计算，这意味着要把数据从临时寄存器 TR 移动到 RA。

通常情况下，传输门 GA 是断开的，所以不用担心数据冲突，直接按住 $K_{GB}$ 不要松手，使计算结果从寄存器 TR 通过 GB 流向 RA；接着，按一下 $K_{RA}$ 将数据锁存，最后将 $K_{GB}$ 松开。

有趣的是，一旦数据从传输门 GB 流出来，它不但会等待 RA 将其保存，同时也流向加法器的另一个输入端，并和 RA 中原有的数相加。不过不用担心，寄存器 TR 会将结果拦住，以防止形成一个反馈。

很明显，在这道加法题中，除了第一个数字"10"需要预先保存到寄存器 RA 之外，从第二个数字"5"开始，一直到最后一个数字"6"，所有数字在相加时的操作过程都是一样的，都要经历用开关扳数、相加并保存到寄存器 TR，然后从 TR 移动到 RA 的过程，这个过程可以简单地称为"相加"。当最后一个数加完之后，最终的结果仍然在寄存器 RA 中。

当然，寄存器 RA 只有 5 位，能表示的最大数是 11111，也就是十进制的 31，如果我们要加起来的数很多，而且每个数都很大的话，它可能会产生一个进位，但这个进位将被加法器丢掉，这将在 RA 中得到不正确的结果。没关系的，你看，在这道运算题里，数字又小又少，就是保证它正常运行即可。我们的目标是先让它能工作起来，再想办法使它完善。

# 第 10 章
## 用机器做一连串的加法

### 10.3　简化操作过程

用我们发明的计算器做一连串的加法，比我们原先所想的要麻烦多了。不过话又说回来，这似乎也很有趣。

有趣归有趣（当然，时间一长你就不一定还这样想了），想必你也希望操作越简单越好。要不然的话，一手一只开关，左右开弓，还真是挺别扭，有时候不注意还会搞错，本来是要按这个，却按了那个。既然我们的观点一致，那就开始搞一搞技术革新吧。

注意，我的真实想法是去掉那些操作开关（左边那排用来输入数据的开关还得留着，没有它们我们只能计算空气），用别的方法来完成这些操作。

开关的作用是接通或者断开电源，使电路从 0 变成 1，或者从 1 变成 0。开关可以做到的事，逻辑电路也能做到。如图 10.9 所示，我们重新发明了一个新的逻辑电路，这是个新生事物，一时间我还不知道该给它起个什么名字，姑且就叫"我们的新电路"吧。该电路有 4 个输出，用于代替以前的那些开关。

一个普通的逻辑电路而已，它不可能精灵古怪到能自动按正确的时间和顺序产生输出。现在不是做梦的时候，我们所能做的，就是给它提供相应地输入。

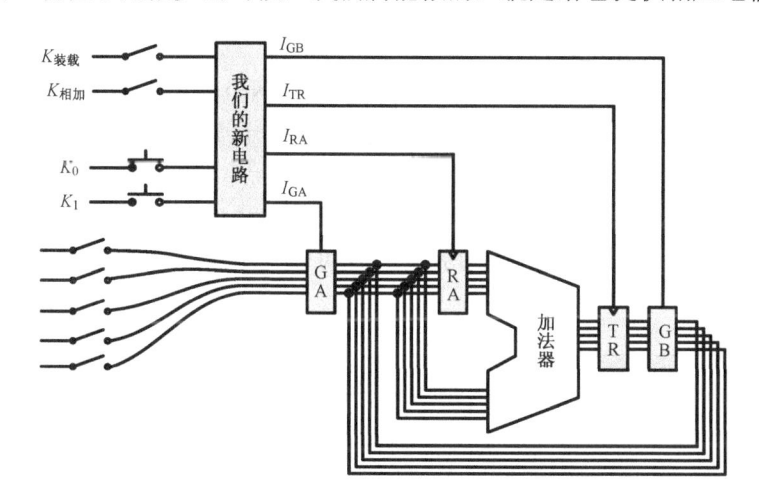

图 10.9　一个使相加的操作过程变得有规律的电路设计

设计逻辑电路是门学问，要是你掌握了它，就会知道，要得到相同的输出，可以有很多不同的设计方法。在这里，我们用 4 个开关作为输入。表面上看，我们只是给原来的开关换了位置，拆了东墙补西墙，换汤不换药，赶走了 4 个无赖，却又不得不请来 4 个讨人嫌的家伙帮忙。不要误会，这只是表面现象，很快你就会发现它的妙处。

由于刚刚做过加法，我们知道，要把一大堆数加起来，首先要执行一个"装载"动作，后面都是清一色的"相加"。这两件事情，一个是盛饭，一个是不停地吃，虽然有关联，但毕竟是两码事。所以，我们用两个开关 $K_{装载}$ 和 $K_{相加}$ 来指明要做哪件事。合上 $K_{装载}$，断开 $K_{相加}$，就是要装载一个数到寄存器 RA 中；断开 $K_{装载}$，合上 $K_{相加}$，就表明我们要开始做加法了，相信这很好理解。

还有，差点忘了提醒你注意这两只开关的类型，它们都是铡刀开关，断开和闭合都需要分别动一次手。采用这种类型的开关，是因为它们在后面的操作中基本上不需要扳来扳去。

一旦 $K_{装载}$ 和 $K_{相加}$ 被扳到合适的状态，就意味着大政方针已定，剩下的事情就是分步骤来完成这个目标。逻辑电路不是精灵，不改变它的输入，它就不会有相应地输出，而 $K_0$ 和 $K_1$ 的作用就在于此。当我们按顺序分别按下 $K_0$ 和 $K_1$ 时，就可以完成"装载"或者"相加"的全过程。我们会喜欢这种操作方式的，因为它有规律可循，只需要按顺序分别按动两个开关即可，你还能找到比这更不用动脑子的事情吗？

注意，与 $K_{装载}$ 和 $K_{相加}$ 不同，$K_0$ 和 $K_1$ 是按键开关，按下去之后，一松手，它还会自动弹开。之所以采用这种开关，是因为它们需要频繁操作，我们不想受累。记得大明星陈慧琳唱过一首歌，叫《不如跳舞》，里面有一句唱得好："让自己觉得舒服，是每个人的天赋。"

不过，为了完成"装载"或者"相加"，只用两个开关 $K_0$ 和 $K_1$ 够吗？答案是不多不少，刚刚好。为了证明这一点，同时也为了设计这个逻辑电路，我们需要详细地定义一下它的工作状态，设计一张表格，并从中得到逻辑表达式。

首先，不管 $K_{装载}$ 和 $K_{相加}$ 的状态如何，只要 $K_0$ 和 $K_1$ 中的任何一个没有接通，所有的输出都必须是 0，如图 10.1 所示，这可以禁止错误的操作。

表 10.1 $K_0$ 和 $K_1$ 未按下时的状态

| $K_{装载}$ | $K_{相加}$ | $K_0$ | $K_1$ | $I_{GA}$ | $I_{RA}$ | $I_{TR}$ | $I_{GB}$ |
|---|---|---|---|---|---|---|---|
| 0 | 0 | 0 | 0 | 0 | 0 | 0 | 0 |
| 0 | 1 | 0 | 0 | 0 | 0 | 0 | 0 |
| 1 | 0 | 0 | 0 | 0 | 0 | 0 | 0 |
| 1 | 1 | 0 | 0 | 0 | 0 | 0 | 0 |

不过，同样是 $K_{装载}$ 闭合、$K_{相加}$ 断开的情况下（这表明我们要开始干装载的活了），如果按下了 $K_0$，则在逻辑电路的输出端，只有 $I_{GA}$ 和 $I_{RA}$ 为 1，传输门 GA

# 第 10 章
## 用机器做一连串的加法

打开,寄存器 RA 执行锁存动作,保存从左边那排开关上来的数据,如表 10.2 所示。

表 10.2 执行装载功能、当 $K_0$ 按下时的状态

| $K_{装载}$ | $K_{相加}$ | $K_0$ | $K_1$ | $I_{GA}$ | $I_{RA}$ | $I_{TR}$ | $I_{GB}$ |
|---|---|---|---|---|---|---|---|
| 1 | 0 | 1 | 0 | 1 | 1 | 0 | 0 |

这里有个问题,寄存器 RA 必须等待从 GA 来的数据稳定下来才能动作。换句话说,$I_{RA}$ 应该比 $I_{GA}$ 晚一点为 "1" 才行。在足球场上,守门员必须睁大眼睛,看看球从哪个角度过来才能采取行动,要是人家刚准备射门,与此同时他就来个饿虎扑食,这未免也太心急了些。

那为什么不换一种方法,按下 $K_0$ 的时候,$I_{GA}$ 先为 "1";按下 $K_1$ 的时候,$I_{RA}$ 再为 "1" 呢?

原因很容易理解,逻辑电路的输入直接对应着输出,要想在两个不同的输入之间保持某个输出的连贯性,这既困难,也不合理。

这确实是个问题,但眼下还没有办法解决,只能先放一放。

可以看出,要做 "装载" 的工作,只需要按一下 $K_0$ 就行,$K_1$ 是多余的,它存在的原因完全是因为后面的相加过程需要两个步骤,必须使用两个开关。既然是这样,我们强迫译码电路在 $K_1$ 按下的时候什么也不做,如表 10.3 所示。

表 10.3 执行装载功能、当 $K_1$ 按下时的状态

| $K_{装载}$ | $K_{相加}$ | $K_0$ | $K_1$ | $I_{GA}$ | $I_{RA}$ | $I_{TR}$ | $I_{GB}$ |
|---|---|---|---|---|---|---|---|
| 1 | 0 | 0 | 1 | 0 | 0 | 0 | 0 |

"装载" 的过程已经完成,接下来是干 "相加" 的活了,也就是将另一个数和寄存器 RA 中的数相加,这需要闭合 $K_{相加}$,断开 $K_{装载}$。此时,如果按一下 $K_0$,则 $I_{GA} = I_{TR} = 1$,数据通过 GA 进入加法器,与寄存器 RA 中的数相加之后锁进临时寄存器 TR,如表 10.4 所示。

表 10.4 执行相加功能、当 $K_0$ 按下时的状态

| $K_{装载}$ | $K_{相加}$ | $K_0$ | $K_1$ | $I_{GA}$ | $I_{RA}$ | $I_{TR}$ | $I_{GB}$ |
|---|---|---|---|---|---|---|---|
| 0 | 1 | 1 | 0 | 1 | 0 | 1 | 0 |

这里同样有一个脉冲先后的问题,还是先不管它。

一个完整的相加过程还包括把结果返回寄存器 RA 的动作。这需要接着按一下 $K_1$,使 $I_{GB} = I_{RA} = 1$,数据离开临时寄存器 TR,穿过传输门 GB,到达寄存器 RA 后被锁存,如表 10.5 所示。

表 10.5　执行相加功能、当 $K_1$ 按下时的状态

| $K_{装载}$ | $K_{相加}$ | $K_0$ | $K_1$ | $I_{GA}$ | $I_{RA}$ | $I_{TR}$ | $I_{GB}$ |
|---|---|---|---|---|---|---|---|
| 0 | 1 | 0 | 1 | 0 | 1 | 0 | 1 |

这又是一个脉冲先后的问题，但是不要担心，天是塌不下来的，我们马上就会把它解决掉。

在这个电路上工作，重要的是必须按顺序按下 $K_0$ 和 $K_1$，一个按下的时候，另一个已经自动弹开。这意味着，无论 $K_{装载}$ 和 $K_{相加}$ 的状态如何，只要是 $K_0$ 和 $K_1$ 同时按下的情况，逻辑电路的输出就一律为"0"，如表 10.6 所示。

表 10.6　当 $K_0$ 和 $K_1$ 都按下时的状态

| $K_{装载}$ | $K_{相加}$ | $K_0$ | $K_1$ | $I_{GA}$ | $I_{RA}$ | $I_{TR}$ | $I_{GB}$ |
|---|---|---|---|---|---|---|---|
| 0 | 0 | 1 | 1 | 0 | 0 | 0 | 0 |
| 0 | 1 | 1 | 1 | 0 | 0 | 0 | 0 |
| 1 | 0 | 1 | 1 | 0 | 0 | 0 | 0 |
| 1 | 1 | 1 | 1 | 0 | 0 | 0 | 0 |

不过，即使 $K_0$ 和 $K_1$ 只有一个为"1"，如果 $K_{装载}$ 和 $K_{相加}$ 都断开，或者都闭合，这也不是我们所希望的，所以一律将电路的所有输出都置"0"，如表 10.7 所示。

表 10.7　其他一些无效的开关状态

| $K_{装载}$ | $K_{相加}$ | $K_0$ | $K_1$ | $I_{GA}$ | $I_{RA}$ | $I_{TR}$ | $I_{GB}$ |
|---|---|---|---|---|---|---|---|
| 0 | 0 | 0 | 1 | 0 | 0 | 0 | 0 |
| 0 | 0 | 1 | 0 | 0 | 0 | 0 | 0 |
| 1 | 1 | 0 | 1 | 0 | 0 | 0 | 0 |
| 1 | 1 | 1 | 0 | 0 | 0 | 0 | 0 |

4 个开关，每个开关都有"0"和"1"两种状态，这样，它们就会有 16 种组合，已经分别列于前面 7 个表中。俗话说，拿着锤子三年，看什么都像钉子。我怀疑有些人整天画真值表，研究如何从这些表中得到逻辑表达式，时间长了，就是看到渔网都有写逻辑表达式的冲动。我相信你不至于这样痴迷，但是最起码的，如何从这张大的真值表中得到 $I_{GA}$、$I_{RA}$、$I_{TR}$、$I_{GB}$ 的逻辑表达式，并根据这些逻辑表达式来组装这个"我们的新电路"，对你来说应该不会是个问题，对吧？因为我相信你已经从亚里士多德、布尔和香农那里得到了启示。更何况，我们曾经做过"大型机电设备"的报警器，发明了全加器，有这些辉煌的历史，眼前这个电路还不是小菜一碟吗？

## 10.4 这就是传说中的控制器

理想中,在这台经过全副武装的机器上做加法是很有趣的,因为它不但简化了操作,而且整个操作过程还具有很强的规律性——在我看来,它实在是太有美感了。还是前面那道数学题:

$$10 + 5 + 7 + 2 + 6$$

回到图 10.9,要计算上面那些数字的总和,首先合上 $K_{装载}$,断开 $K_{相加}$,用左边那排开关扳出数字"10",然后分别按一下 $K_0$ 和 $K_1$。这时,"10"就被保存到寄存器 RA 里了。

接着,断开 $K_{装载}$,合上 $K_{相加}$,用左边那排开关扳出数字"5",再分别按一下 $K_0$ 和 $K_1$,于是我们就得到了相加的结果"15",它位于寄存器 RA 中。

不要再理会 $K_{装载}$ 和 $K_{相加}$,让它们维持现状,毕竟后面全是在做加法。现在,再用左边那排开关扳出第三个数"7",再次分别按下 $K_0$ 和 $K_1$,于是又会在寄存器 RA 中得到本次相加的结果"22"。

按顺序,后面要加的数是"2"和"6"。但是,不管后面还有多少数字要加,操作过程都一模一样。

理想毕竟只是理想,正如前面已经指出的那样,这个电路实际上是有缺陷的。比如,它总是让 $I_{GB}$ 和 $I_{RA}$ 同时为"1",以便把相加的结果从寄存器 TR 移动(复制)到 RA。但是,我们知道,后者必须比前者晚一点为"1"才能保证可靠性。

要让"我们的新电路"正常工作,继续完善它是不可避免的。有趣的是,改造后的电路不但工作起来可靠,同时还能获得一个额外的好处,那就是它现在只用三个开关,比以前少了一个——呃,我知道你不在乎多一个开关的钱,但事实上,这不是少一个开关的问题,最重要的,操作起来简直是前所未有地简单!

$K_0$ 和 $K_1$ 的作用不过是产生脉冲。在我们的操作下,先是 $K_0 = 1$,然后 $K_1 = 1$,接着又是 $K_0 = 1$,……这很容易让我们想起循环移位寄存器来。既然移位寄存器也能达到相同的效果,那就没有理由不在我们的电路中使用。

为了取代 $K_0$ 和 $K_1$,需要用两个上升沿 D 触发器来制造一个循环移位寄存器,并把它加进我们的电路中,如图 10.10 所示。

图中,RR 就是我们刚刚加进来的循环移位寄存器,它有两个输出 $t_0$ 和 $t_1$,就是这两个家伙取代了原先的开关 $K_0$ 和 $K_1$,让它们失了业。

另一个比较大的改动是电路的输出部分。在这个新的方案里,$I_{RA}$ 和 $I_{TR}$ 其实就是以前的 $I_{RA}$ 和 $I_{TR}$,我们重新定义了 $I_{RA}$ 和 $I_{TR}$,现在,它们分别来自两个与门的输出。

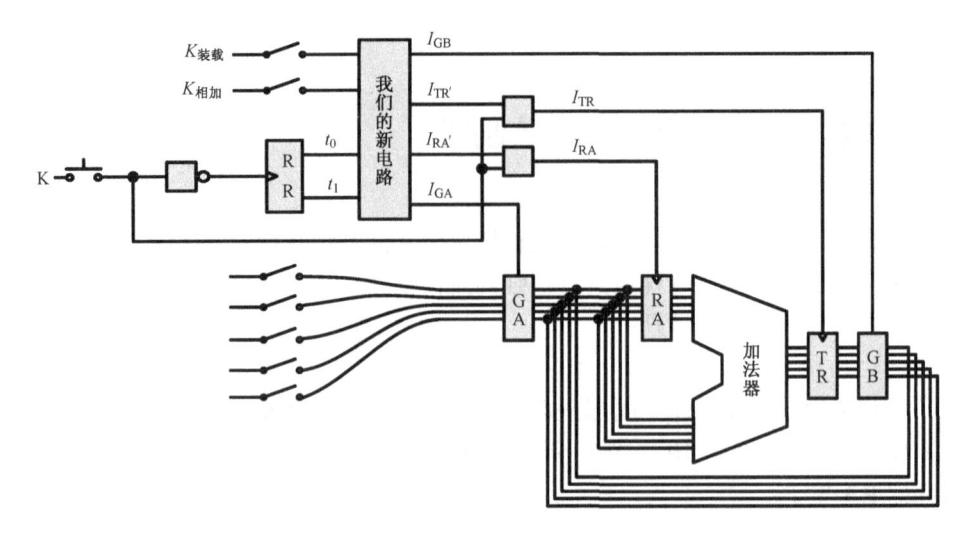

图 10.10　使用循环移位寄存器来简化装载和相加过程

现在，我们来分析一下这个新的设计是如何运作的。开始之前，应当先设置循环移位寄存器 RR 的初始状态，使它的两个输出 $t_0$ 和 $t_1$ 分别为 1 和 0。

现在要开始计算一连串的加法了。首先是装载第一个数到寄存器 RA，这需要用左边那排开关来扳出这个数字。

接着，闭合 $K_{装载}$，断开 $K_{相加}$，此时，由于 RR 的输出 $t_0 = 1$，按照以前的设计，$I_{GA} = I_{RA'} = 1$，传输门 GA 打开，如图 10.11 所示。

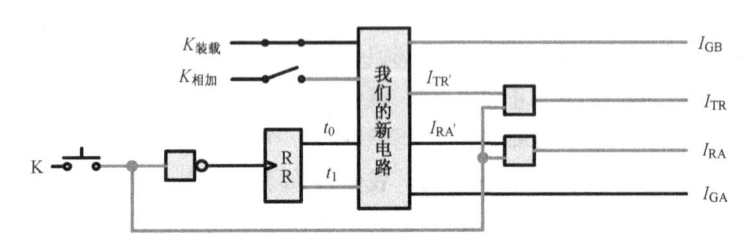

图 10.11　装载数据的过程（1）

现在数据已经送到寄存器 RA 的嘴边了，但它还吃不了，因为 K 没有按下，所以通过与门输出的 $I_{RA} = 0$。这是有意的，我们说过，寄存器 RA 需要等数据稳定下来之后才能动作。

现在，我们按下开关 K。如图 10.12 所示，随着 K 的接通，将同时产生两路脉冲，第一路通过非门到达循环移位寄存器 RR。遗憾的是，这是一个由高到低的下降沿，RR 不会理睬。这也意味着，"我们的新电路"仍然保持原来的输出纹丝不动。

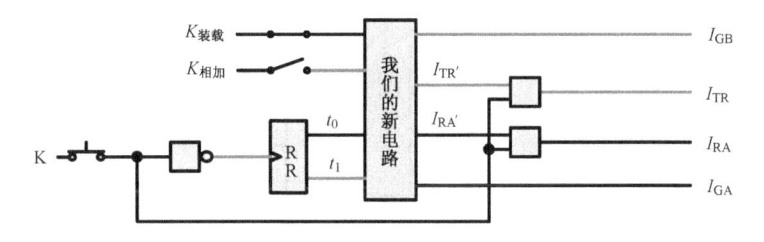

图 10.12 装载数据的过程（2）

与此同时，另一路脉冲被直接送到与 $I_{RA}$ 相连的与门，使得 $I_{RA}$ 从 0 变到 1。在它的上升沿，寄存器 RA 将数据锁存。哇，这个过程真是太精彩了，不是吗？

很显然，我们用心良苦，搞得如此复杂，只是希望在 K 闭合和松开的过程中，$I_{RA}$ 比 $I_{GA}$ 慢半拍出现，好安全地将数据锁住。现在，隐患已经消除了。

上面说的，是当 K 按下时所发生的事情。看得出来，电路构造绝对巧妙，而它的工作过程也绝对精彩。不过，我们不能一直按着它，毕竟还有很多事要做。

因为是按键开关，当我们一撒手，K 马上又松开了。如图 10.13 所示，按键松开的瞬间，它产生的"0"经非门后变成"1"。这个变化对于循环移位寄存器 RR 来说是个不折不扣的上升沿。也许它等待这一刻已经很久了，于是循环移动一次，$t_0 = 0$ 而 $t_1 = 1$，根据前面的设计，所有的输出都是 0，自动进入下一个步骤。

尽管完成"装载"的工作只需按一次开关 K 就可以，但是在前面设计这个电路的时候，我们预设的是做一件事需要按两次，已经按了一次，现在再按一次。

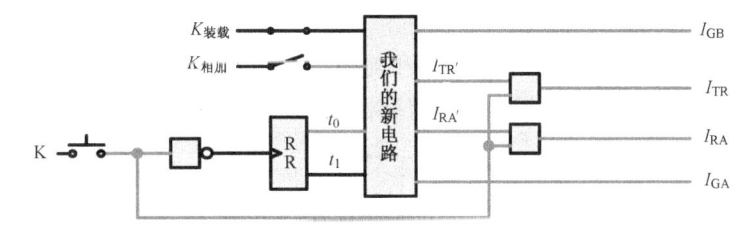

图 10.13 装载数据的过程（3）

如图 10.14 所示，因为所有的输出都是"0"，所以即使 K 被按下，它们也不可能突然就变成"1"。同时，K 按下时，对 RR 来说是下降沿，这不会对它有任何触动——换句话说，它对此无动于衷。

但是，和前面一样，当 K 松开时，RR 又循环移动一次，使得 $t_0 = 1$、$t_1 = 0$，这又回到了一开始，也就是图 10.11 所示的状态。这意味着，你可以再来一次"装载"的过程。

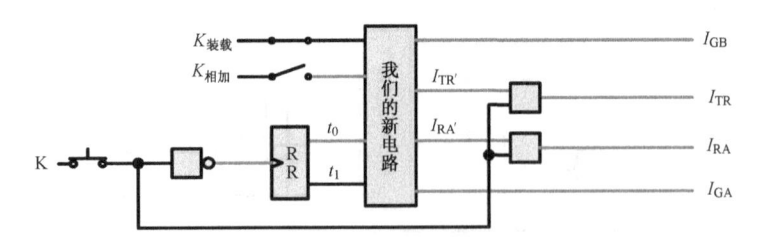

图 10.14　装载数据的过程（4）

现在，你有两个选择：第一，要是你觉得刚才装载的数据不对，想重新装载一次，可以直接再按两次 K；第二，如果你准备开始做加法，干"相加"的活儿，就断开 $K_{装载}$，合上 $K_{相加}$。

我相信你会选择第二个，也就是接着做加法。出于这个目的，我们再用那排开关准备好第二个要相加的数，并断开 $K_{装载}$，合上 $K_{相加}$。如图 10.15 所示。真奇怪，这个电路马上改变了状态，根据前面的设计，$I_{GA} = I_{TR'} = 1$，传输门 GA 打开，提前使另一个数进入加法器并开始计算。

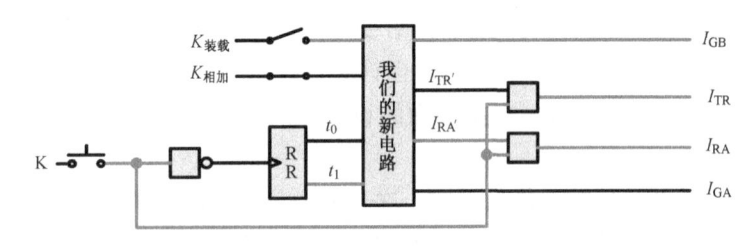

图 10.15　相加过程（1）

现在按一下 K 执行第一个动作，和前面一样，先是 $I_{TR}$ 和从 K 来的上升沿脉冲一起，使得 $I_{TR}$ 从 0 翻转到 1，临时寄存器 TR 锁存相加的结果，如图 10.16 所示。

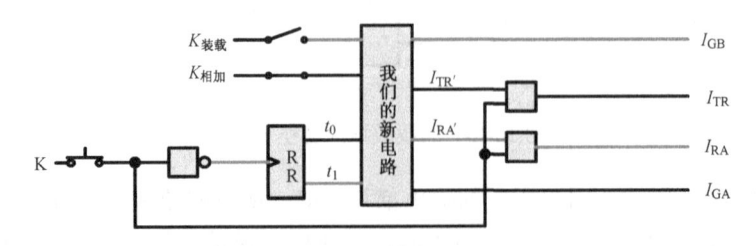

图 10.16　相加过程（2）

完整的"相加"过程需要两步，这是第一步，已经得出了相加的结果，现在需要把这个结果移动（复制）到寄存器 RA 中。好在我们的电路就是这样设计的。所以，当 K 松开时，RR 再次循环移动一次，$t_0 = 0$、$t_1 = 1$，于是 $I_{GB} = I_{RA'} = 1$，为下一次 K 按下时将计算结果锁存到寄存器 RA 中提前做准备,如图 10.17 所示。

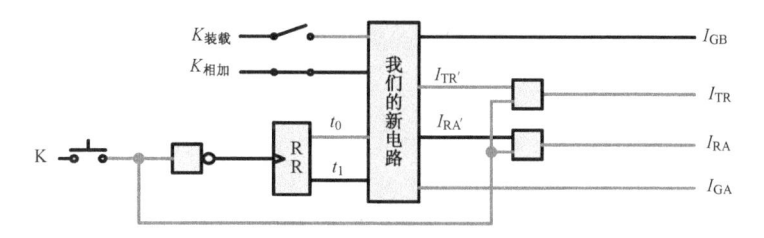

图 10.17 相加过程(3)

现在数据已经穿过传输门 GB,安全地来到寄存器 RA 的眼皮底下,只要再按一下 K,使得 $I_{RA}$ 和从 K 来的上升沿脉冲一起,把 $I_{RA}$ 从 0 翻转到 1 即可。在这个上升沿,寄存器 RA 锁存结果,如图 10.18 所示。

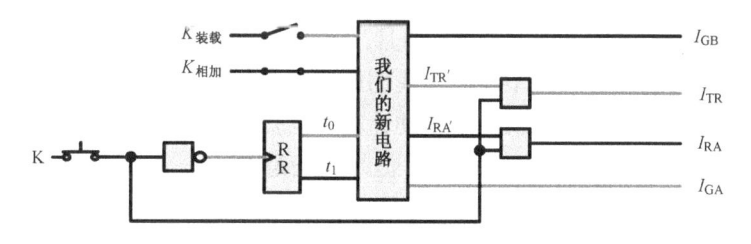

图 10.18 相加过程(4)

松开 K 时,循环移位寄存器从非门那里得到一个从 0 到 1 的上升沿脉冲,故再次循环移位,使得 $t_0 = 1$、$t_1 = 0$,于是整个电路又回到了"相加"过程的最开始,也就是前面的图 10.15 中。

这意味着什么?因为要做一连串的加法,除了最开始要将第一个数装载到寄存器 RA 之外,其他都是单纯的相加。所以,这意味着,从现在开始,你可以按照"用开关扳数——按两次 K——用开关扳数——按两次 K——……"这样的模式将所有的数都加完,最终的结果就在寄存器 RA 中。

经常地,我们听别人说每台计算机里都有一个控制器,它可以使整个计算机按照规定的步骤有条不紊地计算。事实上,我们现在讲的这个电路就是一个控制器。当然,它太简单——哎呀,简陋了,还需要进一步完善。不过这是以后的工作,我们的当务之急是解决另外一件同样很麻烦的事情。

# 第11章

# 全自动加法计算机

能够将一大堆数加起来,这确实很不错,麻烦的是要来来回回地拨弄一大堆开关,恐怕不能拿它到市场上买菜。而且,要想用好它,得先上培训班学二进制。

买菜的事情先放一放,不要忘了我们原先的目标——从头制造一台现代的计算机,在不需要人工干预的情况下自动计算。当然,要达到这个目标还需要一段距离,也许是50米,看起来不太遥远,但终究还是需要一个过程。现在的问题是,要把一大堆数加起来,靠手工操作不是很方便,而且说不定什么时候一个不注意,把开关扳错了,你还得从头再来一遍。要是有几百上千个数相加,而这个错误恰恰发生在只要加完最后一个数就可以完事大吉的时候,你一定会拿开关砸自己的脑袋。

为了避免你的脑袋受伤,能不能把所有的数提前存起来,然后再让一台机器自己一个一个地取出来相加呢?尤其是考虑到这样做还有一个特别的好处,那就是如果有些数搞错了,可以单独修改,然后让机器从头再算一遍,反正它是自动的。能不能发明出这样一种计算机器呢?

这当然难不倒以聪明著称的我们。通常,一个能保存很多二进制数的东西叫做存储器。

## 11.1 咸鸭蛋坛子和存储器

提起存储器,我们马上会想到袋子、盒子、坛子、罐子、箱子和柜子。实际上,这些东西的确是存储器,但不是我们想要的那种。我们需要的是能保存一大堆二进制数的存储器。

尽管保存的内容不一样,但所有的存储器都有一个共同特点,那就是它们通

## 第 11 章
## 全自动加法计算机

常都只有一个口。通过这个口,可以把东西放进去,或者把里面的东西拿出来。想想看,要是每个储存在坛子里的咸鸭蛋都有自己的出入口,这坛子也就成了大喷壶。基于同样的原因,一个能保存许多二进制数的存储器也应当只有一个出入口。你可以把它想象成一个大箱子,里面装了许多二进制数,但这个大箱子只有一个口,一次只能存入或者取出一个。

最小的——我指的是存储容量——存储器就是我们熟悉的上升沿 D 触发器,它可以,而且仅仅只能保存 1 个比特。

我当然很清楚,存储器最好是用来保存一大堆二进制数,而不是一大堆单个的比特,就像你的书柜应该用来存放大量的书,而不是堆满了没有装订在一起的纸。但是,存储单个比特的触发器是制造大容量存储器的基础,要是你有能力保存一个比特,我们才有理由相信,你同样可以保存更多的比特。

考虑到存储器和咸鸭蛋坛子的相似性,它应该只有一个出入口。不过,论制作工艺,前者比后者烦琐,因为它必须使用传输门。如图 11.1 所示,这个存储器由一个上升沿 D 触发器构成,只能保存一个比特。

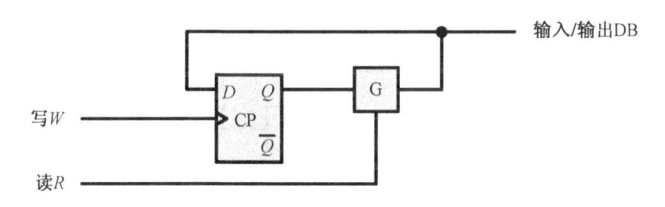

图 11.1 具有唯一输入/输出线的存储器,它可以保存或者读出一个比特

对于 D 触发器没有什么可说的。G 是我们的老朋友传输门,这位仁兄的作用是将 D 触发器的输出 $Q$ 同外部接通或断开。

和往常不一样,对于存储器来说,工程师们已经习惯将保存一个数称为"写"(Write);而从存储器里取出一个数则称为"读"(Read)。不管是"读"还是"写",一律称为"访问"(Access)[①]。所以,"W"和"R"分别用于从这个存储器中写入或者读出一个比特。

平时,$W$ 和 $R$ 都为 0,这个存储器什么也不做,既不能写入,也读不出比特,因为传输门 G 是断开的,而触发器的 CP 端也没有接到任何有效的指示。

这是存储器的默认工作状态,或者说是它一贯的生活方式。不过,要是你有一个比特想托付给它,它也不会让你失望。当然,前提是你要在 DB 上准备好这个比特,然后使 $W$ 从平时的 0 变为 1(上升沿)。如图 11.2 所示,在 $W$ 脉冲的上

---

[①] 单从这些术语上看,机器的生活和我们人类差不多,唯一不同的是我最喜欢清静,而你无论怎样访问机器,它都不会眉头紧皱、怨气冲天。

升沿,比特被 D 触发器保存。替你保管了这么重要的东西,挺辛苦的,你应该让人家恢复以前的平静生活。所以,在此之后,你应当使 W 重新为 0。

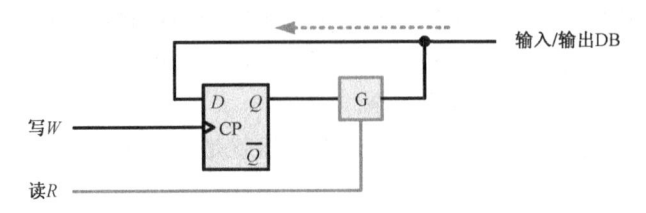

图 11.2 写入一个比特的原理

写入比特的时候,应当使 R 保持它平时为 0 的状态,毕竟你要"写"而不是"读"。在这种情况下,传输门 G 是断开的,来自 DB 的输入和 Q 上的输出不会遇到一起。这是好事情,否则,一定会发生一场冲突,甚至起烟冒火。这种场面虽然很好看,但绝对不是你想要的。

相反地,如果是要读出数据,那么如图 11.3 所示,必须使 R = 1 以打开传输门,触发器 Q 端的比特被送入 DB 总线。

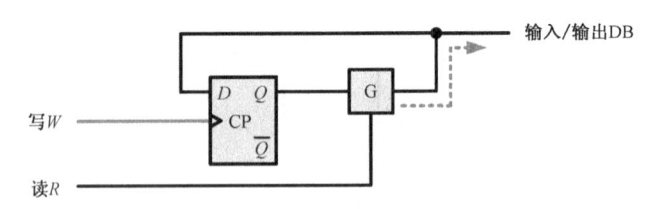

图 11.3 读出一个比特的原理

没错儿,这个输出 Q 同时也被送入触发器自己的输入端 D。但是没有关系,就让它来吧,因为在读的过程中,W 必须为 0。最后,如果你确信外部已经将这个比特取走,则必须使 R = 0 以打发存储器继续过清静无为的日子。

我们已经暗示过,W 和 R 不能同时从 0 变为 1,因为这是很奇怪、很无理的要求,意思是我既想读又想写。要是你非这样做,那么存储器会做一个很奇怪的动作:吞食自己的输出,这是没有任何意义的。

只能保存一个比特,这个存储器的容量未免太小了些。不过,要是你能把一棵树栽活,那么就可以用同样的方法栽种更多的树,从而形成一大片森林。这意味着,它可以作为一个基本单元,来制造更大容量的存储器。出于这个原因,我们姑且称之为比特单元。为了方便后面的讲解,我们给它画一幅肖像,如图 11.4 所示。

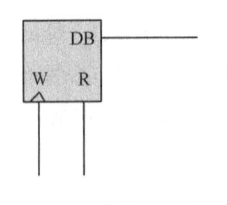

图 11.4 比特单元示意图

毕竟是和电路有关的东西,所以它不如张择端的

# 第 11 章
## 全自动加法计算机

《清明上河图》来得大,也不如它有趣。再加上刚刚学过它的工作原理,我也不想再多说什么。如果非要说些什么,还是那句老话,只读/写1个比特几乎没有什么用处,我们制造存储器,是希望它能保存完整的二进制数。

这个愿望很难实现吗?不是的。如图11.5所示,因为一个二进制数通常包含许多个比特,是一个比特串,所以,你可以把很多比特单元并排组织起来,以容纳该二进制数的每一位。

使用多少个这样的比特单元,取决于你要保存的二进制数有多大,换句话说,它包含了多少个比特。在这个例子中,我们使用了 5 个比特单元,所以它只能保存像 11010 这样的二进制数。

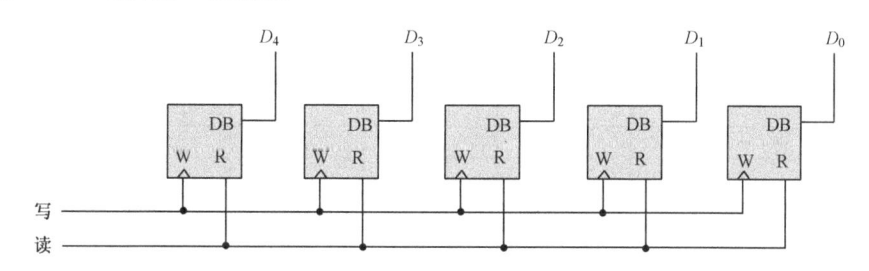

图 11.5 可以读/写单个 5 位二进制数的存储器

这样,当你要写一个二进制数时,可以把它的每一位分别放到 $D_0 \sim D_4$ 这 5 根线上,保持"读"线为 0 不变,并通过"写"线发出一个上升沿脉冲,这时,它们将分别被独立地保存起来;相反,当你要读出这个二进制数时,只需要使"写"线保持为 0 不变,"读"线为 1 即可,它的每一位会自动出现在 $D_0 \sim D_4$ 上。

直观上来说,这 5 个比特单元并排在一起,很像一个楼层。既然一层楼可以保存一个二进制数,那么,只需要多盖几层,就可以保存好几个二进制数,不是吗?如图 11.6 所示,我们一共盖了 4 层,可以保存 4 个二进制数。当然,要是你想保存更多,完全可以盖更多层。

既然我们把它看做楼层,那么,为了指明把一个二进制数保存到第几层,或者从第几层读出来,需要给每一层编号。不过,和平时不同,我们不是从一楼开始编号,而是要从地下室开始,所以,这 4 个楼层按顺序应该是 0、1、2、3 层。

每个楼层都有自己的读线和写线。比如,0 层的读线是 R0,写线是 W0;第 1 层的读线是 R1,写线是 W1,其他各层依次类推。平时,每一层的读线和写线都为 0,它们既写不进去,也读不出来。要是你想往这个存储器里写入一个二进制数,只需要使相应楼层的写线从 0 翻转到 1 即可,读的时候也与此类似。当任何一个楼层正在读/写的时候,其他楼层都处于休眠状态,既不能读,也不能写,所以它们决不会互相干扰,这一点大可放心。

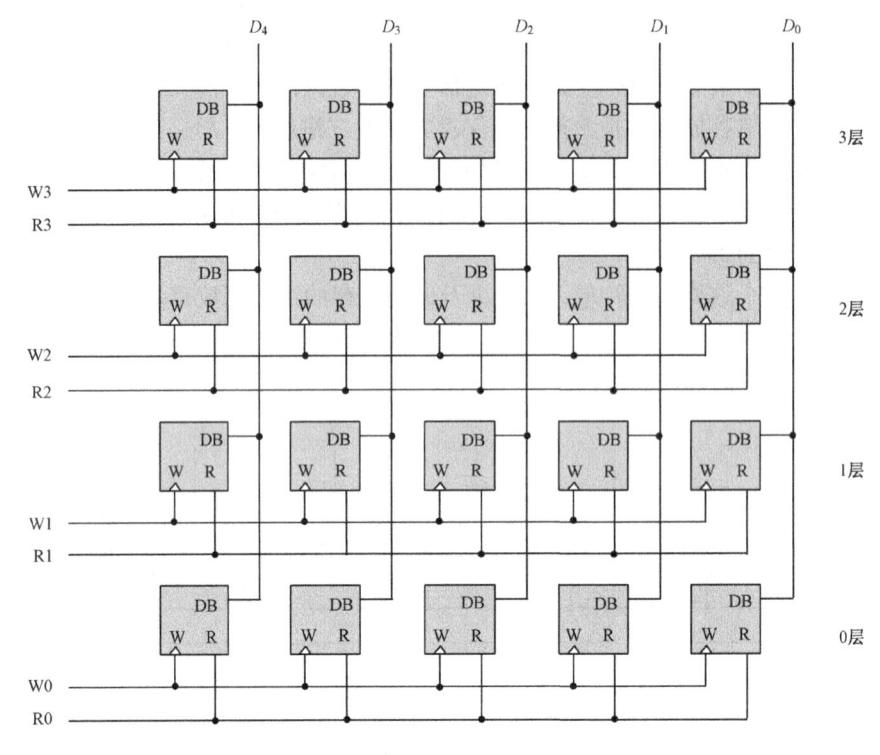

图 11.6 存储器示例，它可以保存 4 个二进制数、每个数包含 5 个比特

为了操纵读线和写线，给它们通电，或者使它们断电，我们这些业余选手只能在家里使用传统的开关。问题是，少量的楼层还好办，要是这里有成千上万的楼层，你就得拿成千上万的开关，找成千上万的电线。这可真是宏伟的工程，这么多的开关，对于任何一个五金商店来说都是大买卖。第二天，你光顾过的商店都将关门歇业，原因是他们再也没有开关可卖，都高高兴兴地出去进货了。

除了体积和数量上的因素外，想想看，要是你准备往 99999 楼层写入一个二进制数，还得抹着汗找那个第 99999 号开关 W99999，这会是一种什么场景？这开关就不能省省吗？

怎么说我们也是这个星球上最聪明的物种，自然也能想出好办法来。每个楼层不是都有编号么？我们可以通过指定编号的方法来告诉存储器，我们要访问的是哪个楼层。

通过编号来指定存储单元不是用嘴说，因为这些家伙听不懂人话。所以这需要一排开关，通过扳动开关来拼成二进制数，每个二进制数都表示一个楼层的编号。这是非常巧妙的方法，假如我们有 15 个开关，就可以拼出任何一个 15 位的二进制数，从 000000000000000 到 111111111111111，也就是十进制的 0 到 32 767。换句话说，只需要 15 个开关就可以指定 32 768 个楼层中的任何一个，从 0 号到

# 第 11 章
## 全自动加法计算机

32 767 号,而不是像以前那样,为每个楼层都配备两个开关。

32 768 个楼层,对于这本书来说太高了,画不下,所以还是来看前面那个例子。它只有 4 个楼层,编号为 0、1、2、3,分别对应二进制数 00、01、10、11,都是 2 比特的二进制数,正好需要两个开关就足够了。

话虽这么说,但是要想用两个开关来从 4 个楼层中选出一个,实际上该如何做呢?你要如何设计电路连接呢?当然,答案是发明一个新逻辑电路,用来选择一个楼层。

如图 11.7 所示,你也看到了,这个新的逻辑电路叫做"地址译码器"。这个名字是啥意思,我们稍后再说,重要的是你要知道,A0 和 A1 共同用来指定一个楼层。如果 A1A0 = 00,表示它选择的是第 0 层;如果等于 11,则指的是第 3 层。

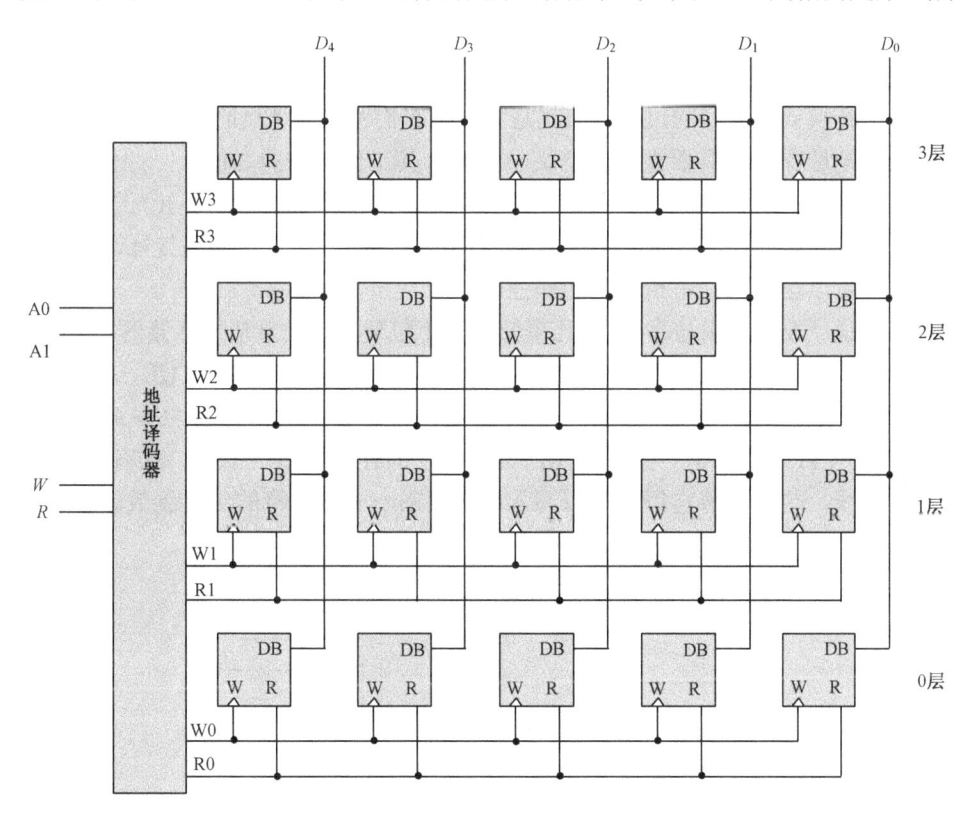

图 11.7 地址译码器对于简化存储器设计是必不可少的

该逻辑电路还有另外两个输入,也就是 $R$ 和 $W$,它们用于指明对所选择的楼层进行何种操作,是读还是写。要是 $R$ 和 $W$ 都为 0,那么,不管你选择了哪个楼层都没有用,因为此时 $R0$、$W0$、$R1$、$W1$、$R2$、$W2$、$R3$、$W3$ 都为 0。

但是,假如你选择了第 2 个楼层,即 A1A0 = 10,那么,当 $W$ = 1 时,W2 = 1;

相反的，当 $R=1$ 时，$R2=1$，这就是该逻辑电路的工作原理。

对于存储器来说，不管是楼层也好，编号也罢，这都是打比方。要想进入计算机行业，和那些严肃的前辈们做朋友，你必须改改口，不要再说楼层编号什么的，要说"地址"。这实际上是借用了生活中的词汇，好处是容易理解和接受。没有地址，你将收不到网购的宝贝，因为人家不知道该发到哪里；而通过指定一个地址，就可以从这个存储器的某个位置取出一个数字，或者写入一个数字。

地址仅仅是一个编号，一个门牌号码，它指向了存储器内部的一个小空间，这是真正用于保存数据的地方，这个地方就叫存储单元。毫无疑问，每个地址都对应着一个存储单元。

一旦通过 A0 和 A1 给出一个存储单元的地址，那么，结合 $R$ 和 $W$ 的输入情况，就能得到另外一种形式的输出，使相应地存储单元开始读或者写，这实际上就是一个转换或者翻译的过程，这就是为什么我们称之为"地址译码器"的原因。

构造地址译码器需要详细地定义一张符合其工作状态的真值表，并依据该表写出各项输出的逻辑表达式。在这本书里，这样的工作已经做了不止一次，再做一次已经没有必要。尽管他们嘴上没有说，但我想出版社的编辑肯定不希望这本书太厚，所以这就当是留给你们的作业吧。

俗话说"人靠衣服马靠鞍"，凡事都讲究个包装。这个复杂的存储器，要是把它包一包、装一装，放进盒子里，就既好看，用起来肯定也特别方便。

如图 11.8 所示，这是封装之后的存储器。它有 4 个地址引线 A0~A3，可以访问 0000~1111 这 16 个存储单元，这就是它的存储容量。另外，它有 $D_0$~$D_4$ 五根数据线，这意味着它每次可以写入或者读出一个 5 比特的二进制数。

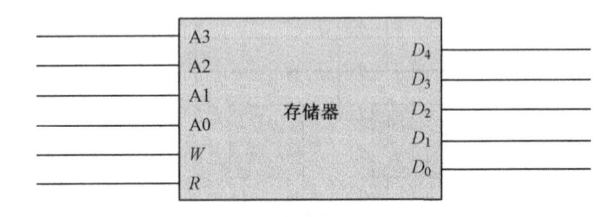

图 11.8　封装后的存储器整体外观

在生活中，多数的存储器，比如咸鸭蛋坛子，都只能按顺序一点一点地存放或者取出，上面的蛋不拿走，下面的拿不出来。但是我们这个存储器，你可以随机地、任意地决定访问哪个存储单元，不管访问哪个存储单元，所花的时间都一样，和它们在存储器中的位置（地址）没有关系。正是因为这样，我们通常称之为"随机访问存储器"，或者"自由存取存储器"，用英文来说就是 Random Access

Memory，简称 RAM。由于组成它的细胞是触发器，而这种东西就怕断电，不管它记下的是什么，只要一断电就全完蛋了，因此属于易失性存储器。

## 11.2 磁芯存储器

用触发器来制造存储器，这似乎是很轻松、很容易的事情。而且从理论上来说，无论多大的存储器，都可以用触发器堆叠出来，即使你有成千上万，甚至几十万、几百万个二进制数需要保存。

纸上谈兵很容易，但是千万别玩儿真的。要是存储容量很小很小，采用触发器来制造倒还是可以理解的，当存储容量变得很大时，这种搞法就行不通了。

一般地，保存 1 个比特的成本是好几个电子管或者晶体管。假如需要 5 个（实际上这根本不够），那么，按一个二进制数有 8 个比特来算，要保存 100 个二进制数至少需要 5×8×100=4 000 个，这还没把地址译码器算在内。

老实说，一个存储器只能保存 100 个二进制数，搁现在就是扔到垃圾堆里都没人要。但在电子管和晶体管的时代，却能让科学家们在梦里笑醒。你想想，好几千个晶体管，连线有多复杂，体积有多大，需要费多少电？当然，还包括钱，也就是科研经费。20 世纪 30 年代末，也就是电子管发明 30 年之后，一只性能好一点的电子管需要花费 10 美元才能买到。而那个时候，正是计算机开始跑步前进、需要大容量存储器来为它提供原料的时候。

困难很多，而存储器也是需要的。没办法，人们只能绞尽脑汁，想了很多古怪的方法来制造存储器。在这些曾经用过的东西当中，占统治地位的是 种叫做磁芯的物什。

我们都知道电磁学，也明白电和磁的关系。对于像钢这样的东西，容易被磁化，即使本来没有磁性，但在和吸铁石接触之后也会变成一块磁铁，这叫做剩磁。和钢一样，磁芯用铁氧体材料制成，是一个圆环，外直径通常在 0.2~2mm 之间，比一粒芝麻大不了多少。

用磁芯来保存数据是利用了电流能产生磁场，有些东西在磁化之后会产生剩磁，同时，磁场反过来也可以产生电流的原理。而且更重要的是，不同的电流方向将使磁芯按不同的方向磁化，换句话说，电流从左边流向右边，和从右边流向左边，这两种情况下磁芯的南北极是截然相反的。这也意味着，如果把一种剩磁状态看成"0"而另一种状态看成"1"，那么磁芯可以用来保存 1 个二进制比特。

如图 11.9 所示，在磁芯中穿一根电线，叫做驱动线，用来往磁芯中写入一个比特，所以称之为写入线也是可以的，但最好还是称作驱动线，因为读出比特的时候也要用到它。要达到写入一个比特的目的，需要控制电流的方向。

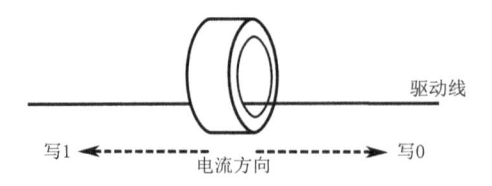

图 11.9　电流方向决定了磁芯的磁化方向

往磁芯中写入一个比特是比较简单明了的，但要把这个比特读出来就很古怪，需要在它里面穿另一根电线，叫做读出线，如图 11.10 所示。现在，你面临着和法拉第一样的困惑：只是在磁场中穿一根电线，这毫无用处，静止的导体不会产生电流，如何在读出线中感应出这个比特数据呢？

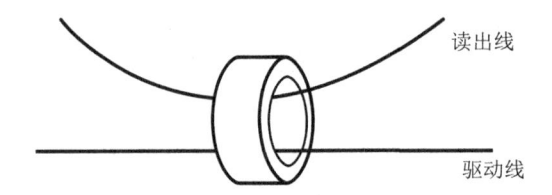

图 11.10　磁芯的工作原理

读出比特的过程要麻烦一些，但是很有趣，方法是用驱动线向磁芯中写入一个比特"0"。如果磁芯中保存的本来就是个"0"，那么这个写入电流不会对原有的磁场产生太大的影响，以至于读出线上感应出的电压很小，这表示读出的是"0"。但是，如果磁芯中原来保存的是"1"，那么这个写入电流将使磁芯的磁场翻转，这种变化即使算不上翻江倒海，也非常强烈，这个大幅度变化的磁场将在读出线上感应出较高的电压，这表示读出的是"1"。

显然，磁芯的读出是破坏性的，如果读出来的是"1"，那么读取之后磁芯的状态将会是"0"，这需要重新将读出来的"1"写回磁芯中，这是磁芯存储器比较麻烦的地方。

从磁芯中读出的电压很小，而且不是我们需要的方波。好在有电子管和晶体管，可以将其放大并进行规整，使之合乎要求。和触发器不同，磁芯有一个明显的好处，那就是断电之后，也能够维持写入的数据。

磁芯在全世界应用了好几十年，被实践证明是那个时代最好的存储器制造材料，发明它的人是美国华裔科学家王安博士。王安祖籍江苏昆山，1920 年出生于上海，先后就读于上海交通大学、哈佛大学，1948 年获得哈佛大学博士学位。

# 第 11 章
## 全自动加法计算机

1949 年 10 月 21 日，王安申请了磁芯存储器的专利，几年之后，又创办了自己的公司，生产小型商用计算机和文字处理机，事业兴旺，盛极一时。1988 年，王安被列入美国发明家名人堂，自 1901 年创建以来，只有爱迪生等 68 人入选名人堂。非常遗憾的是，从 20 世纪 80 年代后期开始，王安的公司迅速衰落，最后销声匿迹，令人扼腕。

中国的第一台电子计算机用的也是磁芯存储器。在当时，研制计算机是高度机密的事情，所以穿磁芯这活儿不能交给外边的人来干，只能在计算所内部消化。据说有一个女研究员干起这活儿来总是比别人快好几倍，怎么追也赶不上，直到过春节表演节目的时候才算真相大白，原来人家以前是部队文工团表演魔术的，吃的就是眼疾手快这碗饭。

## 11.3 先存储，后计算

但愿你还没有忘了为什么我们要发明存储器。现在让我们在第 10 章的基础上继续发明创造，来搞清楚如何让机器自动取数，然后计算。

因为我们是要计算

$$10 + 5 + 7 + 2 + 6$$

而且，我们还想预先把这些要加的数都写入存储器，然后再一个一个取出来相加。为此，我们可以使用图 11.8 那样的存储器。一方面，这 5 个数都不大，每一个的长度都不超过 5 个比特；另一方面，要加起来的数只有 5 个，而这个存储器却有 16 个存储单元，空间是足够了，而且还绰绰有余。

在开始做加法之前，先要把上面那 5 个要加起来的数写到这个存储器里。如果没有特殊的原因，所有的二进制数都应该从存储器的顶端，也就是地址 0000 开始一个挨着一个存放，如图 11.11 所示。

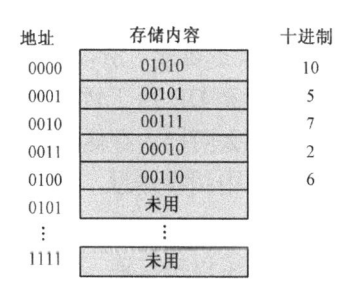

| 地址 | 存储内容 | 十进制 |
|---|---|---|
| 0000 | 01010 | 10 |
| 0001 | 00101 | 5 |
| 0010 | 00111 | 7 |
| 0011 | 00010 | 2 |
| 0100 | 00110 | 6 |
| 0101 | 未用 | |
| ⋮ | ⋮ | |
| 1111 | 未用 | |

图 11.11 将所有要加起来的数顺序存放在连续的存储单元里

为此，你可能要用 4 个开关来形成地址，再用 5 个开关拼成要写入的二进制数,最后一个开关连在存储器的 W 端,用来向存储器下达写入命令。从地址 0000 开始,每当一个地址和一个二进制数准备好后,按一下 W 开关,就这样操作,直到把所有的数都按顺序写入存储器。在这个过程中难免会出点儿小差错,但是存储器的好处就是你可以反复修改任意一个地址里的内容。

因为我们只是把 5 个数相加,所以前 5 个地址,从 0000 到 0100,里面的内容是我们特意写入的。其他地址,也就是从 0101 到 1111,没有使用。

正常情况下,要把刚才写进去的数一个一个地读出来,同样需要给出地址,然后使 R=1。不过我们的想法有些古怪,希望能够用最省事的方法连续操作,把它们按顺序一个一个地取出来,毕竟目标是将它们按顺序相加。当然,最好是像第 10 章那样,拍拍开关就能做到。

其实不太难,图 11.12 就是我们给出的方案。

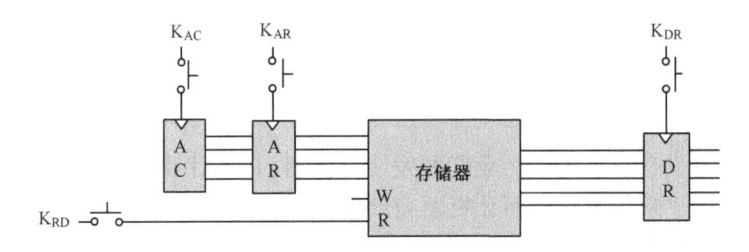

图 11.12　顺序地从存储器里取数的电路方案

如图中所示,假设存储器里已经存放了我们要加起来的 5 个二进制数;AC 是计数器,用以提供访问存储器的地址,所以称为地址计数器。一开始它的内容是 0000,每按一次 $K_{AC}$,它就在原来的基础上自动加一,以得到访问下一个存储单元所需要的地址;AR 是一个寄存器,用来临时存放存储器地址,称为地址寄存器。看起来 AR 有些多余,似乎用 AC 给存储器提供地址更直接。但是你很快就会发现,不把计数器 AC 直接和存储器相连,而是由 AR 负责转交是非常有道理的。

很显明,$K_{RD}$ 的作用是给存储器发出命令,要求它将数据送出。注意存储器的 W 端没有使用,因为我们现在只是要读,所以将它悬空,让它一直为 0。

在存储器的数据端,数据寄存器 DR 用于暂存读出的数据,除了名字上的不同之外,它和普通的寄存器没有什么两样。存储器有自己的事情,它只负责把客人送到门外。所以数据应当在 DR 中稍事休息,等待进一步的指示,以决定自己应该动身前往何处。

在介绍完这一家人之后,现在可以接二连三地往外取数了。在开始之前,先想办法把地址计数器 AC 清零,以指向地址 0000,然后执行以下操作:

(1) 按一下 $K_{AR}$,地址计数器 AC 当前的值 0000 被 AR 锁存,并提供给存储器。
(2) 先按住 $K_{RD}$,不要松开,再按一下 $K_{DR}$;这时,数据送出,并被 DR 保

存;最后,松开 $K_{RD}$;

(3)按一下 $K_{AC}$,地址计数器加一以指向下一个地址,为再次从存储器里读数据做准备。

至此,存储器里的第一个数就被取出来了。如果要接着取第二个数、第三个数等,重复按上面的三个步骤操作即可。

在第 10 章里,我们已经学会如何只用一个按键开关、一个循环移位寄存器和一个逻辑电路简单地操控、把一大堆数加起来。道理都是一样的,按照这种思路,我们同样可以发明出一个控制器,用它来简化取数过程,如图 11.13 所示。

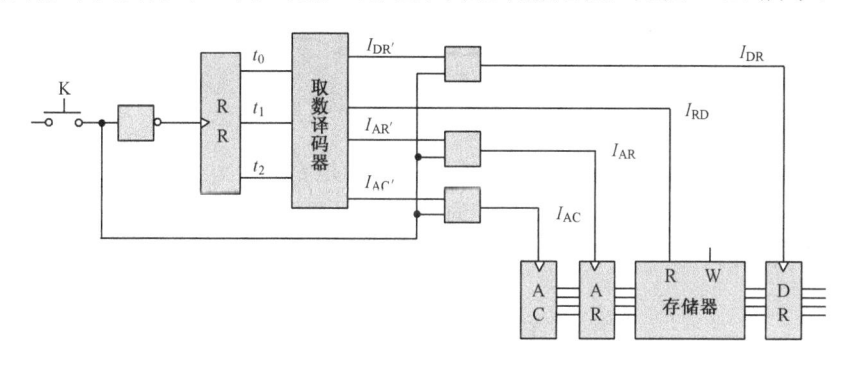

图 11.13 用一只开关依次将数取出

图中,RR 就是我们所说的循环移位寄存器。和第 10 章的那个不同,它有 3 个输出 $t_0$、$t_1$ 和 $t_2$,毕竟我们刚才已经看到了,把一个数从存储器里取出来,需要经历三个不同的步骤。

同样是在第 10 章里,为了制造控制器,我们发明了一个逻辑电路。因为不知道该给它起个什么名字,只好叫做"我们的新电路"。现在看来,它其实就是一个译码器,把一种形式的输入转换翻译成另外一种形式的输出。在我们现在的这个控制电路里,同样需要一种类似的译码器,因为发明它的目的是从存储器里取数,所以称之为"取数译码器"。

电路刚刚启动的时候,$t_0 = 1$ 而 $t_1$ 和 $t_2$ 都为 0,此时,只有 $I_{AR'} = 1$,如图 11.14 所示。

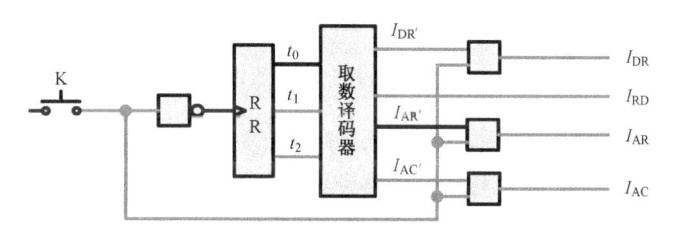

图 11.14 取数控制器的原理(1)

一旦开关 K 按下，则 $I_{AR'}$ 和从 K 来的"1"一起，通过与门使得 $I_{AR}$ 从 0 翻转到 1，于是地址寄存器 AR 将地址计数器的地址保存，并提供给存储器。对于循环移位寄存器 RR 来说，从非门得到的是一个下降沿，它所能做的，就是无动于衷，不予理睬，如图 11.15 所示。

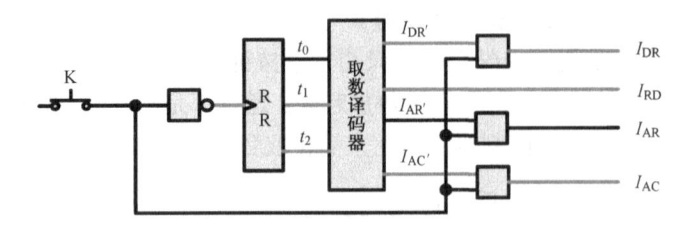

图 11.15　取数控制器的原理（2）

当 K 松开时，RR 得到一个上升沿脉冲，于是 $t_0=0$，$t_1=1$，$t_2=0$，并因此使得 $I_{RD}=I_{DR'}=1$，如图 11.16 所示。此时，存储器开始向外送出数据，但还不能被 DR 寄存器保存。

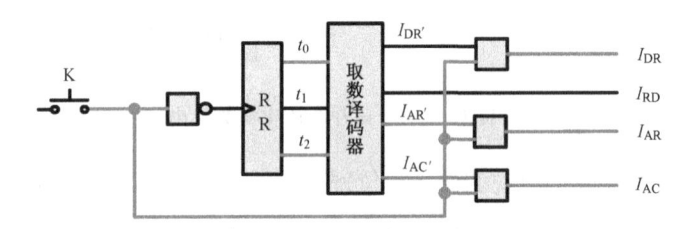

图 11.16　取数控制器的原理（3）

当 K 第二次按下时，RR 依然无动于衷，但是 $I_{DR}$ 却立即从原来的 0 翻转到 1，于是寄存器 DR 将存储器送出的数字保存起来，如图 11.17 所示。

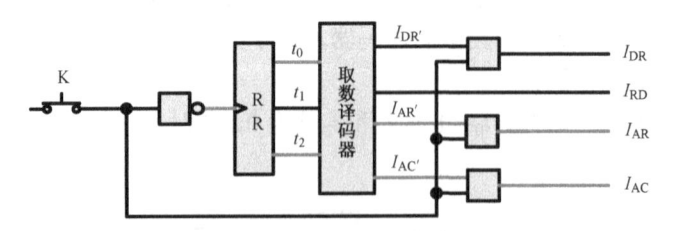

图 11.17　取数控制器的原理（4）

K 再次松开后，$t_0=t_1=0$ 而 $t_2=1$，于是 $I_{AC'}=1$，如图 11.18 所示。

现在，我们第三次将 K 按下，这将使得 $I_{AC}$ 从 0 翻转到 1，于是地址计数器自动加一，以指向下一个存储单元的地址，如图 11.19 所示。

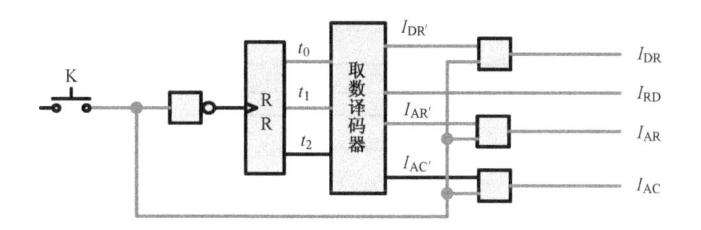

图 11.18　取数控制器的原理（5）

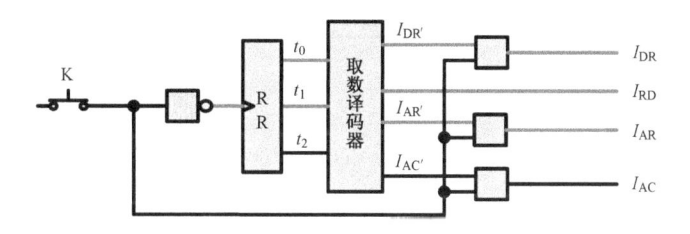

图 11.19　取数控制器的原理（6）

一旦 K 第三次松开，RR 将再次循环移位一次，使得 $t_0=1$ 而 $t_1=t_2=0$，这又回到了一开始，即图 11.14。换句话说，如果再连续按三次 K，将会把下一个存储单元里的数取出来。

## 11.4　半自动操作

我们的目标是用机器计算一连串的加法，比如：

$$10+5+7+2+6$$

还记得为什么要发明存储器吗？那是因为我们有一个美好的愿望——把所有要相加的数都提前保存起来，然后，我们什么也不干，就坐在那里看机器自动地把它们取出来相加。目标就在眼前，看来只有 20 米，让我们继续前进。

在第 10 章里，所有参与相加的数都是用开关得到的。现在，存储器和加法器可以合在一起，以实现从存储器里不断取数、然后相加的功能，如图 11.20 所示。

新的控制电路有些复杂，但是它的工作原理却很好理解。我们知道，从存储器里取出一个二进制数（并将地址计数器加一），需要三个步骤；而在第 10 章里，把一个二进制数装载到寄存器 RA 中，或者用另一个数与 RA 中的数相加，分别需要两个步骤。现在，取数和做加法已经被合二为一了，这就是为什么循环移位寄存器 RR 现在有 5 个输出 $t_0$、$t_1$、$t_2$、$t_3$ 和 $t_4$ 的原因。

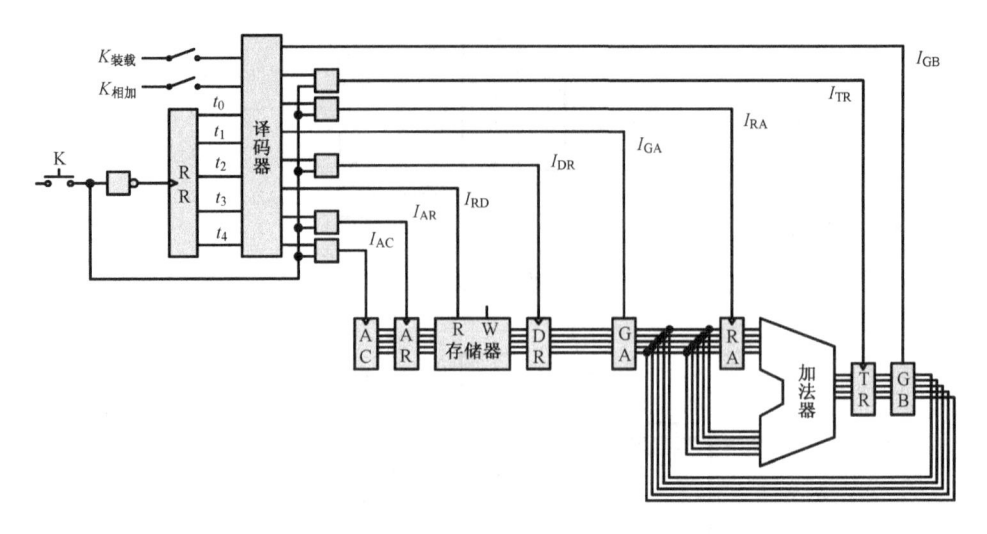

图 11.20　部分实现了自动化的连续加法电路

两个功能的合并意味着需要重新设计一个新的逻辑电路来产生各种输出，这就是图中所示的"译码器"。所幸的是，这对现在的你来说并不困难，是不是？

在这台新机器上操作，和以前并无二致，开关 K 依然是我们使用的主要道具。每次当"1"从 $t_0$ 循环移位到 $t_3$ 时（换句话说，$t_0 \sim t_3$ 阶段），将完成从存储器里取数到寄存器 DR，并将地址自动加一的功能。这个阶段的功能永远是固定的，与 $K_{装载}$ 和 $K_{相加}$ 无关，不受它们的影响，这一点在设计译码器时需要注意。

在 $t_3$ 和 $t_4$ 阶段，执行的功能要取决于 $K_{装载}$ 和 $K_{相加}$ 的状态。如果 $K_{装载}=1$ 而 $K_{相加}=0$，则将 DR 中的数装载到寄存器 RA 中；如果 $K_{装载}=0$ 而 $K_{相加}=1$，则将 DR 中的数与 RA 中的数相加，并将结果保存到 RA 中。

所以很显然，要想把一大堆数加起来，只需要在存储器里准备好它们，并将地址计数器 AC 清零，然后坐下来，以 5 次为单位，不停地按动开关 K 即可。

合上 $K_{装载}$，断开 $K_{相加}$，"啪啪啪啪啪"地将 K 按 5 次；再断开 $K_{装载}$，合上 $K_{相加}$，接着啪啪……这个过程中有自动的成分。毕竟，我们只是用手动动开关，其他事情都由机器做了。当然，在这个过程中，唯一麻烦的就是 $K_{装载}$ 和 $K_{相加}$ 这两个开关，你要在适当的时候切换一下它们的状态。虱子多了不怕咬，在需要一堆开关才能做加法的时候，多它们两个不多，少它们两个不少；现在，一切都自动化了，这两个家伙就显得碍手碍脚——要是把它们省掉，那该多好哇！

很清楚，要想进一步自动化，这两个家伙必须下岗。不过，你也不要小看了这两个家伙，关键人物通常都在幕后，而且表面上很普通。在图 11.20 里，开关 K 可能是最风光的，这台机器必须不停地按动它才能动起来。问题在于，同样是按 K，这台机器却会根据 $K_{装载}$ 和 $K_{相加}$ 的开合状态而做不同的事情。

# 第 11 章
## 全自动加法计算机

换句话说，这台机器是按指令行事的。合上 $K_{装载}$，表示下达的是装载指令；合上 $K_{相加}$，下达的就是相加指令。同样是按动 K，指令不同，工作过程也不一样。

说了这么多，现在的问题是，我们就是不喜欢这两个开关，如何才能将它们撵走呢？办法是有的，这个问题的答案来自于一个叫诺依曼的人。

约翰·冯·诺依曼 1903 年 12 月 28 日生于匈牙利的布达佩斯，父亲是一个银行家。正是因为家里不差钱，据说这个"冯"姓是花钱买了一个爵位得来的。在欧洲一些国家，"冯"是个贵族的姓，比如历史上有名的铁血宰相冯·俾斯麦。

富家出人才，也出纨绔子弟；穷家出人才，也出无赖。诺依曼大抵是很懂事的，从小敏而好学，先后在苏黎世高等技术学校和布达佩斯大学攻读化学和数学，1927 年在柏林大学任教，1930 年赴美国普林斯顿大学担任讲师和教授。

从第二次世界大战的时候开始，由于军事上的需要，他还参与了计算机方面的研究工作，主要侧重于计算机的组织形式和体系结构。战后，他开始研究自动机理论，并对自动机和人脑思维过程的特点进行了比较。作为成果，他写了一本讲稿，名字叫《计算机与人脑》。可惜的是，还没有写完，他就于 1957 年去世了，所以这也是他最后一本著作。

目前为止，我们的存储器里全都是一些等待被加起来的数字。但是冯·诺依曼认为，存储器里不但要有这些纯粹的数字，还应当有一些指示如何加工这些数字的指令。在《计算机与人脑》这本书里，他写道："一条指令，在物理意义上和一个数是相同的。"换句话说，它们躺在存储器里，很像普通的二进制数，但实际上不是。就好比你大喊一声"狗!"，有时候，你指的是那种会汪汪叫的动物，但在另外一些场合，这会招来一顿拳脚。

如图 11.21 所示，所有的指令都以一个操作码开始，它指示出该指令的功能。比如，可以用 10001 表示"装载"，用 10010 表示"相加"。

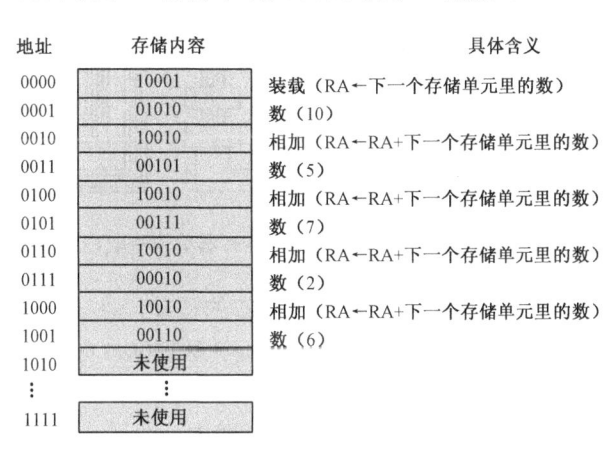

| 地址 | 存储内容 | 具体含义 |
|---|---|---|
| 0000 | 10001 | 装载（RA←下一个存储单元里的数） |
| 0001 | 01010 | 数（10） |
| 0010 | 10010 | 相加（RA←RA+下一个存储单元里的数） |
| 0011 | 00101 | 数（5） |
| 0100 | 10010 | 相加（RA←RA+下一个存储单元里的数） |
| 0101 | 00111 | 数（7） |
| 0110 | 10010 | 相加（RA←RA+下一个存储单元里的数） |
| 0111 | 00010 | 数（2） |
| 1000 | 10010 | 相加（RA←RA+下一个存储单元里的数） |
| 1001 | 00110 | 数（6） |
| 1010 | 未使用 | |
| ⋮ | ⋮ | |
| 1111 | 未使用 | |

图 11.21 保存了一些指令后的存储器布局

除此之外，操作码还隐含了一些别的意思。比如装载指令，往哪里装载呢？当然不是翻斗车。而且，装载谁呢？这个数字在哪里？所以，操作码 10001 还意味着，被装载的数位于下一个存储单元里，目标是寄存器 RA。

相应地，相加指令的操作码 10010 则隐含了更多的意思。首先，它指出，第一个相加的数字位于寄存器 RA；第二个相加的数字位于下一个存储单元；最后，相加的结果还要保存在寄存器 RA 里。

因此，一条完整的指令总是以操作码开始，后面跟着操作数。不得不说的是，有的指令可能不需要任何操作数，只有操作码就行了；而有的指令则很复杂，可能需要不止一个操作数。

在做出了这种安排之后，剩下的问题就是如何译出这些操作码，并用来代替那两个开关 $K_{装载}$ 和 $K_{相加}$。这好像不难，考虑到逻辑电路的输出不是 0 就是 1，等效于开关 $K_{装载}$ 和 $K_{相加}$ 的闭合与断开，那么，使用我们非常熟悉的译码器来模拟传统的开关，应该是很不错的。

接下来，我们该如何让机器取出这些指令，并执行它们呢？我不想再跟你绕弯子，搞循循善诱、逐步推导，然后得出结论那一套。这本书读到这里，该有的基础你都有了，所以我直接给出结果，如图 11.22 所示。

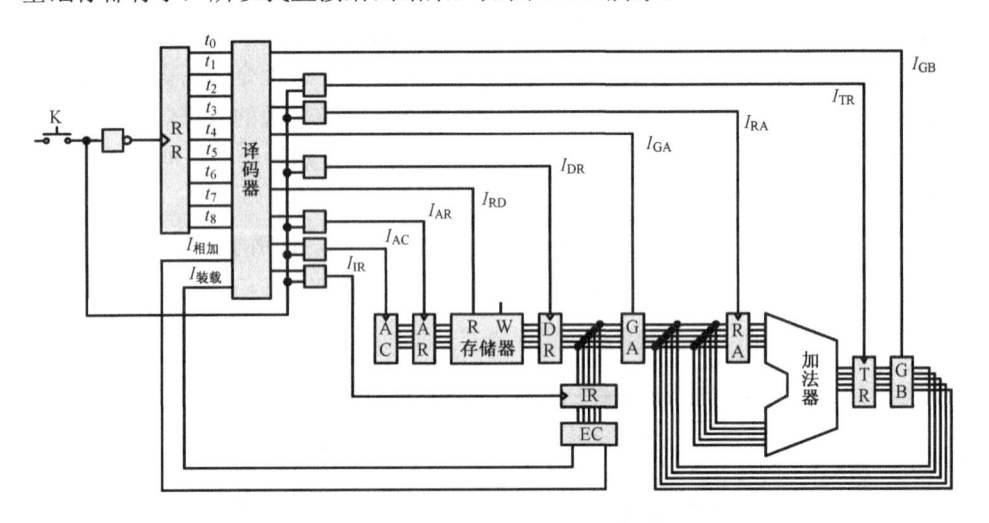

图 11.22　用一只开关就可完成将所有的数从存储器里依次取出并逐个相加的过程

假设这台机器刚刚通电启动。随着开关 K 的按动，在 $t_0 \sim t_2$ 阶段，第一个存储单元（地址 0000）里的操作码被取出，地址计数器 AC 自动加一。这个阶段，称为取指令阶段。

现在，第一条指令的操作码已经位于寄存器 DR 中了。在 $t_3$ 阶段，$I_{IR}$ 产生一个上升沿，使得寄存器 IR 将该操作码保存起来。IR 是一个普通的寄存器，但专门用来临时保存指令，所以称为指令寄存器。

IR 的输出直接通向译码电路 EC，EC 的任务是翻译当前指令，看它到底想做什么。当它的输入为 10001 时，$I_{装载}=1$，$I_{相加}=0$；相反，如果输入为 10010，则 $I_{装载}=0$，$I_{相加}=1$。而对于其余任何输入，$I_{装载}$ 和 $I_{相加}$ 都为 0。所以，$t_3$ 阶段称为指令译码阶段。

注意，$I_{装载}$ 和 $I_{相加}$ 对 $t_0 \sim t_3$ 阶段没有影响，不管它们俩输入的是什么，机器所执行的都是取指令和翻译指令。

因为第一条指令是装载指令，所以 $I_{装载}=1$ 而 $I_{相加}=0$，于是从 $t_4 \sim t_8$ 阶段，将依次执行下面的任务：从下一个存储单元里取数、地址计数器 AC 加一、把取出来的数装载到寄存器 RA 中。

至此，第一条指令执行完毕，循环移位寄存器 RR 已经经历了一次完整的循环移位。

在第二个 $t_0 \sim t_3$ 阶段，将取出第二条指令（相加指令）并进行译码，使得 $I_{装载}=0$，$I_{相加}=1$。于是，在第二个 $t_4 \sim t_8$ 阶段，将再次取数，并与 RA 中的数相加（结果依然返回 RA 中）。

基本上，这台机器的工作过程就是这样。你可以继续按动开关 K，直到所有的指令都执行完毕。

## 11.5 全自动计算

在上面的例子里，我们有 5 个数要相加：

$$10 + 5 + 7 + 2 + 6$$

为此，需要编制 5 条指令。为了执行每条指令，你都得按动 9 次开关 K，所以你唯一的工作就是坐下来，不停地按动那个开关。很容易计算，你总共需要不停地反复按 5×9=45 次。要是数字更多，那就只能恭喜你受累了。

当然，能够达到这一步，已经很先进、很了不起了。但是我敢保证，要是你在单位里也造一台这样的机器，要不了几天，这负责按开关的小子就会请你吃饭，打听这种枯燥的活儿能不能也交给机器来干。这不奇怪，人类喜欢偷懒，总想省事儿省力气。再说，人类有很强的机动性，但不如机器精确，这啪啪地按开关，保不准多按一次少按一次，题就算错了。

也许你不曾想到，按动开关只是用来发出一个由低到高、再到低的脉冲。如果连续按动，就相当于一个人肉振荡器。那么，为什么不到电子工程师那里拿一个振荡器来用呢？

我们没理由不这样做，但是这同时也带来了一个问题。当我们用手工来产生类似于振荡器的脉冲时，一切都是可以控制的，主要是脉冲次数。如果使用振荡器，你将不知道机器在工作的时候已经经历了多少个脉冲。当所有的数都已经加完之后，振荡器必须恰到好处地停下来，但遗憾的是这些无机物不像你一样有脑子。在这种糟糕的情况下，这台机器将持续计算，直到地址计数器 AC 计数到最大，然后又接着从 0000 开始重新计数。当你意识到应当撤除振荡器的时候，除了一个错误的结果之外，你什么也得不到。

为了获得使用振荡器带来的好处而又能使它处于可控的状态，需要做几个方面的改进工作。

首先，必须为这台机器增加一个新的指令，即停机指令，比如 11111，并把它放到其他所有指令的后面。不像我们已知的其他指令，它只有操作码而没有操作数，实际上也不需要。

其次，重新设计译码电路 EC，使它除了可以译出 $I_{装载}$ 和 $I_{相加}$ 之外，还能译出"停机"，即 $I_{停机}$。

最后，也是最重要的部分，重新设计这台机器的控制器，如图 11.23 所示。

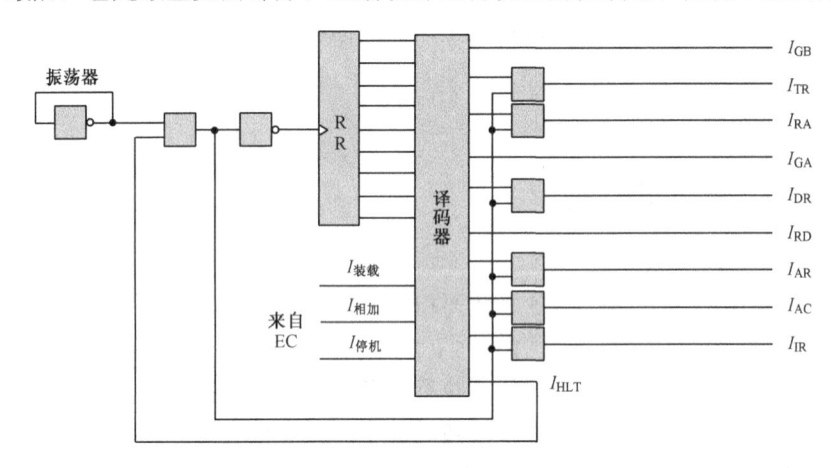

图 11.23　重新设计的控制器

显然，我们重新设计了指令译码电路 EC，使它可以译出 $I_{停机}$。平时，$I_{HLT} = 1$，振荡器的脉冲可以顺利通过与门。一旦执行了停机指令，则 $I_{停机} = 1$，这直接导致 $I_{HLT} = 0$，于是不再有振荡器脉冲到达控制器，控制器停止工作，整个机器也就休息了。这是一个富有喜剧色彩的动作，控制器给自己施了定身法，让自己僵在那里动弹不得。

计算机要想可靠地工作，指令的正确性至关重要。在存储器里，指令和普通的二进制数没有区别，但它们却有着独特的含义和用途。指令的数量是有限的，所以并非任意一个二进制比特串都代表一条指令。比如，1000100100可能是某台计算机的一条指令，但1000011110则可能不是。如果计算机执行了并非指令的"指令"，指令译码器将不能输出正确的信号给控制器，整个计算机也就瘫痪了。

所有指令在存储器中的布置都是精心的，绝对不能错乱。当一条指令执行完后，紧接着，控制器取出的应当是另一条指令。不过，由于各种不同的原因，存储器中本应该是一条指令的地方恰恰是一个普通的二进制数，而非一条指令。计算机执行的非计算机指令称为非法指令。在早期，执行一条非法指令会引起我们通常所说的"死机"现象，因为控制器不知道该如何发出一系列控制信号来协调各个部件的动作，而现代的计算机则会自动从这种不正常的状态中恢复过来。

# 第12章

# 现代的通用计算机

在本书的开头,我们的目标是制造一台计算机。但是,到目前为止,我们只发明了一台全自动运行的加法机。

自动加法机也是计算机,不用怀疑,我这么说一点都没错。尽管它不能用来听音乐、看电影、玩游戏和上网购物,但是你看,它有存储器,有运算器(不好意思,只能做加法),还有一个奇妙的控制器,甚至包括一个用来驱动控制器的心脏,那就是振荡器——所有这一切,正如你已经听别人说过的那样,都是组成一台现代的计算机所必不可少的。

把指令放到存储器里,然后加以执行,这是冯·诺依曼先生的主意,为此很多人称他为计算机之父。但是,诺依曼先生很谦虚,他告诉大家说,计算机的基本概念属于图灵。

阿兰·图灵(1912—1954)是英国的数学家和逻辑学家,他是天才,也是怪物,从生活中的某些方面来看,他常常显得一无是处。1936年,也就是他24岁那年,他在一篇论文中提出了"图灵机"的概念。

千万不要误会,我的意思并不是说图灵先生写了一篇论文,告诉世人应当如何来造一台叫做"图灵机"的计算机。不是这样的。尽管图灵和诺依曼生活在同一个时代,但前者的精力更多地花在数学和逻辑上。事实上,那篇论文说的是另一件事情,讨论的主题是逻辑的完备性,即所有数学问题是否在原则上都是可解的。作为论证过程的一部分,他提出了图灵机的概念。谁也没有想到,这个小小的构想会引起世人的关注,闪耀出那么夺目的光芒。

要想把图灵机是怎么回事说清楚不是件容易的事儿,得先从9世纪说起,讲一讲波斯数学家阿勒·霍瓦里松和他的《代数对话录》,告诉大家什么是算法;然后,作为一个实例,我们再回到古希腊,看看如何用欧几里得算法,通过固定的步骤来得到两个数的最大公约数;最后,我们回到近代的1900年。在那一年举行的世界数学家大会上,德国数学家戴维·希尔伯特提出了一个有关逻辑完备

第 12 章
现代的通用计算机

性的问题,即是否所有的数学问题在原则上都是可解的。于是图灵先生写了上面那篇论文,并用一个图灵机的模型作为注解,回答了那个问题,即有些数学问题是不可解的。

说实在的,我很想把图灵机讲清楚,可这肯定又是长篇大论。尤其是考虑到我这个人比较愚钝,数学成绩不好,从小只知道上树掏鸟、下河摸鱼,八岁了还从一数不到一百,所以只好作罢。

图灵毫无疑问是一位杰出的理论家,但是在生活中,在面临实际问题的时候,却显得非常不切实际、愚钝甚至可笑,这在他小时候就已经表露无遗。他在办公室里把啤酒罐拴在散热器上防止同事们饮用,而他们很自然地把这当成一种挑战,撬开锁,然后恣意饮用。有时候为了赶赴一个约会,他常常步行好几十公里而不用任何交通工具,尽管每次都累得不行,但却从不迟到。1939 年,当第二次世界大战爆发的时候,他将自己的全部积蓄换成两个大银块埋在乡下以保证安全,但战争结束之后却忘了埋在哪里。

图灵机从来没有成为一台真正的机器,它是想象出来的,但却给同时代的人以启发。在我们生活的这个星球上,每天都有无数的计算机在亮着,每天都有无数的计算机被生产出来,这一台台的机器,大部分都采用了冯·诺依曼的设计,所以称为冯·诺依曼体系结构。不可否认的是,冯·诺依曼的设计实际上可以看成图灵机的一个简单实现。

图灵的思想为现代计算机的设计指明了方向。现在,我们唯一要做的就是按照这种思路来继续完善我们的自动加法机,来看看现代计算机大体上是怎么工作的,以及它如此有用的原因。

## 12.1　更多的计算机指令

在第 11 章里,我们已经发明了一台能够自动运行的加法机。最重要的是,它是依靠执行指令来工作的,这就使它成了一台真正的计算机,因为现代的计算机就是按照这种方式工作的。当然,就像一个只有五六岁的孩子,它现在还很简单。

指令的执行是一个有趣、巧妙的过程。正如我们已经看到的,在计算机的内部有着各种各样的小东西——计数器、译码器、加法器、传输门、寄存器等,要使计算机能够按预先安排的指令工作,必须巧妙地安排连线,并预先设计好各种指令所需要的操作序列。然后,在振荡器那有节律的跳动下,所有相关器件都应该在恰当的时机"动"一下。就这样,数据从一个地方出来,经过不同的器件,最后变成另一种形式,回到另一个目的地。

从先贤们发明了计算机开始，围绕它工作着两类人，一类人关心的是如何制造计算机的实体，也就是实实在在能看得见的东西，这称为硬件；另一类人不太在意计算机内部是怎么工作的，他们只想知道硬件能执行哪些指令，并把这些指令编排到一起来做某件事，这个过程称为编程，编排好的指令称为程序。这是很贴切的，在现代汉语里，"程序"的意思是事情进行的先后次序，编排指令也是一样，先用哪条指令，先计算什么，是分步骤按顺序来的。相应地，负责编排程序的家伙们称为"程序员"。

在第 11 章里，我们讲了全自动加法计算机。从程序员的角度来看，这台机器的内部构造是次要的。在他们眼里，这台机器只有三样东西有价值。第一样，是存储器，因为他们需要在这里编程；第二样，是加法器，因为它是数学计算实际进行的地方，是扑克牌里的皇后。

最后一样对程序员来说尤其重要，它就是寄存器 RA。原因很简单，他们可以不知道指令是怎么执行的，但绝对要知道机器把执行的结果放到哪里了。

如图 12.1 所示，这是程序员眼中的计算机。很显然，尽管在计算机的内部还有很多寄存器，但它们都是隐姓埋名的临时寄存器，只有 RA 是头面人物。造成这种差别的，是身份问题：谁有资格出现在计算机指令中。

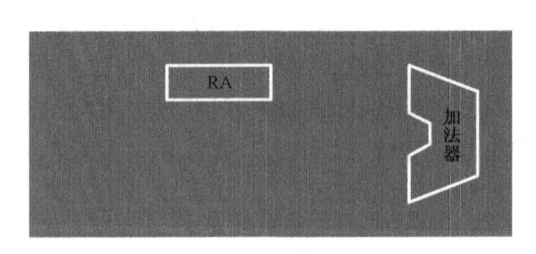

图 12.1　我们已知的两条指令只和寄存器 RA 打交道。
对程序员来说，计算机的其他内部细节并不重要

比如，我们已经拥有了两条和数学计算有关的指令，即装载和相加，它们都需要寄存器 RA。对于装载指令来说，它只是需要 RA 中有一个我们想要的数字；而对于相加指令来说，RA 既是两个相加的数字之一，又是加法结果的归宿，否则，真是不敢想象，因为你不知道计算机把结果放在什么地方，所以也没办法找到它。

作为一个例子，我们把装载指令的操作码定为 10001，它指示了三层意思。第一，这是个装载数字的指令；第二，目的地是寄存器 RA；第三，该指令还包括一个操作数，它位于操作码后面的下一个存储单元里。

所以，你不要小看了这个"二进制数"，它不但让你知道要做什么，结果到哪里找，还包含了足够的信息让计算机开始干活儿。如图 12.2 所示，第一条指令的

# 第 12 章 现代的通用计算机

操作码为 10001，操作数是 00110，表示要把数字 00110 装载到寄存器 RA 中。

一旦执行这条指令，寄存器 RA 里的数字就是 00110，也就是十进制的 6。换句话说，当该指令执行的时候，装载到寄存器 RA 中的数字直接来自于指令本身，是该指令的组成部分，可以从指令中立即得到，所以称为立即数。

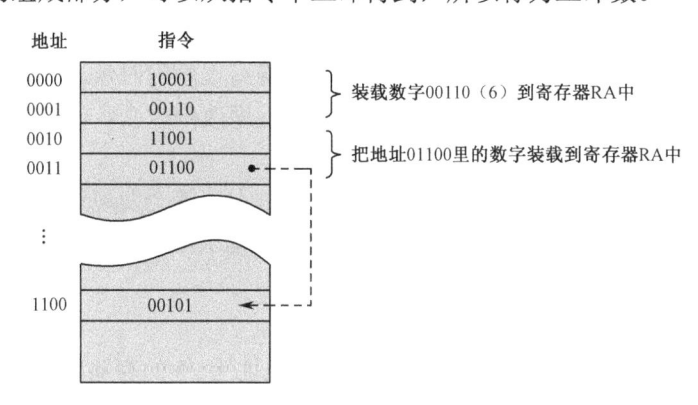

```
地址      指令
0000     10001  ┐
0001     00110  ┘ 装载数字00110（6）到寄存器RA中
0010     11001  ┐
0011     01100 •┘ 把地址01100里的数字装载到寄存器RA中
  ⋮
1100     00101 ←
```

图 12.2　两种不同的装载指令，它们的工作方式大相径庭

在本书之外的所有其他书里，装载指令被称为传送指令，实际上它们是一回事。但是，不管是装载，还是传送，都未能充分表达指令本身的功能，因为东西一旦传送出去，就少了一件，而指令所做的却是在目的地复制一份。我知道没有人喜欢和二进制打交道，为了方便地书写指令，装载——不，传送指令——需要一个简单易行的表示方法，我觉得这种方法不错：

MOV RA, 16

"MOV"是英语单词"MOVE"的缩写，本身就有"传送"的意思。这条指令表示把立即数 16 传送到寄存器 RA 中。既然这种写法是给我们人类看的，就没必要采用二进制数，十进制更直观。

人类的思维真是奇怪，一旦说到"立即数"，我们就会想到"非立即数""间接数"或者"拐弯抹角数"。没错，确实有这样的情况，指令要操作的数字并非来自于指令本身，但是指令却告诉我们到哪里能找到这个数字。

如图 12.2 所示，同样是装载数字的指令，但它却具有另一个不同的操作码 11001，这是因为它需要向控制器表达另外三层意思。第一，这是个装载指令；第二，目的地是寄存器 RA；第三，跟在操作码后面的不是一个立即数，而是另一个存储单元的地址！

因为这条指令的操作数是 01100，所以它指向存储器的另一个地址 1100（十进制的 12），而这个地址里存放的是数字 00101，也就是十进制的 5，所以当这条指令执行完毕的时候，寄存器 RA 中的数字是 5。与第 11 章里那台简单的自动加法机不同，我们需要添加额外的硬件来把该指令的操作数作为地址赋给地址寄存器 AR，并再次访问存储器以取得实际的数字。

尽管同样是装载指令，为了表明它的操作数是一个地址，需要另外一种标志，比如一对括号：

```
MOV RA, (12)
```

通常情况下，计算机存储器的容量都足够大，不但可以存放程序指令，还可以留出一部分来存放数据。因此，如果我们在编写程序的时候，不在指令中使用立即数，而代之以间接的地址，就不用老是把程序改来改去，或者重新编排，只需要把那个地址里的数字换成别的就可以了。

存储器有足够的空间，一旦我们决定要开垦它，就会发现这里需要更多的指令（以及更复杂的硬件设计）。比如，可以将寄存器 RA 中的数字传送到某个存储单元里。当然，你需要在指令中指定一个地址：

```
MOV (25), RA
```

执行这条指令，将把 RA 中的数字传送到地址为 25 的存储单元里。甚至可以直接把一个立即数传送到指定的存储单元里：

```
MOV (30), 20
```

尽管表面上看不出来，但这条指令是我们所见过的最复杂的，因为在操作码后面跟了两个操作数，一个是存储单元地址，另一个是立即数。

最后，关于传送指令我们要说的是，有些计算机不允许在两个存储单元之间传送数据。所以，在那种计算机上，像这样的指令是不存在的：

```
MOV (23), (18)
```

理由很简单，在两个存储单元之间传送数据可以用寄存器中转（即使你不这样做，计算机在内部也会用临时寄存器来中转），这样可以节省硬件成本并减小设计难度。

说完了传送指令，再来说说相加指令。我们实际上已经拥有一条这样的指令，在那里，寄存器 RA 中的数字和指令中的立即数（比如 25）相加，结果返回 RA 中。这条指令可以表示成：

```
ADD RA, 25
```

在英语里，"ADD"的意思是把一个数和另一个数相加。在指令中直接指定立即数不是个好主意，因为一旦数字变了，就要重写指令。为了获得一些灵活性，有必要将相加操作和存储单元建立关联。比如，可以用某个存储单元里的数字同寄存器 RA 中的数字相加：

```
ADD RA, (12)
```

指令执行完毕，寄存器 RA 中将获得相加的结果。不过，要是你想把结果放到存储单元里，则可以换一条指令：

```
ADD (12), RA
```

第 12 章 现代的通用计算机

像寄存器一样，存储单元也可以直接和指令中的立即数相加。当然，这又需要一条指令：

ADD (22), 9

在某些类型的计算机上，同样不允许两个存储单元之间直接做加法。

和存储器有关的指令使我们得以充分利用它的空间，我认为对它最好的感谢就是写更多更好的程序。比如，为了将任意两个数相加而不用重写程序，我们会编写如图 12.3 那样的指令。

| 地址 | 指令 |
|---|---|
| 00000 | MOV RA,(17) |
|  | ADD RA,(18) |
|  | MOV(19),RA |
| ⋮ |  |
| 10001 | ? |
| 10010 | ? |
| 10011 | ? |

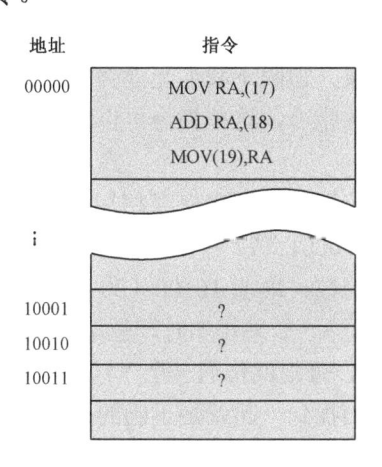

图 12.3　通过在指令中使用地址，即使参与计算的数字变了，也不用重新编写程序

稍微费点心思，这几条指令的意思是不难理解的，尤其是当你知道二进制数 10001、10010、10011 分别等于十进制数 17、18、19 的时候。很明显，程序写好之后就不用再动了，每当你有两个数字相加时，就把它们分别放在地址为 17 和 18 的存储单元里，然后让机器从头开始执行，完毕后就能在地址为 19 的存储单元里得到结果。

## 12.2　当计算机面临选择时

不知道你发现没有，我们在使用加法指令时，有一个潜藏的问题，或者说隐患。怎么回事呢？你看这条指令：

ADD (22), RA

一般地，存储器的每个存储单元和寄存器具有相同的比特数——换句话说，数据宽度。考虑到我们一直把存储器和寄存器设计成能读/写 5 个比特的，所以现在仍延续这种做法。

5个比特意味着，每个存储单元，以及寄存器RA，所能表示的二进制数最大为11111，也就是十进制的31。

看上面那条指令，假如地址为22的存储单元里保存的是11001（十进制的25），寄存器RA中保存的是10110（十进制的22），那么执行这条指令后，结果就应该是6个比特的101111（十进制的47）。遗憾的是，为了同存储器和寄存器取得一致，加法器的输出线也是5根。在这种情况下，加法器输出的是01111，并在内部产生一个进位。所以，当那条指令执行完毕后，地址为22的存储单元里实际上得到的是01111。

这当然是不正确的结果，但眼下我们无能为力，唯一的办法就是重新设计这台计算机，并添加一些新的指令，这些指令可以判断是否产生了进位，然后分别做不同的处理。

比如，我们可以用两个存储单元来保存相加的结果，反正存储器大得很。如图12.4所示，存储器地址10001（17号存储单元）和10010（18号存储单元）里保存的分别是两个要相加的数；地址10100（20号存储单元）用于保存相加的结果（右5位，也称为低5位）。如果相加时产生了进位，则将数字"0"传送到地址10011（19号存储单元），否则就传送一个"1"。这样，当需要显示或者打印的时候，将这两个存储单元归拢到一起就是正确的计算结果。

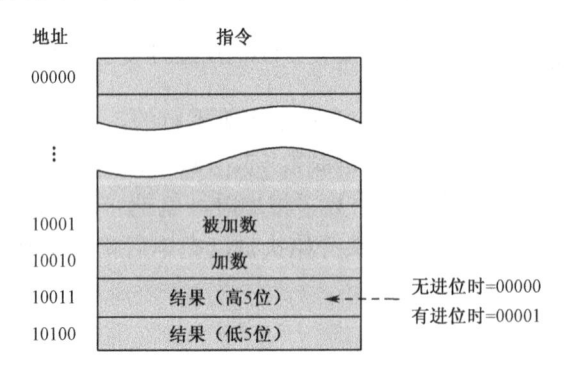

| 地址 | 指令 |
|---|---|
| 00000 | |
| ⋮ | |
| 10001 | 被加数 |
| 10010 | 加数 |
| 10011 | 结果（高5位） ← 无进位时=00000 / 有进位时=00001 |
| 10100 | 结果（低5位） |

图12.4　两个5位的二进制数相加，结果可能会是6位，所以必须分配2个存储单元

问题是，进位是不可预知的，有些数相加会有，而另一些则没有，你该如何在计算机运行的时候插上一手，或者用放大镜观察到呢？

不需要这样，阿兰·图灵和冯·诺依曼早就已经给出了答案。

在图灵和诺依曼关于运算机器的思想里，有很重要的一点被我们忽略了，那就是每条指令的执行不仅取决于这条指令的目的和功能，还取决于上一条指令执行的结果。比如说，一个聪明的猎人每天可能会"执行"两条"指令"：

听天气预报；

# 第 12 章
# 现代的通用计算机

**打猎去**

取决于听天气预报的结果，如果听来的结果是下雨，那么打猎指令的执行结果就和平日不一样，因为谁也不愿意在雨天出门。

同样的道理，将 17、18 号存储单元里的数字相加需要以下指令：

```
MOV RA, (17)
MOV (20), RA
MOV RA, (18)
ADD (20), RA
```

很好，计算结果的低 5 位已经位于第 20 号存储单元。现在所要做的，就是根据上面最后一条指令：

```
ADD (20), RA
```

判断是否产生了进位来进行不同的处理。如果没有产生进位，就把 19 号存储单元写 "0"：

```
MOV (19), 0
```

否则就写 "1"：

```
MOV (19), 1
```

我们知道，指令在存储器里的存放是一条接着一条、按顺序来的，而执行的时候也是这样。这就意味着，要解决目前的两难问题，需要一条指令，能根据是否产生了进位来跳转到不同的存储器位置接着执行。

现在麻烦你回到第 6 章，看看图 6.4，两个 3 比特的数相加，结果由 4 根线引出。其中 $s_3$ 是最后一个全加器的进位输出。同样的道理，在我们的加法器里，两个 5 比特的数相加，应该产生 6 比特的输出，但是，第 6 个比特，也就是最后的那个进位，被扔掉了，或者悬空了，没有使用。

这当然是不行的。如图 12.5 所示，我们把加法器的进位线拉出来，接到一个 D 触发器上。这样，每次计算结果出来的时候，如果没有进位，则 Q = 0；否则 Q = 1。

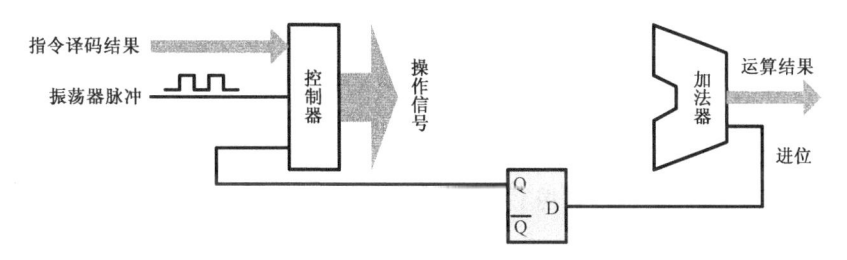

图 12.5 上一条指令的执行状态被送到控制器，将改变后续指令的操作信号

加法器的计算结果有可能会很快消失,但触发器上的进位却能一直保持,直到下一条指令的结果把它挤掉。

从图中可以看出,触发器的 Q 通往整台计算机的控制器。对于控制器来说,这个输入称为进位标志,它和指令译码结果一起,可能改变很多指令的执行过程,如果它们"愿意"被它影响的话。

那么,很好,这正是我们所希望的,因为我们需要根据是否产生进位来跳到其他指令那里去执行。比如:

JC 51

"JC"是"Jump if Carry"的缩写,意思是如果进位则跳转。所以,一旦前面的指令产生了进位,这条指令将使计算机跳到存储器地址为 51 的地方接着往下执行。但是,如果进位实际上没有产生,那这条指令执行后什么也不会发生。

如图 12.6 所示,一旦指令

ADD (20), RA

没有产生进位,那么接下来的指令

JC 12

将什么也不做,计算机接着执行

MOV (19), 0

| 地址 | 指令 |
|---|---|
| 00000 | MOV RA,(17) |
| | MOV(20),RA |
| | MOV RA,(18) |
| | ADD (20),RA |
| | JC 12 |
| | MOV (19),0 |
| ⋮ | |
| 01100 | MOV (19),1 |
| ⋮ | |
| 10001 | 被加数 |
| 10010 | 加数 |
| 10011 | 结果(高5位) |
| 10100 | 结果(低5位) |

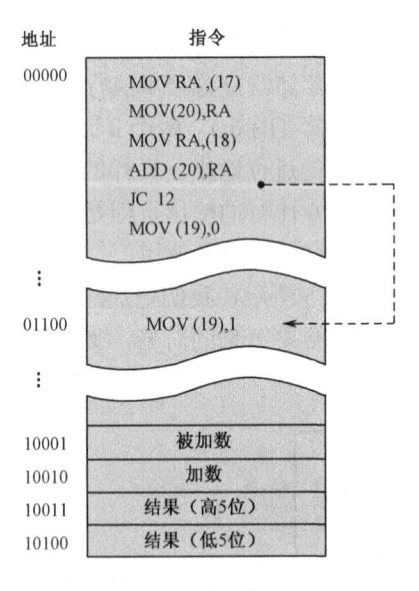

图 12.6  跳转指令示意图

但是,如果有进位产生,那么跳转行为将实际发生,计算机跳转到存储地址 12(即 01100)那里执行,执行的指令是:

```
                    MOV (19), 1
```
看得出，为了解决进位问题，我们兜的圈子可不小。实际上，两个数相加没有这么麻烦，很多计算机都设计了一条带进位加法指令，比如：
```
                    ADC RA, 30
```
这条指令的执行取决于前一条指令。如果前一条指令没有产生实际的进位，那么这个进位就是"0"；如果前一条指令产生了进位，那么这个进位就是"1"。不管怎样，ADC 指令执行时，除了要将 RA 的内容和 30 相加，还要再加上进位（"0"或者"1"）。

所以，前面的进位难题可以很简单地这样来解决：
```
                    MOV (19), 0
                    MOV RA, (17)
                    ADD RA, (18)
                    ADC (19), 0
                    MOV (20), RA
```

## 12.3 现代计算机的大体特征

一般来说，存储器、寄存器和加法器具有相同的数据宽度——用大白话来说，它们的数据引线具有相同的条数。比如说，如果数据线有 8 根，则存储器的每个存储单元包含 8 个比特，寄存器 RA 需要用 8 个上升沿 D 触发器来制造，而加法器呢，则必定是由 8 个全加器组合而成，如图 12.7 所示。换言之，招亲朋，开宴会，有多少个人，就得准备多少双筷子，这个称为计算机的字长。

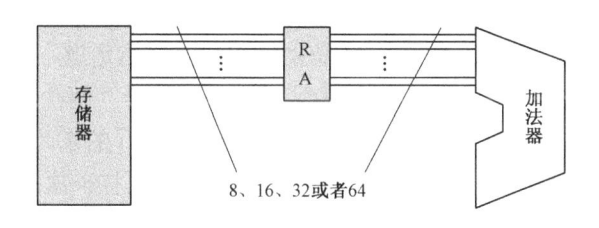

图 12.7 字长

字长表示一台计算机在一次操作中可以处理的二进制比特数。换句话说，就是每个寄存器可以保存的二进制数是几个比特，或者加法器每次计算的二进制数是几个比特。原则上，对计算机的字长没有任何规定和限制，4 比特、6 比特、20 比特等，都是可以的。

其实世上本没有路，有一个人走过，后面跟着走的人多了，也就成了路。20世纪50年代的时候，有一个计算机公司决定把它的产品设计成8位的字长。这是有原因的，一个二进制数，它可能不单是一个真正的二进制数字，也可能用于代表其他事物，比如26个英文字母、阿拉伯数字、大量的标点符号，以及用于向打印机这样的外部设备发送控制命令（如果不是这样的话，你就不能用计算机写报告并把它打印出来，你所写的每一个字，包括标点符号，在计算机内部都和二进制数字一模一样）。经过仔细考虑，最终，他们认为使用8位的二进制数就足以包括这一切——不太多，但又刚好够用。

传统上，8位的字长称为字节，但这并不是标准定义。"字节"的长度没有标准定义，只是在大多数计算机上它等于8个比特的长度。最开始的时候，他们把字节拼写成 bite，新鲜了没多久，可能是觉得它容易和已经流行很广的 bit 混淆，于是又改成了 byte，发音听起来像汉语的"拜特"。

传统上，说到"字节"的时候，大家习惯于用一个大写的字母"B"来表示，以区别于表示"位"的小写的"b"。所以习惯上：

```
1B = 8b
```

当然，要是心情不错，想换一下形式，下面的换算关系也是正确的：

```
1byte = 8bit
1 个字节 = 8 位
```

字长是计算机的一个重要技术指标，也许还是最重要的一个指标。要是它太小，就表明这台计算机每次只能计算很小的数。你想想，对于一个8位的计算机来说，它的加数和被加数都不能超过二进制的 11111111，也就是 255，这还没有考虑相加之后的结果可能超过 8 位，这将使寄存器放不下。

不过，这也并不意味着一台 8 位的计算机就不能计算像 1 050 + 7 000 这样的数学题，只是有些麻烦，需要分好几次进行计算（使用 ADD 和 ADC 指令）。

但是，如果我们用一台字长为 16 位的计算机来做这道题，则只需要一次就可以完成。重要的还不是计算过程，因为涉及访问存储器，两次访问存储器比只访问一次要花费成倍的时间。这就好比你每次只能扛 50 斤的东西，150 斤的东西就得分三次扛走；相反，要是你能扛 150 斤的东西，只要扛一次就够了。

江山代有人才出，各领风骚数百年。对于我们平时所用的个人计算机来说，几十年前 8 位是主流（4 位的时候也曾经有过），后来是 16 位。在读这本书的时候，你的计算机可能是当前比较流行的 32 位，也可能是 64 位的，128 位的也已经在路上。

字长是一个复杂的问题，不是一次可以计算多大的数字那么简单。想想看，在 8 位计算机的时代，一条装载指令将从存储器里取得一个 8 比特的操作数；而

## 第 12 章
## 现代的通用计算机

在 32 位计算机上,你必须让这条指令仍以 8 位的模式工作[①],同时,专门为新计算机而设计的指令则需要按 32 位的方式操作,以获得升级换代的好处。在这种情况下,你该怎样设计存储器和寄存器,并如何连线,以使它们井井有条、和谐共存呢?

遗憾的是,要解决这些问题,本书无能为力。不过,这么说的意思不是说无法解决,相反,解决得很好,无非是修修补补,你平时所用的计算机就是这么修补来的。就像我们很希望城市里全是高楼,所有的街道都整齐划一,但实际上通常都是房屋参差不齐,街道弯弯曲曲,错综复杂。但是,整个城市还是运转得很好,不是吗!

除了字长上的区别,一台计算机只能计算加法也是个问题。所以,我们应当让计算机能够做诸如减法、乘法等这些运算。因此,在造出了加法器之后,再接着制造减法器、乘法器和除法器等,这对于已经掌握了数字逻辑学知识的人来说,也并非难事,但已经不是本书所要关心的事情。

你也许期望着我们把平方、开平方根等这些功能都纳入进来,但是要我说,这没必要,因为数学的基本任务是将复杂的、高等的运算转化成基本的加、减、乘、除四则运算。比如,5 的平方实际上可以转化成两个 5 的连乘:

$$5^2 = 5 \times 5$$

所以这台机器只要具备这四种基本运算功能就足够了。通常,这几种运算功能的电路结合在一起,称为运算器。

除了算术计算功能的增强,现代计算机也会增加寄存器的数量,以方便在指令中使用。比如说,可以在 RA 的基础上,继续增加寄存器 RB、RC 和 RD,如图 12.8 所示。

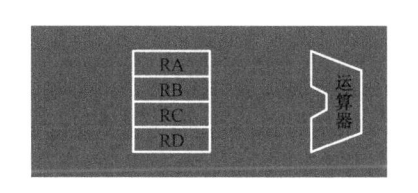

图 12.8 现代计算机的内部会有不止一个寄存器

韩信点兵,多多益善,你可能觉得 4 个还是太少。寄存器多了虽好,但这是以增加计算机内部电路的复杂度为代价的,你需要更多的连线、更多的传输门和更复杂的控制器,制造成本也会迅速增加。所以,现代的计算机都只有少量的寄存器可供程序员使用。

---

[①] 这称为向后的兼容性。兼容性是必须考虑的问题,为了保证既往的投资,那些老的程序必须继续发挥应有的作用,重新编写这些东西需要继续花钱。

为了用好这些资源，现在唯一要做的就是添加指令。首先，所有的寄存器，以及任何一个存储单元，都可以装载一个包含在指令中的立即数。

其次，任意两个寄存器之间，或者寄存器和存储单元之间，都可以互相装载数据。比如，可以有一条指令将寄存器 RC 中的内容装载（复制）到 RA 中；再比如，可以把寄存器 RB 中的内容装载（复制）到存储器中地址为 225 的存储单元里。

再次，所有的寄存器，以及任何一个存储单元，都可以和包含在指令中的立即数进行加、减、乘、除运算，结果依然返回该寄存器或者存储单元。比如我们前面已经熟悉的相加指令。

最后，寄存器之间，或者寄存器和存储单元之间，都可以互相进行各种数学运算。

除此之外，现代计算机还会根据一条指令的执行情况产生各种标志，比如我们已经熟悉的进位标志。其他的标志还包括计算结果为 0、结果中 1 的个数为奇数/偶数、计算之后产生了进位等。这些标志可以用于跳转指令，或者其他想要参考这些标志的指令。

可以想象，对于现今的任何一台计算机来说，都需要大量的指令支撑它们的运转，用于解决我们所可能碰到的方方面面的问题（但不可能是所有问题，比如吃饭）。对于任何一种类型的计算机来说，它的指令在种类和数量上都是有限的，但是不管有多少，它所能执行的所有指令，称为这种计算机的指令集。

## 12.4　为什么计算机如此有用

更多的指令和更强有力的控制器能让计算机做越来越多的事情。但是，无论它的功能有多少，我们依然没有摆脱一个尴尬处境，那就是，用机器算数学题更费劲儿，还没有手工做这些事情来得快。想想看，比如下面这道题：

$$(10 + 3 \times 6 - 5) \div 5$$

首先，就像我们一直喋喋不休地强调的那样，你不可能指望机器成了精，能够听懂你对它说："题都写在这张纸上了，好好给我算着，我要去钓鱼了。"

在这种情况下，你唯一所能做的，就是坐下来老老实实地编排指令。这个过程完全和你手工做这道题一样，要考虑先做乘除，再做加减，谁和谁相乘，然后再用结果和谁相加，等。毫不夸张地说，如果一道题连你自己都不会做，那么就不要指望机器会做。毕竟，你必须给出详细的计算步骤，像称职的保姆那样安排好一切，机器所做的，只不过是执行你设计好的步骤。

# 第12章
## 现代的通用计算机

说到这里，不知道你是否已经明白了我的意思。这是一道非常简单的四则混合运算题，直接用眼睛就能很快得出结果。要是用计算机来算，首先得编排程序指令，然后一个一个地写入存储器，拉下大闸，让机器开始执行，这即使不是一个漫长的过程，也够让人厌烦的。难道这就是我们发明计算机所带来的好处？

遗憾的是，对于这个问题的解答可能不会使你感到高兴。用计算机来算题，你得"侍候"到位，必须用你自己的解题过程来编排程序指令，并写入存储器，这个过程甚至比你自己用笔算题还要麻烦，这是事实，即使是在今天，就是你看这本书的时候也是这样。

不过，看到当今世界范围内的计算机产业如此红火，人们都以会使用计算机而感到兴奋的时候，你也许就不那么沮丧了。但你依然不太明白，为什么会发生这种神奇的事情呢？

首先，我们的一生是发现规律、按规律生活的一生，这就是我们存在的方式。每隔一段时间你就要洗澡，因为你知道不洗澡身上就会痒，这就是规律；科学家之所以能站在领奖台上，是因为他发现了规律。同样，如果有人说你业务很熟，只能说明你也已经发现了规律。最后，计算机之所以有用，仅仅是因为我们只让它干有规律的事情。这里有一个例子，比如计算两个数和的平方：

$$(5+9)^2$$
$$(3+5)^2$$
$$(7+6)^2$$

如果你像往常一样就事论事，重复地为这三道题各自编排指令，这当然是很麻烦的，更不要说以后还会遇到类似的题目。

事实上，但凡上过初中的人都知道，两个数和的平方对应着一个公式：

$$(a+b)^2 = a^2 + 2ab + b^2$$

即使我们的算术逻辑单元不能计算平方（这并不奇怪，有很多计算机不提供这种运算），也没有关系，因为上面的式子可以继续展开：

$$(a+b)^2 = a \times a + 2 \times a \times b + b \times b$$

为了取得灵活性，我们在存储器里专门开辟出几个存储单元，用于存放这两个数 $a$、$b$，以及计算结果。即使你不知道 $a$ 和 $b$ 是多少，也没有关系，因为我们的程序将从这些地址里取得实际的数字，然后进行计算。

一旦这些指令编排完毕，无论你想计算哪两个数的和的平方，所要做的仅仅是把那两个数字分别写入存储器的固定位置，然后命令机器开始计算，而不用重复编写程序。一次编写，重复使用，这就是你能获得的好处。当然，对于解释计算机为什么有用，这个例子显得太小，不够分量，不过我们的目的是说明问题即可。

我们都知道圆周率π=3.141 59……这是一个没完没了的数，据说它的小数部分已经借助于计算机算到了万亿位，也有很多人热衷于通过背诵它来彰显自己非凡的记忆力。但是因为它太长，而且这种比赛的组织者显然很不通情理，要求背诵的时候不能停顿，所以选手们非得要穿着尿不湿才行。

　　当然，背诵圆周率和穿不穿尿不湿，对于本书来说不太重要，重要的是这个无穷无尽的圆周率，可以用简单的加减乘除来进行推算。这个推算的过程，和前面那道题一样，也是几个简单步骤的无数次重复，用机器来做很快就能得出结果。要是人来算的话，不知道要算到猴年马月，也许几代人的时间加到一起也算不出来。

　　再比如说你用计算机听歌，尽管你每次播放的歌曲不同，但是在计算机的内部，播放器总是在按已经设定好的、相同的方式进行播放。在气象部门里，要推算最近几天的天气情况，需要借助于数学工具。也就是说，天气是"算"出来的，气象工作者称之为"数值预报"，即数值天气预报和数理统计预报。它们都是一些复杂的数学方程式，涉及大量的数据和算术运算。这个计算过程每次都一样，唯一不同的是每次参与运算的数据是不同的，这很好理解，因为每天的气压、温度、湿度、风力、风向和云层数据都是不一样的。以前靠手工计算，往往需要很长时间，好不容易算出来了，那天早已过去，天气预报也就成了"天气后报"。现在好了，借助于计算机，很快就能知道结果。

　　所以，认为我们现在的计算机都非常智能，而且非常聪明，那只是一种错觉，真实的情况是，所有的步骤都是已经事先安排好的，而要让它干的事情也都事先经过了安排，否则它不会知道如何应付。对此，一个简单的例子就是当你在计算机上写文章的时候，如果输入了一个错别字，想删掉它，可以按退格键。如果你按了其他键，则不会达到预期的删除效果，因为当初在编写能够让你写文章的指令时，就是这么安排的，你要么照规矩执行，要么给自己带来麻烦。

　　看起来我们所要做的是制造一台新的、能够以不变应万变的、计算各种复杂数学题的机器。当然，还得是自动地干这种事情。像这样的机器，因为它能应付各种各样的运算，所以被称为通用计算机。

# 第13章

# 集成电路时代

历史是纷繁复杂的，科学却要分门别类。但是，如果你看得仔细些，各门学科之间都是互相借鉴、互相学习的，就这样向前发展。

一开始，电学在磨磨蹭蹭地往前走，当然是越来越快。于是发明了电磁铁，也有了继电器。这个时候，电子计算机的先驱们也正处在彷徨之中，看到了继电器，觉得这东西挺好，都是合用的东西，可以拿过来用用。基本上，在20世纪30年代，他们都是在用继电器造那些最原始的计算机器。他们造的机器，有的非常庞大，用了数不清的继电器，工作起来啪啪啦啦，声势雄壮，煞是热闹。那阵势，那场面，据亲临现场的人说，"像挤满了一屋子纺织绒线的妇女。"

在没有多少东西可供选择的年代，电子管和晶体管是最理想的选择。但是它们也有自己的缺陷，指望用这两样东西来制造一台你面前的这种计算机，是不可能的。好在我们只是重温历史，现在，当你坐下来使用计算机的时候，你大概会愿意想到，究竟是发生了什么翻天覆地的变化，才使得我们现在的计算机变得如此紧凑而轻巧呢？它都经历了哪些艰难曲折的演变过程？

## 13.1 电子管和晶体管时代

电子计算机用上继电器是在20世纪30年代，那个时候，电视机都已经有了，但是电子计算机的研究刚刚获得突破。要是再早些，当弗莱明发明电子二极管、福雷斯特发明电子二极管的时候，这方面的进展就更别提了，连萌芽都谈不上，完全是一片沉寂。唯一的例外是发明了触发器，那是1918年。尽管这项技术在十几年后为计算机的发展带来了福音，但这并不是发明者的初衷。

时间过得很快，到了20世纪30年代，当电子三极管由于制造工艺的成熟和价格的降低，其应用如雪崩般开始的时候，香农也已经完成了把布尔的数字逻辑系统与继电器相结合的工作。正如我们现在已经知道的那样，当时已经出现了为数不少的继电器计算机。当然，这都是一个个的"小玩具"，要让它们真正变得实用，能解决复杂的问题，而且速度还要快，就必须使用电子管。

到了 20 世纪 40 年代，程序存储——也就是把程序放在存储器里，由计算机自动执行的思想已经开始为越来越多的人所接受。另一方面，人们也注意到，继电器的速度很慢，而电子管则比它快千万倍。使用电子管，不但可以产生频率很高的时钟脉冲供计算机内部顺序控制之用，而且用它制成的与、或、非逻辑电路也能以极快的速度工作。但是，制造这样一台可以存储程序并自动进行计算的机器需要的并不仅仅是胆识，还有钱。

一般来说，商人、政府和军方有的是钱，只是要劝说他们把钱拿出来造一台电子计算机，你得有充分的证据表明这样做会获得几倍甚至更多的回报，或者它能把来犯之敌吓跑或消灭。不过，既然有实力能掏出大笔钱来，这帮人都不傻。

1943 年，第二次世界大战正打得不可开交，美国军方需要为他们的新式火炮制作弹道表。为了赶时间，这一次他们倒是很痛快地斥巨资要科学家们帮助造一台计算机。毕竟，在大难临头的时候，你是选择金钱，还是死亡？

这台机器每秒钟能做 5 000 次加法，用了成千上万的电子管和继电器，耗时 3 年，当它好不容易完成的时候，战争已经结束了。

懂得电学的人都知道，继电器和电子管的个头都不是特别小，而且都不是省油的灯。所以，由于用了成千上万个这样的东西，这台机器不但在体积上大得惊人，耗电量也同样大得惊人。据说当时只能在晚上夜深人静的时候把它打开，要不然当地居民家里的电灯都会变得黯淡无光。

一台计算机应当包括一个存储器和一个运算器，指令和数据都放在存储器里，在控制器的指挥下一条指令一条指令地自动执行。这种安排正是从这个时候开始的，一直沿用到现在。由于第一个提出采用这种结构形式并积极把这种设想付诸实施的是数学家、计算机专家、美籍匈牙利人冯·诺依曼，所以又称为"冯·诺依曼体系结构"。当然，这不是唯一的计算机体系结构，我建议你在有闲情逸致的时候了解一下什么是哈佛体系结构。

这个世界既现实又势利，令人迷惑。当一名妇女在机场看到自己十几年前无比崇拜的电影明星时，依然激动得心里呯呯直跳，而对于像钱学森、袁隆平这样的科学家，她们却记不住。她们不知道——也许有些夸张——如果没有像袁隆平这样的人，我们可能会饿得没有力气和心思进电影院的大门。尽管我们无法想象这个国家的所有人都和袁隆平、华罗庚、钱学森一样杰出会是什么样子，但更无法想象要是都成不了这样的科学家又会怎样。科学家可以远离鲜花和掌声，忍受漫漫长途中的孤独和寂寞，但我们却不应该忘记他们。冯·诺依曼指引了现代计

# 第 13 章
## 集成电路时代

算机的发展方向,被誉为"计算机之父",但却一直站在后排而不为人知。在少数情况下,人们也会提到他,夸他两句;而在另一些时候,人们记住他,只是因为他曾经大嘴一张,傻乎乎地声称有 4 台计算机就足够全世界使用。

这也不能全怪他。在那个时代,计算机庞大、昂贵、操作复杂,需要一大堆专家才能侍候得了,毫无疑问,这也使得它很神圣。像这样一种东西,所有生活在那个时代的人都会很自然地觉得它应该被供起来,只有那些复杂的和重要的数学问题才配在这样的机器上算一下。这是一种在诞生的时候离普通人过于遥远的东西,人们只希望它应当越来越强大、越来越快,但是,普通人用不上的东西,造那么多有什么用呢?难怪同时代著名的科幻作家阿西莫夫也这样预言:"一台计算机最终会有几十亿个电子管,有一个国家那么大。"不过,阿西莫夫不应当为没看到这么巨大的计算机而感到遗憾,因为不单单是他,谁都没见过。

所幸的是,正如我们已经知道的那样,晶体管适时地被发明出来了。此时,电了计算机已经上了路,相关的理论也已经相当完备。现在,它只要有一个强大的推进器,就可以跑得像海牛一样迅速。这也是它第一次能够用最短的时间搭上其他物理学发明的便车。

世界上第一台晶体管计算机诞生于肖克利获得诺贝尔奖的那一年,即 1956年。领先一步的工程师们有幸参与其中,目睹了采用晶体管的电子计算机成功减肥,既不需要灯丝,也不需要高电压,工作稳定,还不像从前那样费电,连续工作时间大大延长,功能也进一步增强——这是明摆着的,只有新的技术才能缩小体积、降低成本。当耗电量大幅度减少,计算机的体积也不再是科学家的心理负担时,可以放心大胆地设计出更多新功能的电路。没有更好的技术,你可能还在用皂角树上的果实洗衣服,坐在池塘旁边用木棍使劲儿捶打,这就是进步。

说来也巧,同样是在 1956 年,在我们国家,周恩来总理亲自提议、主持、制定我国《十二年科学技术发展规划》,选定了"计算技术、半导体技术、无线电电子学、自动学和远距离操纵技术"作为"发展规划"的四项紧急措施,并制订了计算机科研、生产、教育发展计划。同年 8 月 25 日,我国第一个计算技术研究机构——中科院计算技术研究所筹备委员会成立,主任就是大数学家华罗庚,这里就是我国计算技术研究的摇篮。

前面所罗列的这几项技术对国民经济的重要性是不言而喻的,但是对于我们这样一个国家,百年来战乱不断,受尽外侮,现在说要搞计算机,谈何容易?不过,在苏联的援助下,1958 年 8 月 1 日,我国第一台小型电子管计算机还是诞生了,编号 103。该机字长 32 位、每秒运算 30 次,时任中国科学院党组书记的张劲夫曾风趣地说,这台计算机叫"有了"。

电子管的发明使制造一台真正的电子计算机成为可能,而晶体管则使它坐上了新式快艇。不过,这两样宝贝还是无法全副武装电子计算机,实际上还差得远呢。你可以用它们制造运算器和寄存器，一是没有办法，二是需要不了多少寄存器这样的东西。但是，没有人舍得用电子管和晶体管来制造存储器，至于用继电器来制造存储器，那更是历史上从来没有发生过的事情。

我们已经知道，1个字节（B）实际上包含了8个比特（b），要计量二进制数据，字节是最基本的单位。比字节更大的是千字节（KB）：

$$1KB = 1\ 024B$$

比千字节更大的是兆字节（MB）、吉字节（GB）和太字节（TB）。它们之间的换算关系是：

$$1MB=1\ 024KB$$
$$1GB=1\ 024MB$$
$$1TB=1\ 024GB$$

一般地，保存1个比特的成本相当于好几个电子管或者晶体管，而1个字节则需要几十个。算下来，1KB的存储器就需要好几万个。现在，你每天拿在手上舍不得放下的手机动辄就几个GB、十几个GB的存储容量，需要的电子管或者晶体管不可胜数，别说天天拿在手上四处招摇，就是装在车上你也拉不动。

## 13.2 集成电路时代

在翻过了肖克利这一页之后，晶体管没有停滞不前，而是以更快的速度改变着整个世界。我们已经说过，晶体管实际上可以做得很小，小到连肉眼都看不见。但是，如果没有其他物理化学工艺上的支持，这都是白扯。如果没那么大野心的话，因陋就简，来个简单的也不是不可能。

1958年，也许是受够了在一大堆晶体管里连接杂乱无章的导线，一个叫杰克·基尔比的美国人决心要做些什么来改变这一切。基尔比为人随和，不大爱说话，身高两米左右，在大家的眼里，他是一个务实的好人，一个"温和的巨人"——他以前的同事们就是这样说的。

差不多和所有刚到一个新单位上班的人一样——反正有人是这么说的——当所有员工都在外面放松身心的时候，他们打发基尔比留在办公室里欢度假期。基尔比的新工作是研究晶体管电路的小型化，希望能够有所建树符合这个35岁中年男人的愿望。这个时候，他突然觉得自己开了窍——他想，一个大的电路要使用很多零件，比如晶体管和电阻这些东西。如果换一个视角来观察这个电路的工作，你会发现电流不过是从一块掺杂的硅里出来，经过导线之后，又流入另一块掺杂的硅里，本质上就是这么简单。为什么不把连接线去掉，让电流直接从一个掺杂区域流到另一个掺杂区域呢？

# 第 13 章
## 集成电路时代

这有点儿像什么？就像几个人平时住得很分散，要到彼此家里串门儿还得走两步，坐上车，转几个弯儿，七拐八拐地才能到。现在好了，他们住在有好多间屋子的大房子里，彼此要到对方那里仅仅是从一个屋子走到另一个屋子那么简单。

就这样，基尔比发明了集成电路[①]。这世界上第一块集成电路，他做的是一个振荡器，里面包含的零件不到十个。2000年，也就是距离他发明第一块集成电路的42年之后，他获得了诺贝尔物理学奖。

1959年，有一个叫罗伯特·诺伊斯的人发明了一种新的工艺，可以在一块本征硅上制造大量晶体管。这个人以前是肖克利的弟子，早年和其他人一样，因为仰慕老肖而在他手下工作。后来这帮人因为无法继续忍受老肖的作风而集体叛逃，诺伊斯就是其中之一。肖克利从此以后非常憎恨这帮人，见了面连招呼都不愿打，这当然已经和本书无关了。诺伊斯的新工艺完全建立在一套工艺流程之上，具备在工厂流水线上批量生产的条件，这在当时是了不得的。

从诺伊斯发明这种工业化生产集成电路的方法开始，在随后的几十年里，这种技术改进了好多回，每改进一回，集成的晶体管数量都会千百倍地增加。刚开始的时候，在指甲大小的硅片上可以集成几十个，到了现在，这个数量可以达到几千万个，甚至更多。图 13.1 显示了两种常见的集成电路。

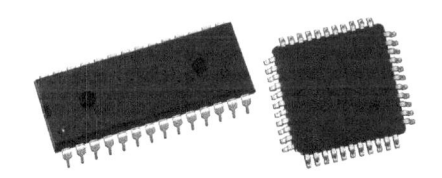

图 13.1　两种常见的集成电路外观

比起晶体管来，集成电路更小、更便于使用，而且耗电量更低，这是它具有光明前途的优良特征。它应当被迅速应用到电子计算机上，不是吗！

我们知道，磁芯曾经是制造存储器的主要材料。但是，集成电路的特点使得它很适合用来制造半导体存储器，于是一大批半导体存储器制造厂商诞生了，并很快终结了磁芯长达二十年的应用历史，独步天下，一直走到今天。以前，用晶体管做大容量的存储器还是梦想，甚至想都不敢想，现在却可以很轻松地把它们做在指甲大小的一块硅片上。和以前一样，晶体管是构建触发器的材料，然后大量的触发器又可以形成大容量的存储器。传统上，这就是静态存储器（Static Random Access Memory，SRAM）的制造方法。至于磁芯，除了博物馆和大公司里布满灰尘与蛛丝的仓库之外，已经看不到它们的踪影了。唯一的例外是英语单

---

[①] 也就是我们经常所说的 IC，它是英语 Integrated Circuit（集成电路）的缩写。一个具有某种功能的集成电路也叫芯片。

词"core",过去它指的是磁芯,直到今天它依然被用来指代存储器。现代的计算机经常会出现一些小小的故障,偶然的情况下,当你看到显示器上出现"Exception encountered: core dump"这样一段话时,除了意识到自己碰上了麻烦,或许还能感受到磁芯曾经给这个世界带来的深远影响。

触发器的工作速度很快,所以静态存储器一直是制造计算机存储器的首选。遗憾的是,在那个时候,采用触发器来构建大容量存储器需要集成太多的晶体管——基本上是5~6个晶体管才能保存1个比特,既不利于提高集成度,也无法降低成本。但是聪明的人们很快想到了其他方法,使得要存储1个比特,只用一只晶体管和一个电容就能办到。

最早的电容器是18世纪发明的莱顿瓶,通常人们也把它看成人类历史上第一个电池。在荷兰这个国家,有一个叫莱顿的城镇,城里有一所大学,叫莱顿大学,莱顿大学里有一个爱好实验的教授,叫马森布洛克(1692—1761年)。马森布洛克教授最大的发明是一个瓶子,它的内、外壁都贴着一层金属箔。那是电学发展的早期,当时人们已经懂得用塑料和毛皮摩擦来产生静电。马森布洛克无意中发现,通过摩擦产生的静电可以在这个特殊的瓶子里储存起来。

马森布洛克的发明连他自己都感到害怕。在无意中给莱顿瓶充上静电之后,没多久,当他晃悠到这个瓶子旁边时,又同样在无意中遭到了静电的重重一击。在回过神来之后,他依然说不清那是一种什么感受,像被人揍了,但又不完全是那种感觉。他只是想,这辈子再也不愿意有这样的经历了。

作为一个新的发明,人们将其称为莱顿瓶。其实,它就是两个分开的金属板。是的,最普通的电容器就是由两块金属板隔着一定距离组成的。另外,同样不用怀疑的是,随便两根电线摆在一起也是一个电容器;两个人站在一起还是一个电容器;当你站在厨房里用铁锅炒菜时,你和铁锅之间也形成了一个电容器。

所有的电容器都有一个特点,那就是把它接到电源上时,在电源的作用下,一个金属板上的电子会被拉到另一个金属板上,从而,当电源撤走之后,这两块金属板会保持着一块电子多余而另一块电子缺乏的状态,以至于在它们之间存在电压。如果仅仅从感官上判断,好像电容器可以储电,这就是电容器的由来。

听起来是一件可怕的事情,因为所有的金属都可以构成电容器,要是它们之间存在电压,那将是很危险的。当然,有时候的确很可怕,马森布洛克的发明就是一个例子。不过,印象中距离很近的导体随处可见,也没见它们有多厉害,这是为什么?

事实上,电容器容量的大小既和两个极板的面积与距离有关,也和它们中间都填充了些什么东西有关。如果极板面积不大,而且中间隔着空气,没有充过电,或者充电电压很低,那就感觉不到有什么危险。但要是你从老式电视机里拆一个大家伙,可以试试用手摸一下它的引脚,相信一定会给你留下深刻的印象。在这

# 第 13 章
## 集成电路时代

种电容器里，有着储电效果非常好的电解液。

充了电的电容器可以通过其他导电体放电，这相当于一个电池。确实，在有些计算机上，或者一些电子产品里（手机、电子表），通常用电容来短时间维持电路的工作。当你把手机电池取下来之后，日期和时间能维持一会儿。要是你过了很长时间才把电池安上，就只能重新设定当前的日期和时间了。

放电的速度取决于两个极板之间的电阻。可以利用电容器充放电的特点来保存 1 个二进制比特。充了电的电容器相当于保存了"1"，而没有充电的则是"0"。这样，用一只具有开关效能的新型晶体三极管和一只电容就可以存储一个比特。当外部的地址译码器选中这个单元时，三极管打开，电容器可以通过它向数据线放电，或者从数据线上接受充电，这分别相当于读取和写入。历史上第一个采用单只晶体管制造存储器的人是罗伯特·登纳德，他在 1968 年申请了专利。

电容器在充电之后，即使放在那里不用，也会通过隔在两极间的空气或者其他介质慢慢放电，这称为泄漏。尽管它有这个讨人嫌的毛病，但是，用人之道是发挥人才的长处，而不是成天盯着人家的短处。由于晶体管和电容器可以做得非常微小，这样就能得到密度和容量很大的集成电路存储器，而且成本低，价格便宜。不过，让我们感到惊奇的是，这样微小的电容器泄漏得更快——这是理所当然的——通常会在几个到几十个毫秒之内漏得一干二净。由于这个原因，这种存储器必须以极快的速度定时重写，这称为刷新。也正是因为这个原因，这种存储器也称为动态存储器（Dynamic Random Access Memory，DRAM）。

半导体存储器有一对孪生兄弟，除了 RAM，还有 ROM，它是 "Read Only Memory" 的缩写，意思是只能读的存储器。除了无法把数据写入每个存储单元以外，它和 RAM 一样，可以通过给出地址而读出任何一个存储单元的内容。

只读存储器最大的优势在于可以一直维持它所保存的内容，即使去掉电源之后也是这样。但是，如果既能在不需要电源的情况下不丢失数据，又能在需要的时候擦掉重写，可能更符合人的心意，所以只读存储器也一直在发展变化。最早的只读存储器是永久不能擦除重写的，它的内容在当初制造时就已经固化到里面了。很显然，如果用户买回来之后想自己往里面存储一些数据，就无能为力了。所以后来又发展出可编程只读存储器，用户可以根据自己的要求，对里面的内容重写一次。再往后，又发展出可擦除可编程只读存储器，可以根据自己的需要随时擦除重写，写完之后照样不会因为断电而丢失数据。这种只读存储器的一个典型产品是快闪存储器，手机里的存储卡，或者是你手中的 U 盘，用的都是这种材料。

只读存储器的用处很大，事实上，我们的计算机从来就没能离开过它。这里可以举一个非常有价值的例子，比如，可以用它来代替那些复杂的逻辑电路，以实现相同的功能。

我们知道，逻辑电路可以根据不同的输入产生不同的输出。比如全加器，当输入不同的三个比特时，就会在另一端输出一个"和"及一个进位，而译码器也是一个很好的例子。

传统上，所有的逻辑电路都是由与、或、非门构建的。取决于它的功能，逻辑电路可能很简单，只包含有限的几个与、或、非门，也可能很复杂，需要几十个、几百个，甚至更多。

想想看，对于一个特定的逻辑电路来说，每一组输入都会在它的另一端产生你所期望的、设计好的输出。如果把所有不同的输入看成存储器地址，同时把它们对应的输出固化在存储单元里，岂不是可以取代传统的逻辑电路？

这的确是个好主意，这样一来，一个全加器就可以设计成具有 8 个存储单元、每个单元 2 位的只读存储器，如图 13.2 所示。

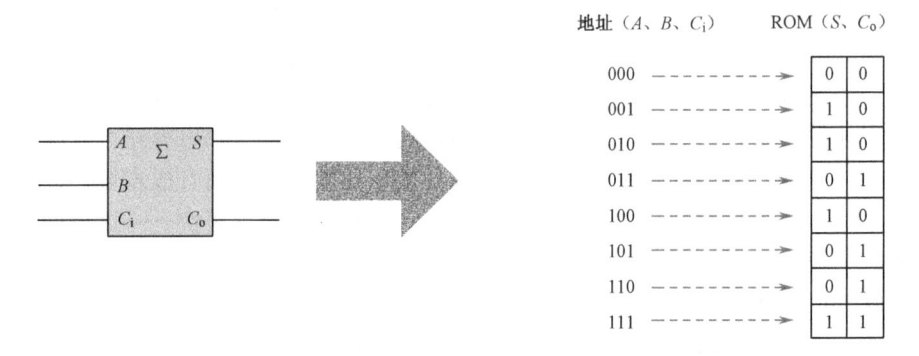

图 13.2　采用只读存储器来取代传统的逻辑门电路

用 ROM 来实现全加器的功能，这并不是一个十分复杂的例子。我们可以想象到，计算机内部的控制器是非常复杂的，因为它要应付一大堆指令，为它们产生不同的操作序列。最早，控制器全部采用逻辑门搭建而成，后来，在许多计算机上开始舍弃这种方法，转而采用 ROM，也就是我们在有些专业书上看到的"微代码 ROM"，它比我们这个全加器的例子要复杂成千上万倍。用只读存储器来代替传统的逻辑门电路，最大的好处就在于如果计算机的设计发生了变化，也能很方便地修改它的功能，而不会有拆掉所有零件然后重新组装的麻烦，如图 13.3 所示。

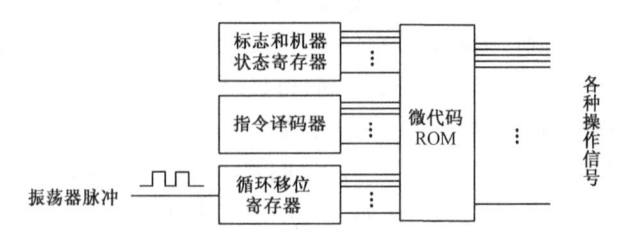

图 13.3　现代计算机的控制器结构

# 第 13 章
## 集成电路时代

传统上，硬件就是制造出来并定了型的逻辑门组合，软件就是驱动这些硬件的指令。显然，在集成电路时代，尤其是在可编程逻辑器件大行其道的现在，这两者之间的界限变得越来越模糊了。通过对 ROM 编程，可以根据需要改变它的输出，使它的功能发生变化，这就是可重构硬件。

一台计算机可以看成紧密团结、有效协作的大家庭，它的核心成员包括存储器、运算器、控制器，以及一些七零八碎的门电路和触发器。存储器已经被集成化，心急的人们乘胜前进，把运算器和控制器也集成到一个单独的芯片里，这样就形成了人们常说的微处理器，这个名称非常恰当地表明了它的体积和具备的功能。微处理器的硅片很小，可能比火柴头还小，但是却包含了成千上万、几千万甚至几亿个晶体管。当然，微处理器必须配合其他电路才能发挥作用，所以要给它加个壳，封起来，向外引出一些导线。

微处理器更多地被称为中央处理器（Central Process Unit，CPU）。但后者似乎已经被专门用来指计算机上的微处理器。要知道科学技术发展得很快，而且越来越快，连手机、电视机、MP3、微波炉、电冰箱和汽车都用上了微处理器。尽管从表面上根本看不出来，但本质上它们都是一个个的微型计算机，通上电之后它们都在不停地工作，执行预先存储的程序指令，使你能够保存电话号码、玩手机游戏，或者给冰箱内的带鱼保鲜。

微处理器或者中央处理器都需要存储器及其他辅助设备才能工作并发挥作用，理所当然地，它需要向外部提供一些地址引线和数据引线，另外还包括一些控制信号线。最起码，它需要有引线从外部获得电源能量让自己活跃起来。最后，微处理器没有自己的振荡器，所以它需要从外部引进时钟信号。说来说去，一个现代的微处理器，在封闭好之后会有大量的引出线供外部与之相连，图 13.4 就是一个非常直观的实例。注意那些密密麻麻的小圆点，它们都是引线（脚）。

图 13.4 这是一款以前的中央处理器，中间的黑色部分是
它的核心，周围分布的小圆点是它的引线（脚）

集成电路的发展速度很快，随着技术的进步，集成度也越来越高，工作速度越来越快，而价格则越来越便宜。就在写这本书之前，一个针尖上已经可以容纳 3 000 万个 45 纳米大小的晶体管；此外，现在的处理器上单个晶体管的价格仅仅是 1968 年的百万分之一。

除了集成度和工作速度之外，微处理器的另一个特点是它们都有各自的指令集。比如，对于甲公司生产的微处理器来说，它有一条指令：

1000100111011000

但是，对于乙公司生产的微处理器来说，这可能根本就不是一条指令，或者这条指令完全是另外一个意思，完成的是另外一种不同的工作。

这意味着，我们国家要生产自己的微处理器，指令集可能是一个需要慎重考虑的因素，除非它不打算运行现有的各种软件。

集成电路具有很多优点，但是就目前的现实情况来看还不可能完全替代采用独立零件的电路。一是有些东西，比如大的线圈和电容，还没有办法集成；二是集成电路因为其微小的缘故，不能承受大电流和高电压，这就限制了它只能出现在像电子表、手机和其他一些更适合随身携带的设备中，或者大型设备中功率较小的那一部分电路里。如果电流过大，集成电路就会烧毁，就像熔断器所起的作用那样，世上再也找不出像集成电路这样构造复杂、制作精良的熔断器了。

## 13.3　流水线和高速缓存技术

在对微处理器有了一个大致的了解之后，我们可能需要再次回过头来，审视一下它和存储器之间协同工作的情况。

微处理器的速度很快，而且随着时间的推移和技术的进步，它会越来越快。尽管振荡器（时钟）的频率不能完全代表处理器的速度和性能，但还是具有参考意义。几十年前，处理器还在几兆赫兹（MHz）的频率下工作，但是现在这个数值已经提高到几个吉赫兹（GHz），增加了1 000多倍。为了直观，我们通常更喜欢用每秒钟可以执行的指令数来衡量处理器的速度，这个数值在现实中的处理器上是几百万条指令每秒到几亿条指令每秒。

处理器当然有许多事情要做，但这些事情大都需要一系列步骤才能完成——从存储器取指令、译码、读/写操作数、移位、加减乘除，以及其他任何需要的操作。理想情况下，当前一个步骤完成时，后一个步骤应该紧随其后，中间不应该存在时间上的延迟。要是这样的话，我们手头上的绝大多数工作都应该能在瞬间完成，但是事实上却感觉不到这种情况的存在。处理器当然非常快，但它不是在孤立地工作，需要一大堆外围设备的配合，为它提供数据，遗憾的是这些东西都很慢。比如，每次你用U盘复制文件的时候，总能在屏幕上得到一个进度条，这不能怪处理器太慢，是你的U盘不够快。

U盘这种东西我们以后还会接着讨论，它显然不是我们现在的主要话题。我

## 第 13 章
## 集成电路时代

们知道，离处理器最近的是存储器，如果说处理器是加工厂的话，那么存储器就是原料和成品仓库。在后面的章节里，我们还会看到其他类型的存储器，但是在历史上，那些家伙都位于离处理器很远的机箱外面。为了加以区分，和中央处理器最近的存储器通常称为主存储器，或者内存储器，简称内存。

论访问速度，由触发器组成的内存（SRAM）是最快的，一般为几纳秒。与之相比，动态存储器（DRAM）就差些，访问速度可能是几十纳秒，很大一部分原因在于它需要频繁地刷新，在此期间无法接待处理器的造访。

但是，与 SRAM 相比，DRAM 最大的优势在于它的高密度和低成本，使得我们可以花很少的钱就能买到一个大容量的内存。对于个人应用来说，这是一个很好的折中方案，既不会慢到无法忍受，同时又省了钱。问题是，处理器就很遭罪了，理想情况下只需要 7 个时钟周期的指令，可能实际上需要 50 个时钟周期才能完成，中间多出来的这些时钟周期，完全是为了等待内存而临时插入的（图 13.5）：

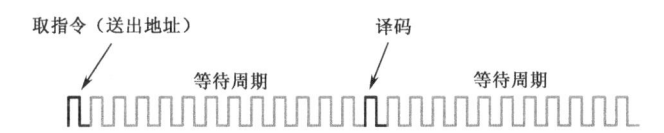

图 13.5　由于存储器的速度很慢，CPU 经常处于等待状态

处理器是比较昂贵的资源（当然，整台计算机都是），昂贵的东西应该保持忙碌才行，这样才对得起为它付出的时间、空间、金钱和电力成本。在这种情况下，为了让中央处理器满负荷地工作，流水线操作是个必然的选择。

从某种意义上来说，流水线是计算机里一个必要的恶魔，有人这样提到——它存在的理由是，要在中央处理器必须完成的工作和所需时间之间找一个平衡点。让我们来看一个例子。

我们已经知道，电流的速度是每秒钟 30 万公里。计算机的速度也很快，通常工作在纳秒级（ns）甚至皮秒级（ps），1 秒等于 1 000 000 000 纳秒或者 1 000 000 000 000 皮秒。所以，在 1 纳秒和 1 皮秒的时间里，电流只能分别向前传播 30 厘米和 0.3 毫米。

一旦在大脑中有了这样的概念，我们再来看看，假定有一个字节的数据 X 需要用两个步骤加工成 Z（图 13.6）：

图 13.6　数据加工的总时间是所有单元加工时间的总和

在这里，逻辑电路 1 和逻辑电路 2 分别用于完成那两个加工步骤。再假设，数据通过这两个逻辑电路需要相同的时间，都是 50 皮秒，那么，从 X 到 Z 的整个传输延迟就是 100 皮秒（两个逻辑电路之外的传输延迟可以忽略不计）。

而且，在数据加工期间，X 必须一直保持，直到 100 皮秒之后 Z 出现在右边的输出端，然后 X 才允许换上新的数据并开始下一轮的加工。只有这样，才能确保输出 Z 是稳定和正确的。

这意味着，每个 X 的加工时间都是 100 皮秒，同时也意味着，每隔 100 皮秒我们才能从右边看到一个新的输出 Z。

为了改善整个电路的数据加工速度，流水线可能是一个不错的选择。因为 X 需要经过两次加工，所以这可以分成两级，每一级的加工结果都用寄存器保存。寄存器的作用是隔离两个加工级别，并使下一级的加工稳定可靠（图 13.7）：

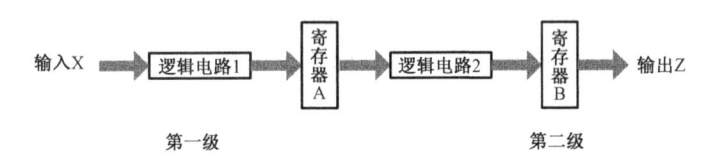

图 13.7　同样的设备，采用流水线可以缩短加工时间

一开始，X 被逻辑电路 1 加工。50 皮秒的延迟之后，数据到达寄存器 A 并被锁存。寄存器的动作需要一点点时间，为了便于说明，可以忽略不计。

紧接着，从第 50 皮秒处开始，第一级的加工结果由寄存器 A 保持，并被逻辑电路 2 加工。由于寄存器 A 的存在，输入 X 不再需要保持，第一级实际上是空闲的，它完全可以在第二级启动的同时加工新的数据。

同理，当第一个 X 的加工结果出现在寄存器 B 并被可靠地锁存时，第二个 X 正在被第二级加工，第三个 X 正在被第一级加工。尽管每个 X 的加工时间不变，还是 100 皮秒，但是我们却可以每隔 50 皮秒就能在寄存器 B 得到一个新的 Z，而不是以前的 100 皮秒，这正是流水线的妙处。

为了在处理器中使用流水线技术，可以将整个指令的执行过程分为三级：取指令、译码和执行，让它们重叠执行（图 13.8）。

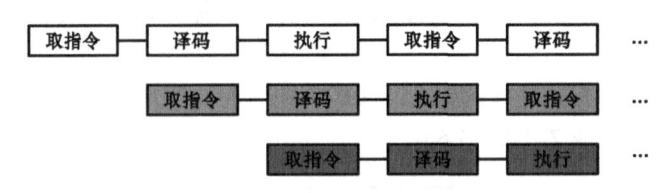

图 13.8　超标量体系结构

使用流水线技术，现代的计算机可以改进其设计和结构，允许在一个时钟周期内运行多条指令，这称为超标量体系结构。尽管看起来很了不起，但是流水线

# 第 13 章
## 集成电路时代

技术并不如我们想象中那样完美，有很多潜在的因素会影响它的效率。比如对于一条跳转指令，它使得处理器从别的内存位置取指令执行而不是继续在当前位置连续执行，当执行跳转指令时，后面的指令已经进了流水线。在这种情况下，处理器只能清空流水线，从将要跳转到的目标地址那里重新读取指令。

解决这个问题的方法是为处理器增加分支预测功能。通过为处理器增加额外的电路，来预测将要发生的跳转。分支预测不会百分之百成功，但总比猝不及防要好得多。充其量是要清空流水线，使处理速度变慢，但不会比这更坏。

除了流水线，另一个被用来平衡处理器和内存速度的手段是使用高速缓存技术，字面上的意思是速度很快的缓冲存储器。类似于蓄水池，这种技术基于计算机运行的一个特点——局部性。通俗地说，局部性的意思是，程序在被执行的过程中常常会访问最近刚刚访问过的数据，或者该位置附近的数据。

我们知道，SRAM 的优点是速度快，但是制造成本很高，通常不作为内存使用。不过，好的东西不能拥有全部，来一点点应该还是可以的。基于局部性的原理，可以在处理器和内存之间放置一小块 SRAM，当处理器从一个新的内存地址开始执行时，将那一整片的东西都搬到这块 SRAM 中。这样一来，如果下次要访问的内容正好在 SRAM 中，就不用再到内存中去取，从而节省了时间（访问内存比访问 SRAM 需要更长的时间）。传统上，这一小块 SRAM 就是高速缓存，也就是我们经常在技术文章里看到的单词 "Cache"。

在实际应用的时候，高速缓存有多种组织方案，但是从直观上来说，它好像两张表格，第一个表格存放的是从内存取来的一块块数据；第二个表格则存放每一个数据块所在的内存地址，如图 13.9 所示。

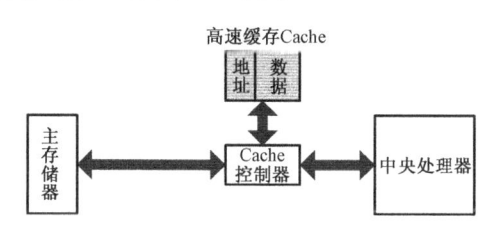

图 13.9　高速缓存示意图

高速缓存有一个控制器，即图中所示的 Cache 控制器。平时，中央处理器送出地址，要从内存中取数据时，Cache 控制器把该地址同高速缓存中的地址进行比较，以查明该数据是否在高速缓存中。由于大规模集成电路技术的发展，地址比较花不了多长时间。

如果要取的数据正好在高速缓存中，那么，很好，这称为"命中"，处理器可以直接拿到数据。处理器从高速缓存中取得数据的时间通常很短，称为"命中时间"。相反，如果数据不在高速缓存中，称为"不中"。

高速缓存不中是非常糟糕的，是最坏的情况。在这种情况下，处理器需要重新装载高速缓存（而不是硬着头皮去访问内存）。装载高速缓存也需要时间，即"不中惩罚"，这意味着执行一条指令需要更多的时间。

高速缓存是否能大幅度提升计算机的速度和性能，取决于命中的概率，也就是命中率。实际上，命中率受很多因素的影响，包括高速缓存的设计和软件的编写技巧，前者通常是硬件设计公司的机密，后者则需要软件工程师们的智慧。无论如何，这都不是本书的话题了。

## 13.4 掌上游戏机和手机就是计算机

最早的电子计算机出现在电子管时代，它们的体积都很大——这是没有办法的事，晶体管和集成电路的出现为时尚早。不过"大型机"的称呼倒是保留至今，尽管已经没有多少面积和体积上的内涵。

在那个时代，计算机在人们的心目中就像卫星、火箭和大炮，不是为普通人发明的玩意儿，只有那些称得上是"问题"的问题才配在这样昂贵的家伙上计算一下。用它来上互联网？那个时候还没有互联网。玩游戏？那个时候也没有什么有趣的电子游戏，上机时间是非常宝贵的，分分秒秒都要付费，在这样的计算机上玩一个哪怕是现在看来很简单、弱智的游戏都会是一种罪过。所以，几乎没有人认为大众会需要这种东西，这是很自然的。

昂贵的、普通人用不上的东西不需要多造，但是政府和大企业又需要它。在这种情况下，大型机的目标就是计算能力更强、速度更快，甚至一台机器应该为一大堆用户服务，同时干好多工作，这就是所谓的分时、并行、多用户和多任务处理。为了这个目标，大家干得很起劲儿。很多我们现在依然在用的技术，包括一些看上去很新、很时髦的技术，其实在那个时候就已经有了，只是缺乏大规模普及的条件。

在那个时代，大型机的"大"只是指体积上的大，因为没有技术条件使之小型化。不经意间，到了20世纪六七十年代，集成电路发明了。一开始，每个硅片上只能集成几个十几个零件，慢慢地，随着技术的发展和工艺的进步，单位面积的硅片上可以集成的零件越来越多，从几千个发展到十几亿个。

1965年，仙童半导体和英特尔公司的共同创始人戈登·摩尔（Gordon Moore）在杂志上预言：半导体芯片上集成的零件数量将每年翻一番，并将在下一个十年保持同样的速度。1975年，在展望下一个十年时，他将这个预言修正为每两年翻

第 13 章 集成电路时代

一番。此后，英特尔公司的主管大卫·豪斯则预言，因为晶体管的集成度越来越高，而晶体管的速度越来越快，芯片的性能每 18 个月就会翻一番。

摩尔和豪斯的预言没有任何理论依据，而纯粹是一种经验的总结，但因为它出奇地准确（请注意这两个人的身份，以及他们的公司的规模，我相信他们有能力代表业界控制技术研发的节奏），所以被后人称为摩尔定律。集成度和芯片性能的提高使电子计算机的制造和应用分裂为两个阵营。首先，传统的大型机将使用更多的处理器、更大的内存储器，以及特殊的总线系统，通过多级流水线和并行处理技术来提高运算能力，从而成为巨型机，或者叫超级计算机。

巨型机主要用于事关国计民生的重大课题，以及海量的数据处理任务，包括重大的科学研究、国防尖端技术，以及关乎国民经济的大型计算课题及数据处理。如果要举几个具体的例子，就比如大范围的天气预报、人体血液流动模拟、卫星照片的加工和处理、原子等微观粒子的探索、核爆炸模拟，以及洲际导弹和宇宙飞船的研究，等。

2017 年 6 月 19 日，新一期全球超级计算机 500 强榜单公布，来自中国的"神威·太湖之光"和"天河二号"第三次携手夺得前两名，而美国 20 年来首次无缘前三。整个"神威·太湖之光"共有 40 960 个处理器，其系统峰值性能为每秒 12.5 亿亿次，持续性能为每秒 9.3 亿亿次，而且使用的是中国自主研发的处理器。

图 13.10 神威·太湖之光

（图片出处：http://www.qunzh.com/qkzx/gwqk/qz/2016/201612/201612/t20161208_26460.html）

随着集成度的提高和性能的提升，电子计算机可以实现小型化和微型化，这样它就能够满足家庭用户的需要。但是，在实际拥有一部手机之前，有谁会想到手机的好处？又有谁会想到它可以聊天、购物、付款、打电话、上网、听音乐、看视频或者玩小游戏？几乎没有。甚至也没有人想到它会对我们如此重要。个人计算机也是这样，集成电路的发明使一部分人看到了电子计算机小型化的前景，但还不是十分清晰。在那个时代，认为每个人都会拥有一台计算机需要的不仅仅是超前的眼光，更要有直面被人骂成是白痴的勇气。这里的关键是，虽然集成电路可以缩小计算机的体积，但是，为什么每个人都需要这么一样东西？

在这种情况下，难怪小型机的创始人奥尔森会在 1979 年十分肯定地说："没有理由让某个人在家中配备一台计算机。"奥尔森是美国一个大计算机公司的总裁，还发明了小型机，本来就很有名，这下名气更大了。

在国内，个人计算机（Personal Computer，PC）以前叫微型计算机，简称微型机、微机，或者微电脑，显然，这已经成了历史名词。个人计算机兴起于 20 世纪 70 年代，那个时候，世界上第一个微处理器已经问世，但是功能很弱，所以这些个人计算机的鼻祖怎么看都像个玩具。

正如大家已经看到的那样，技术总是在不断地向前发展。随着微处理器的速度越来越快，功能越来越强，存储器的容量也更大，速度也更快，以往只在大型机上使用的先进技术，比如流水线和高速缓存，现在也可以用在个人计算机上以提高它的性能，以前只能在大型机和小型机上解决的任务，现在也可以在个人计算机上完成。总之，它们之间的距离正在慢慢拉近。

越来越小型化，越来越强大，这就是未来的发展方向。不经意间，智能手机问世了，可以放在手上的电视机、音乐播放器、视频播放器和游戏机问世了。尽管发明这些东西所需要的理论和技术在几十年前就已经完备，但使它们小型化、微型化，也只有现在的技术条件才能做到。不管任何东西，只要稍微有一点智能的——从平板电脑、智能微波炉、智能冰箱，再到电子表、手机和游戏机，都需要用到微处理器和一小块内存储器，也需要一些编排精巧的指令。你能说，那些大家伙叫计算机，而这些东西就不叫计算机吗？

在本章的最后，我相信很多人关心电子计算机的未来。但说实话，我也不太清楚。随着晶体管越做越小，每个电极的大小迟早会达到单个原子的极限。姑且不论这是否能够做到，操这个心有点远，就说现在，我们就有一大堆烦恼：随着极与极之间的距离越来越小，它们之间那些不受栅极控制的漏电电流越来越大，集成电路的功耗越来越大而晶体管将最终失效。漏电不是个新问题，每次我们都能通过使用新材料和新工艺来解决，但这将越来越困难。

就像算盘珠子之于电子管，晶体管之于集成电路，每种材料和工艺都会达到它的极限，会被新技术和新材料所取代。硅当然是极普遍和极便宜的材料，但它当然也有一个使用的极限，至于将来会被什么取代，那当然取决于物理学研究的新进展了。

# 第14章

# 核心与外部设备

在对电子计算机核心部分的工作原理有了相当的认识之后，你应当意识到一台这样的机器仅仅只有中央处理器和内存是不够的，它当然能够运转起来，但没什么大用。

想想看，按照老式的方法，你得用开关把程序指令一条一条地写入存储器然后开动机器，这显得既笨拙又单调，更不要说用开关来编辑和打印文稿，这是多么恐怖啊！要是这样的话，恐怕我们现在还用不上计算机。

为了让计算机有用，需要解决两个最基本的问题，也就是输入和输出。为了取代开关，我们现在用上了键盘，不管是物理键盘还是触摸屏上的虚拟键盘；为了知道计算机忙碌的结果，我们还发明了显示器，不管是以前那种笨重的大家伙，还是手机上的小屏幕。

尽管现如今的电脑屏幕可以做得很薄很轻很小，但二十多年前可不是这样，那个时候，家用计算机还不是那么普及，有个朋友让我和他一起去买一台，于是我就去了。到了大武汉，在洁净高贵而富有高技术氛围的计算机专卖店里，我的朋友一时间忘了那又大又方的东西叫什么，但见他指着显示器问道："这个机头多少钱？"

电子计算机的核心部分只有中央处理器和内存储器，两者互相配合，只做固定的事情，没有输入和输出设备我们将无法往存储器里写指令，也看不到执行结果。但这还不是最重要的，发明计算机的原因正如它的名字那样，是为了解决计算问题，但这也正是它显得没有大用的根本原因。想想看，它确实能够又快又好地完成人类几千年来渴望使用机器解决数学难题的夙愿，但人们还希望它能够用来听音乐、看电影、编辑照片、上互联网、聊天、购物，或者放在车间里控制机床，这样才值得我们为它付出电力成本，我们才能更喜欢它。不过，处理器和存储器不能发出声音，也不能显示出图像，更不能把我们说的话变成数字通过网络传送出去。想要达到上述目的，还需要更多的、各种各样的输入和输出设备，并使它们和中央处理器、内存这些核心通信。

当然，这不是最近才冒出来的想法，20 世纪 70 年代，美国卡耐基—梅隆大学计算机系的两名研究生就曾经搞了一项古怪的发明。这两个家伙爱喝可乐，还非得是最冰的，麻烦在于可口可乐机在三楼，离他们很远，有时候当他们去取可乐的时候，不是已经没有了，就是还不够凉，这让他们觉得很是烦恼。于是他们想出了一个主意，因为这台可乐机有 6 个冰柜，每当有可乐被送出的时候，灯就会闪烁，而一旦冰柜空空如也，灯就一直亮着。利用这一点，他们用电线把灯的状态连到一台计算机上，并编写了相应地程序指令，这样就可以随时查询哪个冰柜里的可乐最凉。很显然，这就是一个输入、输出的例子。这项发明一直被用了十多年，其间还经过不断改进，一直到互联网逐渐开始兴起。借着这门新兴的技术，另一些疯狂的家伙又把这一套东西搬到互联网上，即使在千万里之外也可以查询到可乐机的状态，至于能不能喝到嘴里，这就不知道了。

## 14.1　I/O 接口

专业地说，输入、输出设备又称为 I/O 设备，这是因为"输入"和"输出"分别对应于英语单词"Input"和"Output"。它们位于计算机的核心之外，所以也是外部设备。

外部设备用来扩展电子计算机的用途和功能，其种类是庞杂的，几乎囊括了任何东西，取决于你是否希望它们和计算机的核心产生联系。一只话筒，当你想把它接到计算机上来录音的时候，它就是外部设备，收音机、录像机也是这样。不同的是，使用录像机，不但可以把声音记录在计算机里，同时还能记录图像。再比如打印机，它可以把计算机传送给它的数据变成印在纸上的图文。

很多设备生存的环境并不好，并因此不招我们这些爱美的小资产阶级待见，因为它们可能庞大笨重，在车间里轰轰隆隆，甚至黑乎乎、油腻腻的，用东北话来说——"真的是很埋汰"。不过，这不重要，重要的是它们并不是为了计算机而存在的。换句话说，它们可能在制造的时候就没有想过有一天会连到计算机上。

计算机因为外部设备而变得有用，计算机核心部件要从外部设备那里获得自己想要的数据，知道外面的情况，最起码要晓得它是不是正常；而外部设备呢，也应当理解计算机内部发来的控制数据，采取适当的措施来控制自己的行为。换言之，外部设备需要将自己的状态和数据告知计算机核心部件，而计算机核心部件也可以控制外部设备的动作和工作状态。

# 第 14 章
# 核心与外部设备

我想这里需要一个实实在在的例子，比如一个全自动的温度控制系统。通常，设计这样一套系统的目的不是给厨师们帮忙，免得他们将诱人的红烧肉做成焦炭；相反，它们用在一些比人的味觉更挑剔、也更重要的场合，比如炼钢、孵化器、集成电路制造等。

全自动温度控制系统的用处是让温度保持在一定的范围内，当温度低于某个值时就接通加热器；如果热得有些过头，就及时地停止加热，使它逐渐凉下来。在这个过程中，计算机所要做的，就是不停地监测温度，一旦发现它低了，就通知温控系统加热，或者在温度过高的时候通知它暂停工作。

那么，如何从现场取得温度呢？要知道，中央处理器和存储器不认识温度计，无法感知冷热变化。所以，我们只能将温度转换成相应地电压和电流。这个比较容易，通常是采用一种叫热敏电阻的东西。和铅笔芯这样具有电阻的物质一样，热敏电阻可以降低电压、减小电流，但是，奇特的是它的电阻会随着温度的变化而增大或者变小，从而使得电压和电流也跟着改变。

这还只是第一步，因为温度是连续变化的，由此得到的电压和电流也是连续变化的，这称为模拟信号。模拟信号只能用大小、高低和强弱来衡量，计算机不接受它们，计算机只和二进制数打交道，也就是以开关形态出现的脉冲。所以，要想让中央处理器认得它们，还必须将模拟信号进一步转换成数字信号。

说得通俗一点，模拟信号是连续的，就像水流，水流有大有小，有粗有细，有缓有急，但它是连续不断的。但数字信号则不然，是一个一个的二进制数字，称为离散的。将模拟信号转换为数字信号，就好比是把连续的水流换成一桶一桶的水，水流大的时候，往桶里多装点水；水流小的时候，往桶里少装点水。总之，用桶里的水来表征水流的大小。回到原来的话题，将温度变成数字，这一连串的转换过程如图 14.1 所示。

图 14.1　从温度到数字的转换过程

从模拟信号转变到数字信号——也就是"数字化"，需要在一个小电路里进行，无非是一堆电阻，以及一些逻辑门。它所做的工作很简单，就是每隔一会儿就"观察"一下模拟信号的电压[1]，然后回过头来把它的高低大小表示成一个二进制数。比如，没有电压就表示成 00000000；电压小于 1V 就表示成 00000001，电压在 1～2V 就表示成 00000010，如此等。

初看起来挺简单，但这里面还是有讲究的。首先，所有量具都不是全能的，

---

[1] 不管在什么地方，要定时做某件事必须用到振荡器，用它的脉冲来控制。

都有各自的量程，不可能用同一杆秤就能对付 1 毫克和 1 000 万吨，要是你感兴趣，这个话题可以在你下次路过刃量具市场的时候和他们的门市经理探讨，如果他们那天突然对价格之外的话题非常感兴趣的话。同样的道理，根据适用的场合，模拟和数字转换电路有不同的转换精度。同样是模拟电压在 1V 和 10V 内波动，用 10 个二进制数来区分它们和用 100 个是不一样的，后者需要更灵敏、更复杂的转换电路。

除了精度之外，另一个问题是速度，而且速度往往会影响精度。在有些场合，数字化之后还要还原，即把二进制数重新变回模拟信号，一个典型的例子就是在手机和桌面计算机上进行声音的录制和回放。

当对着话筒说话或者播放音乐的时候，将产生强弱随时间快速变化的音频电流。音频电流是模拟信号，当然无法保存到内存中，也无法被中央处理器加工，所以必须将这些歌曲和相声从声音转变成二进制数，这就是前面已经说过的模拟—数字转换，也就是不停地观察模拟信号的幅度，并得到一个个的二进制数，这个称为"采样"（图 14.2）：

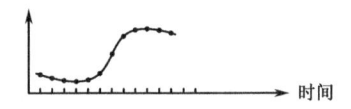

图 14.2　数字化的过程就是用数字来代表电压的幅度

"采样"就是"采集样本"，这实际上是借用了统计学里面的概念。声音是快速变化的，如果你一秒钟只观察 2 次或者 10 次，得到 2 个或者 10 个二进制数，就会漏掉声音中绝大多数美妙动听的部分，将来还原之后只能听到一些古怪的动静。为保证数字化的质量，需要尽可能地提高每秒钟采样的次数，这个指标称为采样率。

就现有的标准而言，高品质音频的采样率可以是 44.1kHz。这是什么意思呢？因为模拟—数字转换电路没有智能，所以它需要一个振荡器来驱动和定时。振荡器的频率是 44.1kHz，所以它每秒可以要求采样 44 100 次，生成 44 100 个二进制数。如果是立体声，这个数目是 88 200 个。通常，每个二进制数是 16 个比特，也就是两个字节。换算下来，一个立体声音频每秒钟将产生 176 400 字节的数据。接着换算，一个 3 分钟的歌曲将产生 30 兆字节的数据。

我们知道，中央处理器和内存是通过内部总线连接起来的，可以直接传送数字信号。话筒呢，产生的是模拟信号，而音箱（喇叭）也只能用模拟信号来驱动才会发出响声。中央处理器不是万能芯片，它只是一般性的、通用的任务处理芯片，设计和制造的时候就没想过要让它做数字和模拟信号之间的转换工作，所以这个任务要靠额外的电路来完成，也就是 I/O 接口。

## 第 14 章
核心与外部设备

I/O 接口是典型的城乡结合部,是计算机核心与外部世界的中转站和缓冲地带,所有外部设备在接入电子计算机时都必须通过 I/O 接口。虽然图中把所有 I/O 接口都画得一模一样,但每一个 I/O 接口都是不同的,有不同的功能,有不同的电路构造,而且也只能连接不同的外部设备。

不知道你发现没有,在桌面计算机的内部,是一个电路板,密密麻麻地分布着大大小小的零件,其中就有内存条和中央处理器。除此之外,每个主板上都会有一些长长的插槽,这些插槽通常被称为扩展槽。"槽"还好理解,如果你此刻正在观察主板,你会发现,它们确实是一些槽。至于"扩展",它的意思是扩展计算机的功能,使之能做更多的事情。

插在槽上的是一些电路板,通常称为"接口卡"。比如,用来录制或者播放声音的电路板,称为"声卡";用来连接到网络的电路板,称为"网卡";用来录制或者播放视频的电路板,称为"视频卡"或者"视频采集卡"。我们现在所用的计算机都有显示器,为了把内存中的二进制数据变成图像,它也需要一块卡,称为"显卡"。不管什么"卡",它们都只是一块电路板,如图 14.3 所示。

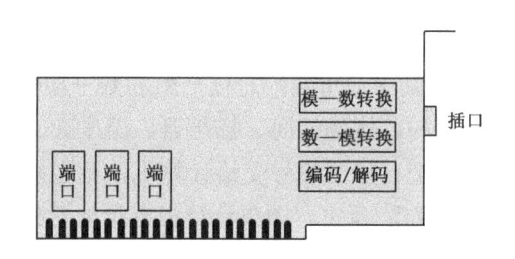

图 14.3 计算机接口卡的外观和基本组成

首先,除了外形之外,根据外部设备的不同,接口卡的电路结构也是不一样的。毕竟,它只是为连接到某种类型的设备而定制的。

其次,每种卡都有通到外部的接头,或者说插口,它们的形状和构造取决于外部设备是什么。如果要连接的设备是话筒、功放或者扬声器,那么插口就是小圆孔,可以用来插入一个标准的立体声插头。图 14.4 就显示了几种常见的插头类型,其中,标有"LAN"的,是网卡的插口;标有"HDMI"的,是高清晰多媒体插口,现在很多显卡都带有 HDMI 输出。

图 14.4 几种常见的插口,不包括 DIP SW

如图 14.3 所示，在每一张接口卡的边缘，有一排像钢琴按键一样的铜皮，它们是接口卡与主机连接的导线。当接口卡插到主板上的扩展槽里时，这些铜皮就会与主板上的电路接通。

因为不知道你的计算机将和哪些设备相连，所以理论上，一台在店面里销售的计算机只预留了扩展槽，而没有接口卡。接口卡只是在你以后需要的时候单独制造或者购买——一旦计算机卖给你了，这些都是你自己的事情。

当然，并非所有的 I/O 接口都是一张卡。在桌面计算机里，有些外部设备是几乎每台计算机都会用到的，比如硬盘、鼠标、键盘和显示器等。为了方便自己，也为了方便大家，这些常用设备的接口卡不再是可选的了，而是在制造一台计算机的时候，就被永久地焊在主板上。也就是说，你不再需要单独制造、购买和安装，这称为"集成"。

同样地，因为手机的小型化和封闭性，I/O 接口也是直接集成的，而且外部设备也是直接同 I/O 接口焊在一起而不通过传统的插口以节省空间。手机也是非常强悍的微型计算机，它虽然小，外部设备却一点也不少，像话筒、喇叭、光线传感器、温度传感器、北斗定位模块、陀螺仪、显示屏和触摸屏等都是。

I/O 接口有多种功能，其中最重要的是模—数和数—模转换。在形形色色的外部设备中，有很多是模拟的，比如话筒、扬声器、温度计、老式的录像机、工厂里的机床等。如果它们想把自己的信号交给计算机，则必须先进行模拟—数字转换，即图中的"模—数转换"；反之，如果计算机有话要对外部设备说，则须做相反的工作，即"数—模转换"。如果外部设备本身就是数字的，比如数字摄像机等数字电视设备所产生或者传输的串行数字信号，那么，因为这些信号通常都是以串行的形式传送，所以 I/O 接口的作用是执行串—并转换，将串行数字信号转换为并行的数字以方便在计算机内部进行处理和加工。

除了数字信号和模拟信号的相互转换以及串/并行转换，I/O 接口的另一个重要作用就是传输控制。如图 14.5 所示，硬盘、话筒、音箱、显示器、键盘、鼠标和 U 盘等外部设备都连接到各自的 I/O 接口上。有些设备简单，比如话筒，没有什么可以控制的，只要你在说话，它就会产生音频电流，I/O 接口只需要决定是否开始采集即可。

相反，另一些设备则比较复杂，比如硬盘、鼠标和 U 盘。这些东西有自己的处理器，有各种不同的工作状态，比如工作是否正常、发生了什么错误、按多快的速度传送、使用什么样的数据传送格式，等等等等，其中最重要的还包括如何在发送和接收之间保持精确的同步。

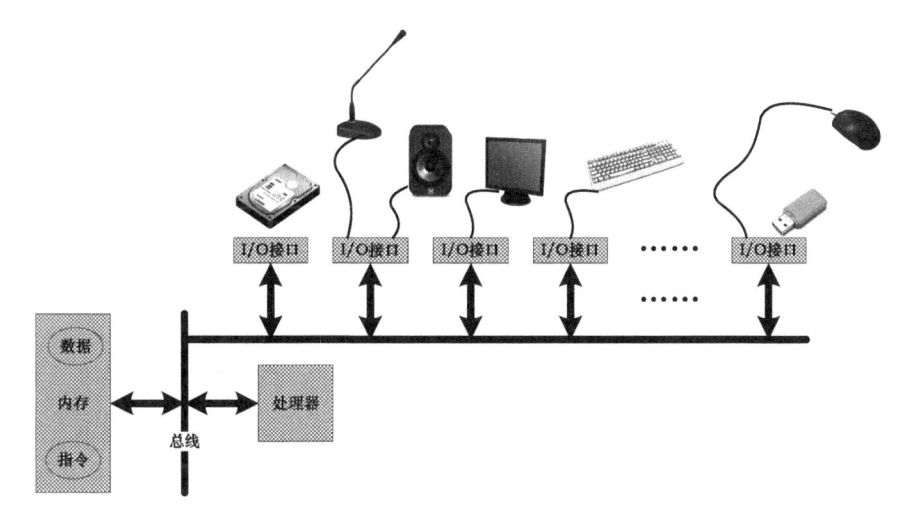

图 14-5　输入/输出和 I/O 接口

在面向电子计算机核心的这一边，I/O 接口要受中央处理器的控制，按中央处理器的要求把数据传进来或者传出去。而对于中央处理器来说，它的动作又要受程序的控制，受程序指令的驱动。所以，如何与外部设备打交道，都需要我们编写程序来体现。想想看，中央处理器唯一擅长的就是执行指令，什么时候、从哪个 I/O 接口把数据读进来，读进来之后放到哪里，外边来的数据代表什么意义，怎么处理，只有工程师们知道，他们必须把自己头脑中的思想和意图变成指令，计算机才能学会应付这一切。比如说录音和回放，我们既可以自己编写程序，也可以使用现成的程序。不管是自己编写，还是用现成的，它们都会包含控制 I/O 的指令。这些指令用于初始化 I/O 接口，判断 I/O 设备是否已经准备就绪，然后从 I/O 接口那里连续地读取采样数据（录音）或者把代表声音的二进制数据发送到 I/O 接口（回放）。

我们知道，内存中的每一个存储单元都有自己的编号，中央处理器可以用传送指令来访问这些内存单元，只需要指定编号即可。与此类似，每个 I/O 接口也都有一些寄存器，称为端口，用来保存各种数据，比如采样数据和代表设备状态的数据，以及控制设备如何工作的数据，中央处理器提供专门的 I/O 端口读写指令来与外部设备打交道。

每个端口都有编号，也有其各自的用途。从中央处理器的视角来看，每个 I/O 设备都有自己的端口，数量不定，依外部设备的复杂程度而定，而且所有 I/O 设备的端口编号都不相同。程序员应当非常清楚每个 I/O 设备都有哪些端口，以及这些端口的编号和功能。

因此，中央处理器在程序的控制下通过 I/O 接口上的端口访问外部设备很像访问内存单元。中央处理器可以从 I/O 接口那里读取数据到寄存器，然后再从寄存器传送到内存，但这样较慢。如图 14.5 所示，中央处理器、内存和所有的 I/O 接口都共用同一个数据总线，但中央处理器可以在必要的时候让出总线，并命令 I/O 接口和内存之间进行直接的高速数据传送操作，这称为"突发模式"。

如图 15.5 所示，同样的道理，如果我们想把录制的音乐保存起来，你的程序必须要有这样的指令，用于将存储在内存里的声音数据通过硬盘或者 U 盘的 I/O 接口以文件的形式写入这些存储介质；或者，如果你要播放一个音乐文件，则需要通过硬盘或者 U 盘的 I/O 接口将音乐文件的内容读入内存，然后发送到声卡的 I/O 接口进行播放。

## 14.2 键盘

对于一台完整的计算机来说，键盘是必不可少的。尽管我们一直把"计算机"这个词限定在我们日用的个人计算机上，但广泛地说，手机、空调、平板电脑、冰箱、宽带路由器、智能电视机等这些东西都是计算机。为什么呢？因为它们里面都带有微处理器。

键盘实际上分很多种，电视机和摄像机的控制器是拥有很多按钮的键盘，桌面计算机所连接的那个可以打字的设备也是键盘。除了这些物理上实际存在的键盘，还有些键盘是虚拟的，比如平板电脑和智能手机上的键盘。

从外观来看，桌面计算机的键盘很简单，不厚、不大，看上去不像个值钱货。但是毋庸置疑的是，很多人曾经对它心存恐惧，以为这东西不能随便乱按，按错了会把计算机搞坏。在看这本书的人当中，相信很多都有这样的经历。不过不要觉得不好意思，如果你知道那些知名人物们在这方面也不能例外时，你的感觉也许会立即好起来。

键盘的祖先是打字机，要是你经常看外国电影，偶尔会在银幕上看到这种东西，通常还有一个洋人坐在那里啪啪地敲打。最早的打字机大约发明于 19 世纪初，从那以后，它不断被改进以方便使用。

先前的打字机只适合以较快的速度打印英文，因为英文里只有 26 个字母及少量的数字和符号。相比之下，汉语言文字之多，对于打字机来说是一个挑战。不过好在总有人愿意尝试，到了 20 世纪初的时候，中国人终于也有了自己的打字机，而发明它的居然是个文人，叫做林语堂。

林语堂是福建龙溪人，青年时代漂洋过海，在美国哈佛大学深造。回国之后，办刊物，写文章，尤其提倡幽默，好不洒脱闲适，用鲁迅先生的话说，就是"轰的一声,天下无不幽默"。另外你要知道,我们先前没有"幽默"这个词,是林语堂根据英语单词"humor"的发音创造的。

1916 年,就是这样一个文人,天知道为什么,突然决定要发明一个能敲出汉字的打字机来。毫无疑问,这是一件困难重重的工作,他攻下的第一道难题是说服自己的太太,好让她高高兴兴地把家里的钱都拿出来;接着,过了好多年,终于把这件事情做成了。

不像在国内,洋人可是把打字机看得很重的,因为这东西能又快又规整地在纸上敲出 26 个英文字母,这对于西方人的文明传承是至关重要的。前面讲逻辑学的时候,我们提到了伟大的香农和他的论文,那篇论文就是用这样的打字机敲出来的。等到计算机被发明出来之后,很自然地,他们觉得像打字机这种既方便又重要的东西要发扬光大,安装在计算机上是再合适不过的。

键盘是一个布满了按钮——通常的说法是按键的东西,这些按键弹性非常好,当你用手指把它按下去,然后迅速松开的时候,它又弹起来并恢复原状。

我们实际用的键盘大小不一,外观各异,有的方方的、硬硬的,但也有那种软软的、透明的,甚至还可以卷起来带走,就差那种可以抹上酱、卷两根小葱当饼吃的了。这本来是非常简单的东西,但计算机从来没有能够离开过它。事实上,如果你了解它,你会发现它其实本身就是一台计算机。

把它看成计算机,这不是夸张。键盘有自己的微处理器,还有一些引脚连在各个按键下面的开关上(遗憾得很,从表面上你是看不见的),如图 14.6 所示。不过,物理开关的天敌是机械磨损,这很容易导致损坏和接触不良。因此,很多键盘并不使用机械开关,而代之以电容开关。电容开关实际上是一个电容器,按键的按下的松开会改变极板间的距离,并改变电容量。

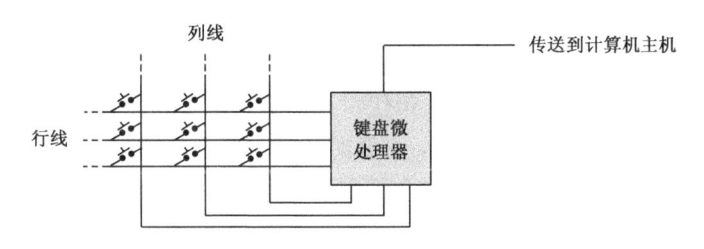

图 14.6  键盘电路

个人计算机上的键盘微处理器有些特殊,它不但具备了处理器的功能,还在内部集成了动态存储器和只读存储器,可以执行自己的指令。键盘处理器连接着行线和列线,每个按键开关都用于接通特定的行线和列线,或者改变它们之间的电容量。键盘加电之后,键盘微处理器开始扫描行线和列线,以了解是否有,以及是哪个按键被按下了。每一根行线和每一根列线都是一个组合,唯一代表着某个按键。一旦键盘微处理器发现有某个按键被按下，就向主机发送代表那个按键的二进制数据，也就是按键的代码，这一切都是在程序指令的控制下进行的。

需要说明的是，按键的二进制代码是以串行的方式送进主机的。也就是说，它把代表每个按键的二进制代码拆开，一个比特一个比特地送到主板上的键盘 I/O 接口。在那里，这些分散的比特将重新进行组装。

对于一个不了解计算机内部的人来说，他们很容易想到键盘是直接连到中央处理器 CPU 上的。理由很简单：可以通过键盘输入数字，这些数字可以直接被 CPU 接受，然后该加就加，该减就减，甚至用键盘上的 0 和 1 来直接编写二进制程序，计算机的运算过程就是这样实现的。

这种认识是错误的，实际上，与所有的 I/O 设备一样，键盘和主板上的 I/O 接口电路（键盘控制器）相连。在那里，键盘控制器与键盘互相通信，接收键盘上来的按键，将它们的二进制代码保存在端口寄存器中，等待中央处理器取走。当然，它也会事先拍一下处理器的肩膀。

中央处理器不认识键盘——实际上它谁也不认识，真正需要键盘的是正在运行的程序指令。对于我们用户来说，恰恰是因为屏幕上显示一个窗口（可能是一个文字处理软件），需要输入什么东西，这个时候我们才会按下一个按键。而与此同时，显示这个窗口的程序也正在等着你的按键，一旦它发现你按下了一个键，就会将其取走。如果在你按下键盘的时候没有任何程序将它取走，键盘接口电路就会丢掉新来的按键代码，并发出警报。这就是为什么有时候在按下键盘时你会听到"嘟嘟"声。

尽管所有的键盘上都有"0"到"9"这十个按键，但并不意味着键盘或整个计算机会把它们看成数字。换句话说，当你按下"2"的时候，键盘并不会发送一个二进制数字"00000010"。事实上，键盘上的所有按键都被当成字符看待，而不管它们到底是"0"、"9"还是"A"、"Z"，抑或是那些古怪的"@"、"!"、"*"等。

时光倒退几十年，20 世纪 50 年代，人们用类似于现在在传真机的终端连接到大型计算机，来分享它的计算能力，必要时还得借助于公共电话线路来传送数据。为此，1958 年还发明了世界上第一个调制解调器，用于在电话线路（它原本只能传送像语音这样的模拟信号）上传送二进制数据。

凡是需要多方参与、分工协作的事情，就必须有一个大家都能理解并共同遵守的标准。为了用同一种编码方法在各种不同的计算机设备之间传递数据，1967 年出台了美国信息交换标准代码（American Standard Code for Information Interchange，ASCII）。这个编码方案是单字节的，最多只能表示 256 个字符。比如，00000111 表示响铃，接到这个代码的设备应当发出一个脉冲使喇叭或者蜂鸣器响一下，以便引起操作员的注意；00000100 用于通知接收设备，传输已经结束；00001010 命令终端（电传打字机）另起一行，也就是换行。很明显，这些都用于控制数据传送过程，称为传输控制代码。

除了传输控制代码，这个标准里还定义了常用的字符。比如，00110000，也就是十进制数 48，代表"0"；依次类推，00110001，即十进制数 49，代表"1"；00110010 则表示"2"；字母"A"则是 01000001，即十进制的 65。

我们现今使用的键盘遵循这个标准。当然，如何解释和处理键盘发送来的代码，这必须依靠正在中央处理器上执行的软件程序。比如，如图 14.7 所示，当我们熟悉的计算器小程序正在运行时，它将接收我们的按键信息，并计算数学题。

图 14.7 Windows 上的计算器程序

如图中所示，假如你想计算 125+66。这时，你当然要先按下"1"、"2"和"5"这三个按键。与此同时，因为计算器程序正在运行，它会很高兴地从键盘接口那里分别取得三个代码 00110001、00110010 和 00110101。

但是我们知道，十进制数 125 对应的是二进制数 01111101，而不是上面那一长串。要想利用中央处理器来做数学题，必须将那一长串代码转换成 01111101。怎么转换呢？

注意，键盘代码的安排很有规律。按键"0"的代码，其十进制是 48；"1"是 49；"2"是 50，依次类推。这样，"计算器"程序可以将从键盘接口那里得到的按键代码先减去 48，得到一串二进制数。这样，前面那三个代码先分别减去 48，就得到了 00000001、00000010 和 00000101，也就是十进制数 1、2 和 5。

但这依然是分散的 3 个数字，而不是我们所要的 01111101（125）。所以，"计算器"程序将对这 3 个数字进行组装，方法是将它们依次乘以 100、10 和 1，然后将结果相加：

$$1 \times 100 + 2 \times 10 + 5 \times 1$$

通过这种方法，"计算器"程序就可以将 3 个按键代码转换成一个独立的二进制数 01111101（125）。

接下来，如果"计算器"程序发现你按下了"+"键（代码为 00101011），就知道你要做加法。用同样的方法，它可以从你那里得到另一个数，然后做加法。整个过程就是这样。通过这个例子，我们能很容易看到键盘在计算机工作过程中的作用，并深刻理解用键盘来做数学题并非我们想象中的那样简单直接。

这意味着，键盘是为正在运行的软件服务的，而不是让你直接用按动"0"、"1"的方式来为计算机编写软件指令，尽管所有的键盘上都有这两个按键。你当然可以通过键盘来编写程序，但需要另一个软件来帮你。据此我们就可以断定——毫无疑问，这样的软件在键盘发明之前就已经有了。

熟练地使用键盘，这是那些经常在计算机前坐着的人应该掌握的基本技能。用我朋友张辉的话说，"要努力成为一名'打手'"。但是成为一名熟练的"打手"并不容易，但凡是经历过这一阶段的人都深有体会。刚开始的时候，看着那密密麻麻的按键，不知道该如何下手，只能用一个手指点来点去，对此有人戏称"一指禅"。然后，在老师或者教材的指导下，终于知道这键盘应该用两只手，而且要十个手指头都用上。这个时候，总觉得很别扭，于是开始大骂键盘设计者的无良，只恨他们为什么把按键做得这么小，以至于想按"R"键的时候，总是按到"T"键上，或者同时把两个键都按下去了。不过好在只需假以时日，一旦熟练之后，就会得心应手，运指如飞，感觉无比良好。

## 14.3 显示设备

键盘固然重要，但是你需要一个地方来看见计算机正在做什么，需要你输入什么，而最终的处理结果也应该呈现出来。所以，这就需要一台显示器，也就是我那个朋友所说的"机头"。

机头的历史可以追溯到 20 世纪 40 年代之前。那个时候，为了打发业余时间，已经发明了电视机，但是电子计算机才刚刚起步。和现在的情况不同，在当时，人们关心的是如何提高计算机的运算能力，至于计算结果以什么样的形式呈现出来则不是那么重要。几十年后，当电子计算机已经长大，并进入了青春期的时候，它终于意识到自己外表和容貌的重要性了。

第一次为计算机配上显示器是在电视机发明的几十年后。换句话说，灵感来自吃现成饭的本能——动态的文字和图像更直观，没有理由让这么好的发明只是用来看电视。

电视机的原理很简单。在讲述电子管的时候我们已经知道，真空状态下，灼热的阴极可以发射电子，电视机正是利用了这种原理，它的主体是一个喇叭形的玻璃管，称为显像管，已经被抽成真空，如图 14.8 所示。

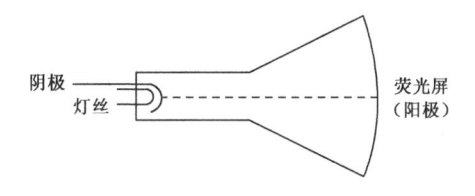

图 14.8  显像管的大致构造

显像管的实际构造比这个复杂，首先，需要额外的装置将电子聚焦，变成细细的一束；然后，显像管的前内壁上，也就是图中扇形的部分，涂有一层荧光膜，在电子的轰击下可以发出光亮来，发光的颜色与萤光粉的颜色有关。这是一个动能向光能和热能转化的过程，轰击的电子越多，速度越快，屏幕就越亮。所以，显像管还有一些必要的构造，用于加速电子的运动。

单纯是这样的构造只能在屏幕上显示出一个亮点。为了得到图像，我们需要在显像管外面套上两个线圈，分别叫做行偏转线圈和场偏转线圈。这样，在两个线圈的控制下，电子束将一行一行地从左往右、从上到下"扫描"屏幕，当扫完一屏时，重新回到左上角，接着扫描下一屏。

如果你想在屏幕上显示一幅图像，很简单，只需要在扫描的过程中精确地控制电子束的有无就可以办到。被轰击的地方是一个亮点，没有被轰击的地方是一个黑点，于是整个屏幕就会显示出一幅黑白的画面来。

通常，我们看到的屏幕上会有好几百行扫描线，而一千行以上也不奇怪。不管有多少行，电子束都能又快又轻松地在一瞬间扫完一屏——事实上，比我们印象中的"一瞬间"还要快不知道多少倍。就像灯泡断电后会熄灭一样，萤光粉只有在电子束的持续轰击下才会产生辉光，否则就会很快消失。所以要想让屏幕上的图像保持稳定，就必须以固定的频率不停地重复扫描它，这称为刷新，每秒钟的刷新次数称为刷新频率。

上面讲的是电视机的成像原理，在先前那个年代，计算机的显示器与之相比并没有什么不同。但是，和普通的电视机不同，计算机的显示器不需要声音，而图像也不需要从空中或者闭路电视信号线中接收。如图 14.9 所示，和电视机一样，当要显示一个字母符号时，所要做的仅仅是在电子束扫描到某个位置时，控制它的有无。

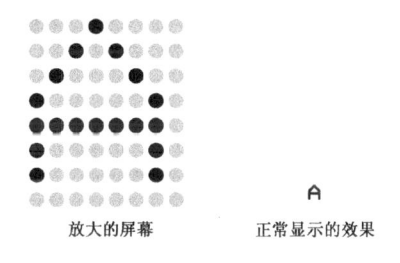

放大的屏幕        正常显示的效果

图 14.9  显示器通过控制电子束的有无来呈现字符

电视机的声音和图像是实时的，与电视台同步，所以也就不需要任何存储设备。和电视机不同，为了在计算机显示器上产生稳定的图像，需要一块存储器暂存所要显示的内容，这块存储器称为显示存储器，简称显存。

显存通常位于负责显示图像的 I/O 接口中，一般来说是一块独立的接口卡，称为显卡，显存中的存储单元和屏幕上的每个像素一一对应。所以，如果显示器分辨率很高的话，你可能需要一个容量很大的显存。对于显示器来说，最原始、最朴素的显示模式是黑白两色，那么，显存中的每一位都对应着显示器上的每一个像素，如图 14.10 所示。

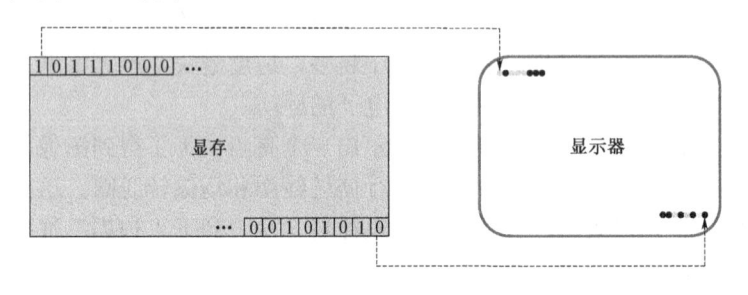

图 14.10  单色显示原理：每个比特控制一个像素

要显示的内容可能来自于任何地方，但毫无疑问地必须先由中央处理器通过执行指令来将它们搬运到显存里。比如，在你的 U 盘里有一幅图片，要显示它，你必须通过一个图片浏览程序将它从 U 盘读到内存中，然后，再以突发模式快速传送到显存。在这以后，中央处理器将不再过问这些数据，由 I/O 接口将这些像素数据通过信号线送到显示器。在那里，二进制像素数据被转换成模拟信号以控制阴极的热电子发射，从而形成图像。

黑白两色用来显示文字还是不错的，但若是用来显示图片之类的东西，就有些恐怖，根本无法真实再现任何影像，除非像以前的黑白电视机一样，除了黑白之外，还能够显示一些不黑不白、比黑的白一点儿、比白的黑一点儿——这样的中间色。

想象一下，拿一瓶纯黑色的墨汁，每当你往里面滴一滴牛奶后，它就不那么黑了。换句话说，每滴一滴牛奶，就会产生一种新的颜色，直到这瓶水变成纯白色（实际上不可能，因为无论怎样这里面还有墨汁，只是人类的视力有限，所以这不是一个很好的例子）。

从纯黑色到纯白色，这一系列的颜色称为灰度。取决于每一滴牛奶的量，如果你恰好能用 255 滴牛奶使得墨汁从纯黑变成纯白，那么就能产生 256 种灰度，每一种颜色称为一个灰阶。当然，如果你用了 65 535 滴牛奶，那么将会产生 65 536 种灰度，不过你的眼睛已经无法分辨这么多种颜色——用不着感到遗憾，至少你不会成为怪物。

　　显示 256 种灰度，这对于显示器来说还真是算不了什么，因为电子束的强弱可以非常直接地影响萤光粉的亮度和色彩。但是，你不能再像往常那样用 1 个比特来对应屏幕上的 1 个像素。相反，你需要 8 个比特，即 1 个字节，因为 1 个字节可以表示十进制的 0～255。当显示控制电路取得一个字节的灰度数据后，它会将其变成适当的电压以控制电子束的强弱，从而使得屏幕上对应的像素呈现出相应地灰度，如图 14.11 所示。

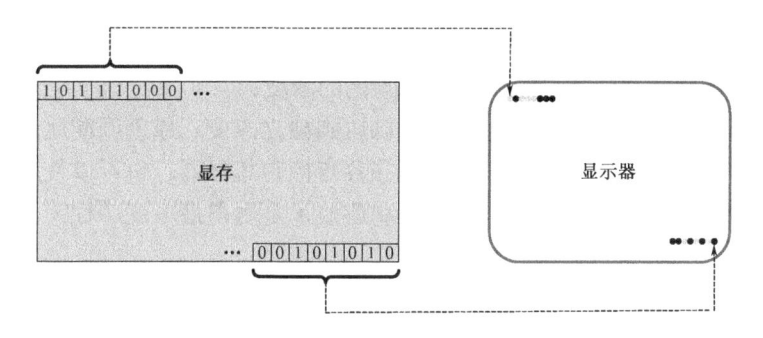

图 14.11　灰度显示中每个字节控制一个像素

　　这意味着，在分辨率相同的前提下，256 级灰度图像所需要的存储器容量要比单色显示大 8 倍。

　　在彩色电视机和彩色显示器出现之前，能够获得灰度图像也是令人兴奋的，尽管不是五颜六色，但至少你能看得清人物和风景的细节。时间在推移，什么也阻挡不住人们还原事物本色的冲动，就这样，彩色电视机和彩色显示器终于出现了。

　　世界是丰富多彩、五颜六色的。究竟是从什么时候开始，以及我们人类是如何在进化出眼睛之前就知道自己需要这么一双眸子的，这是个问题，但还无法在这里探讨。我们今天所关注的，是如何用简单的方法来产生更多的色彩。

　　光是一种奇妙的东西，不可能不引起人类的注意，而且对它的研究也持续了好几千年。人们发现，尽管生活中有各种各样的颜色，但是它们大都可以用最基本的三种颜色调配而成，这三种颜色就是红、绿、蓝，称为三原色。取决于调配时这三种基色所占的比例，几乎可以得到任何一种我们想要的颜色。

　　掌握了不同颜色的调配方法之后，电子工程师们要在显示屏幕上制造调色板，用这种办法来使显示器产生丰富多彩的颜色。和单色显示器不同，彩色显示器的荧光屏用 3 个萤光点来共同组成一个像素，而不是从前的 1 个，如图 14.12 所示。

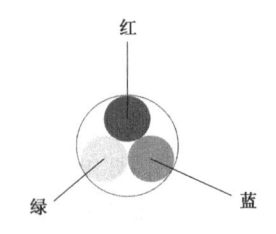

图 14.12　彩色的显示原理

数量上的变化仅仅是一个方面。更关键的地方在于，这 3 个萤光点使用了不同的荧光物质，在电子束的轰击下会分别产生红、绿、蓝这 3 种不同的萤光。当然，电子束的强弱将直接影响到这三种颜色的浓度。

彩色显示器必须使用三束电子流，以达到独立改变三原色调配比例的目的。可以从同一个电子枪分出三束电子流，并各自控制其强弱，也可以使用三个电子枪，独立地进行控制。事实上，后一种制造技术是用得最多的，称为三枪三束显示器。

每个像素都包括红、绿、蓝 3 个荧光点，如果只有红色的荧光点被轰击而其余两个都没有，那么将显示一个红色的像素；如果想要得到绿色或者蓝色，可以照此办理。除此之外，要想得到其他各种各样的颜色，就必须恰当地控制这三束电子流。萤光点很小，产生的光线是散射的，而且它们离得又是那么近，人眼得到的将是经过混合的光点，这就是它们调配出来的颜色。

在单枪单束的时代，一切都很简单，可以用 1 个或者几个比特，甚至 1 个字节来产生灰度图像。到了彩色时代，情况开始变得复杂。为了混合颜色，需要从显存里取得颜色数据，然后将它们转换成 3 路电流输出，分别控制 3 个电子枪。

为了得到尽可能丰富的色彩，最好是红、绿、蓝三原色都能有 256 级渐变，就像从白到黑的 256 级灰度一样。这样，3 种基本色都有 256 级色阶，那么它们就有 256×256×256 = 16 777 216 种搭配，也就是 16 777 216 种颜色。

相应地，为了能够在屏幕上显示 16 777 216 种颜色中的任何一种，屏幕上的每个像素要对应于显存中的 3 个字节，分别提供红（R）、绿（G）、蓝（B）这 3 种色彩数据。当显示每个像素的时候，依次取出这 3 个字节，并将它们转换成适当的电流，分别控制 3 个电子枪。

显存中的颜色数据不是随意给出的——你肯定希望显示在屏幕上的是一片翠绿的树叶或者其他什么东西，而不是乌七八糟的涂鸦，对吧？从这个意义上说，你给出了确切的三原色数据，而显示器直接将其呈现在屏幕上，显示的是你真正想要的色彩，这称为真彩色。由于每个像素对应 3 个字节，共 24 位，所以也叫 24 位真彩色。

24 位是个麻烦的长度，不如 32 位来得方便。回忆一下我们前面学过的知识，

32 位的长度意味着中央处理器每次要处理 4 个字节的数据，而且对存储器的读/写都是按每次 4 个字节进行的。当然，32 位的计算机依然可以按每次一个字节，或者每次两个字节访问存储器（毕竟我们是从 8 位和 16 位的时代走过来的，必须做到兼容并蓄），但是要多费几倍的周折，严重地影响计算机的速度。所以，为了充分发挥 32 位计算机的性能，最好是把每次存/取的数据凑成整 4 个字节，或者它的倍数（好在存储器的价格已经贱得不行了，要是从前也这么浪费，简直就是犯罪）。正是这个原因，现在流行的做法是采用 4 个字节来保存一个像素的数据，而不是理论上的 3 个，这也说明了为什么我们的计算机可以设置为 32 位色的原因。在这 4 个字节中，红、绿、蓝三基色数据各占一个，最后一个字节通常情况下不用，把它置为 0。

32 位色对于现在来说不算什么，我们的要求越来越高，设备也越来越精良，最关键的是，生产厂家和生意人都不愿意卖过时的东西，尽管我们其实有时候很怀旧。但是，时光倒退几十年，在这几十年里，我们曾经用过单色（黑白）、16 种彩色、256 种彩色，而最近一次我们用的是 65 536 种彩色，这是用两个字节来表示一个像素，称作 16 位色，因为两个字节最大可以表示 65 536。

对于 32 位色来说，每种基色有 256 级过渡是非常自然的，由淡到浓，由浅入深，看起来很舒服。但是 16 位色只用两个字节来容纳三原色数据，这样平均下来每种基色只能有 32 级过渡，使得这种渐变肉眼看起来具有令人不爽的跳跃感，图像质量的显示效果也大打折扣。不过话又说回来，尽管现在你要是为拥有 16 位彩色而欢呼会招来白眼，但在当时却会令很多人羡慕。现在的显示器可以提供更高的真彩色，但是依然允许你回到过去，来显示 256 色和 16 位色的图像。下面就是我们经常用来调整显示器颜色的工具（假设你用的是 Windows，同时请注意图中的"颜色质量"一栏），如图 14.13 所示。

图 14.13　Windows 的显示设置工具

传统上，这种采用电子束成像的显示器称为阴极射线管显示器，即 CRT（Cathode Ray Tube）显示器，第一次在电子计算机上使用 CRT 显示器是在 1949 年。CRT 成像技术有很多优点，比如色彩艳丽、图像清晰、反应灵敏，但缺点是体积比较大、笨重、耗电量高，以至于现在几乎已经绝迹，取而代之的是液晶显示器。

液晶显示技术在光学上和 CRT 是一样的，都是利用三基色混合原理，但是，为了混合色彩，前者使用了不同的材料。

1888 年，奥地利植物学家莱尼茨尔在工作中发现，某些有机物，如胆甾醇的苯甲酸脂和醋酸脂[①]熔化后，会经历一个不透明的白色浑浊液体状态，并发出多彩而美丽的珍珠光泽。只在继续加热到某个温度时，才会变成透明清亮的液体。

这当然是很奇特的，有人想把它搞清楚也就不足为怪。所以第二年，一个叫莱曼的德国物理学家开始研究这种现象，想从微观上看一看这里面都有些什么奥妙。和所有人一样，他的眼神不济，看不清像分子这样微小的东西，于是亲自设计了一款最新的、带有加热装置的偏光显微镜。这一下，他发现了一种具有晶体性质的特殊液体，并亲自将其命名为液态晶体（Liquid Crystal），简称液晶。

我们知道物质有三态：固态、液态和气态。之所以会有这三种状态，很大一部分原因就在于构成它们的原子和分子的间距不同。还记得我们前面在讲半导体的时候说起过晶体，当然我们指的是固态的晶体，这些东西都具有某些共同的特点，比如原子或者分子排列很规整，具有固定的熔点，而且在光线的照射下会呈现出晶莹的光。

不单是固态的晶体，液态的东西里也有晶体。换句话说，有些液体，组成它的分子具有按一个方向整齐排列的特点，以至于它具有晶体的性质，这就是液晶。如图 14.14 所示，液晶分子大体上都呈细长棒状或者扁平片状，长约 10 纳米，宽约 1 纳米，真的是非常微小。

一般液体　　　液晶

图 14.14　液晶的形态

这或许还算不了什么，更为奇特的是，将液晶放在两个极板之间，在两端加上电压之后，这些分子马上会齐刷刷地改变排列方向，如图 14.15 所示。

---

[①] 我想很少有人能看懂这是些什么东西。这再一次证明了逻辑学中的概念并非指的是文字本身。

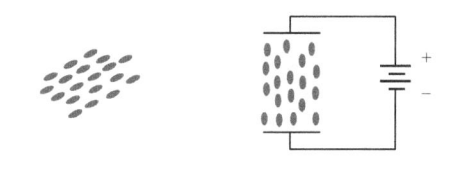

图 14.15　外加的电压可以使液晶的排列发生变化

实际上，早在发现液晶之前，也就是在 19 世纪初，科学家们就开始研究晶体的性质。那些常见的性质，比如固定的熔点呀、美丽的光泽呀、规则的外观呀，就不用再说了，神奇的是，他们还发现很多晶体物质可以使光线发生旋转，也就是旋光性。下面就来说说旋光性。

研究液晶的旋光性需要一个偏光片，如图 14.16 所示。注意，偏光片上有一条透光的沟槽。

图 14.16　偏光片

很早以前麦克斯韦已经证明了光也是电磁波——沿各个方向振动的波。通常，我们沐浴于其中的自然光来自各个方向，有的直接来自我们注视的物体，这是我们需要的；而另一些则来自其他方向的反射和散射光，这会干扰我们的视线。晴天白日下，前方明晃晃地看不清东西，就是这个道理，而偏光片的作用是可以滤掉那些讨厌的光，留下那些振动方向和沟槽一致的光线。

现在，将灯泡放在偏光片的背面，通电之后将灼热发光。这将在偏光片的另一面产生一条扁平的光带——就像白天的日光透过小窗照进黑暗的小屋一样，这对于任何一个人来说都是非常自然和极好理解的。要是你在这束光前进的途中放置一个透明的东西，比如一块玻璃，光线照样能穿透它，不受任何阻碍地继续前进，就好像这些障碍物根本不存在，如图 14.17 所示。

早在以前我们就曾经说过，玻璃不是晶体，它没有固定的熔点。要是把玻璃拿开，换上某种晶体，奇怪的事发生了。就像一片叶子，被你捏着梗捻了一下，光线居然在通过晶体时旋转了一个角度，如图 14.18 所示。

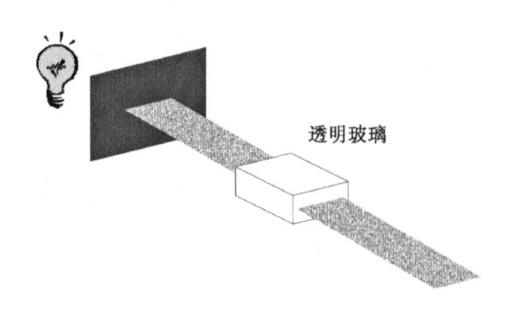

图 14.17　光线穿过玻璃时并不会有任何变化

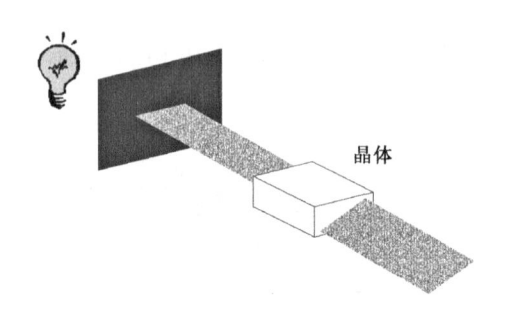

图 14.18　光线穿过晶体时会发生旋光现象

这就是所谓的旋光性。有很多晶体具有使光线旋转的特性，这里面也包括液晶。为了利用液晶成像，需要准备两个偏光片，但是它们的沟槽呈不同的角度，如图 14.19 所示。

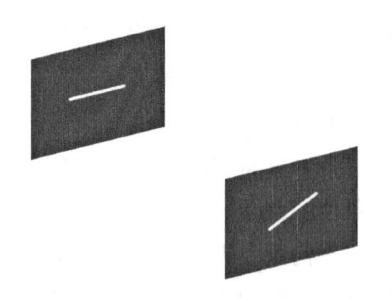

图 14.19　用液晶显示一个像素需要两个偏光片

我们把图画得很大，是因为大家的视力比不上显微镜。在这两个偏光片之间放置一个液晶分子，这样，当光线从一个偏光缝照射进来后，经液晶分子旋转，正好能从另一个偏光缝中穿出。这时，我们就能看到亮光了，如图 14.20 所示。

未通电时

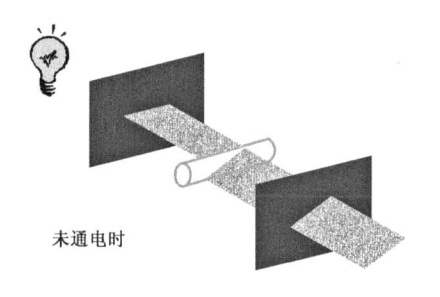

图 14.20　当没有外加电压时，光线可以穿过两个偏光片

如果仅仅是想让光从这两条缝里穿过，大可不必这样麻烦，我们需要一点点改变，期望能因此而带来令人惊奇的效果。现在，我们在两边加一个适当的电压（通常的做法是在两个偏光片上各加一层导电玻璃，并将它们分别接到电源的正、负极上），由于前面已经讲到的原因，液晶分子立即改变排列方式，光线将会不经旋转地直接照射到另一个偏光片上。又因为两个偏光缝并非平行，而是呈一个角度，所以光线无法穿过第二个偏光片，于是我们看到的将不再是亮光，而是黑色，如图 14.21 所示。

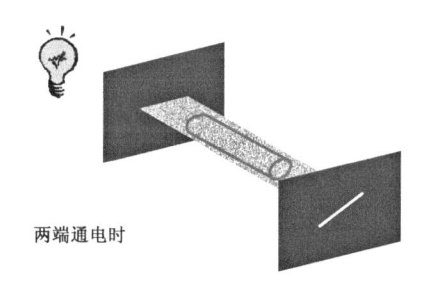

两端通电时

图 14.21　当有外加电压时，光线消失

很巧妙，对吧？这就是液晶显示器的显示原理，说明了它是如何显示单个像素的。当然，在这个例子中还只能显示黑白两种颜色，要想显示彩色，则需要三个这样的液晶构造，通过加上一层滤色膜，就可以让它们分别显示红、绿、蓝三种颜色，并混合在一起呈现出某种彩色。在这方面，它和传统的 CRT 显示器使用了相同的原理。

这只是一个简单的示意图，液晶显示器的实际构造远比这个复杂得多。如果在看这段文字的时候你旁边就有一台液晶显示器，不知道你会不会想到那里居然密密麻麻地分布着几百万个这样的像素构造体，光是如何巧妙地安装和连线都够让人惊奇甚至是头皮发麻了，现代的科学技术真是令人赞叹。

传统上，发光二极管是作为液晶显示设备 LCD 的背光源使用。但是，如果能改善 LED 的发光性能，延长它的工作寿命，把它做得极其微小，就可以直接用于制造显示器和显示屏，从而可以省掉背光源、液晶和滤色片，降低生产成本。

在这方面，当前重点发展的是使用有机材料制成的 LED，有些人称之为有机发光二极管（Organic Light-Emitting Diode：OLED），这种材料并不是新的，实际上早在 1979 年就由一个华裔科学家邓青云用真空蒸镀法制成，但真正具有实用价值也是最近几年的事。

集成电路的飞速发展和显示设备制造技术的进步也促进了智能设备，特别是智能手机的发展。原则上，平板电脑和智能手机的屏幕与桌面计算机和多数电视机的屏幕没有什么质的区别，只是多了一层触摸屏，以方便用手指操作。

实际上触摸屏也不是什么新鲜玩意儿，很多年前就已经存在，只是没有现在这么精致。通过触摸屏用手指进行操控的技术，我们现在称之为"触控技术"，其本质上就是感知和定位手指触摸的位置，这可以用多种方法实现。

首先，我们先回过头去看一眼图 14.6，在那里，键盘使用跨接在行线和列线上的开关来检测按下的是哪一个键。基于相同的原理，如图 14.22 所示，如果我们将开关换成微小的电容，这样就能做成一个电容触摸屏。

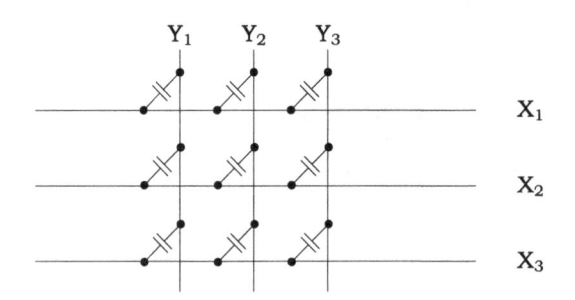

图 14.22　电容式触摸屏的原理

为便于制作电容并将行线与列线分开，我们需要两个透光性好的基板。如图 14.23 所示，我们在其中一个基板上用透光性好的导电材料制作如左侧所示的图案，而在另一个基板上用相同的材料制作如右侧所示的图案。注意，图中所示的两个图案仅仅是两个透明基板上的局部。

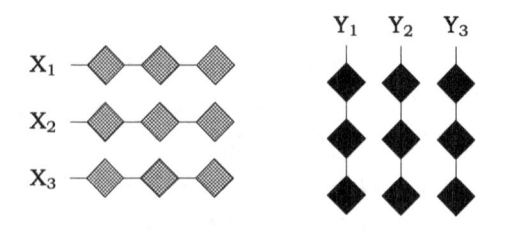

图 14.23　触摸屏两个基板上的图案

一旦制成了两个基板，则可以将它们叠合在一起，中间衬以极薄的绝缘材料将两个基板上的导电体隔开以防短路，如图 14.24 所示。这样，行线或者列线上的每一个菱形透明导电体都会与位于它周边的、另一个基板上的菱形导电体共同组成微小的电容器。

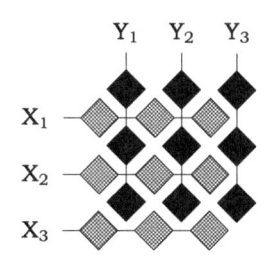

图 14.24　触摸屏两上基板叠合之后的效果

我们知道，电容量的大小和极板的大小、极板间的距离都有关系，而人体也相当于一个接大地的极板。当我们用手指触摸屏幕时，将与它下面的那些菱形导电体共同组成电容器，并将改变相对应的行线与列线上的电流。我们可以检测到哪条行线和列线上的电流显著改变，从而可以知道触摸点的坐标。

电容式触摸屏是我们现在用得较多的，而且可以实现多点触控——也就是允许你同时触摸屏幕上的多个位置，设备可以检测到每一个触摸点，从而可以实现一些复杂的功能。不过，电容式触摸屏比较复杂，所以在它之前我们一直使用电阻式触摸屏，简称阻式触屏。

如图 14.25 所示，最简单的阻式触屏需要两块透明的基板，而且用透光性良好的阻性材料均匀地镀在这两块基板上。镀上去的阻性材料会在基板上形成一个大的、阻性按长度均匀分布的电阻。同时，我们还要在每个基板的两侧安装导电条，以方便连接导线。每个基板有两个导电条，其中一个基板上的导电条位于水平方向的两端，即图中的 X+ 和 X-；另一个基板上的导电条位于垂直方向的两侧，即图中的 Y+ 和 Y-。正是因为这里有四个导电条，需要连接四条导线才能工作，所以这种阻式触屏又称为四线触屏。

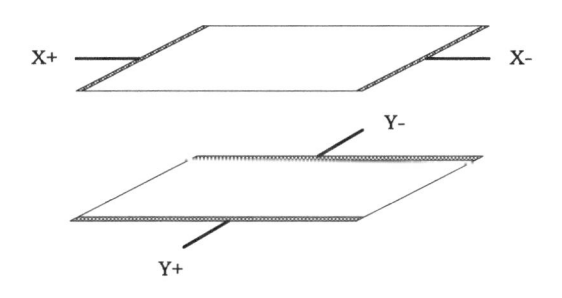

图 14.25　阻式触屏的基板结构

这两个基板不能直接叠合在一起，中间需要有一个极薄的颗粒状分隔层，使它们彼此绝缘。

在没有外部的按压时，X+和X-之间是一个完整的电阻，而Y+和Y-之间也同样如此。如图4.26所示，如果我们用手指触摸按压屏幕，那么上面的基板将发生弯曲并与下面的基板在触摸点发生接触。此时，在一个基板上，以触摸点为中心，触屏上的阻性材料可以被视为是两个等效电阻 $R_{x+}$ 和 $R_{x-}$ 的串联；而在另一个基板上，触屏上的阻性材料可以被视为是两个等效电阻 $R_{y+}$ 和 $R_{y-}$ 的串联。

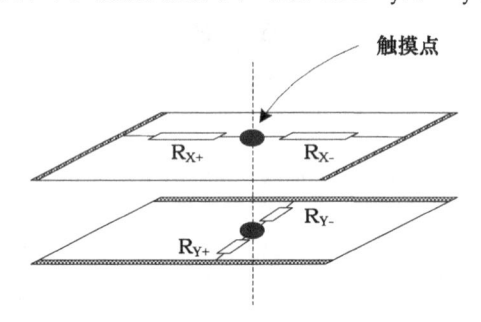

图 14.26　阻式触屏触摸时的分压原理

电阻的串联具有分压作用，如果在导电条 X+上施加电压 $V_{x+}$ 而 X-接地，则 $R_{x+}$ 和 $R_{x-}$ 两端电压之和等于 $V_{x+}$；同理，如果在导电条 Y+上施加电压 $V_{y+}$ 而 Y-接地，则 $R_{y+}$ 和 $R_{y-}$ 两端电压之和等于 $V_{y+}$。

因此，如果分别测量上下两个基板上的接触点电压，那么，在第一个基板上，接触点的电压与 $V_{x+}$ 的比值，再乘以第一个基板的高度，以像素为单位，就是接触点的 $X$ 坐标。相应地，在第二个基板上，接触点的电压与 $V_{y+}$ 的比值，再乘以第二个基板的宽度，以像素为单位，就是接触点的 $Y$ 坐标。

前面我们重点说了显示器的成像原理，以及现在流行的触控技术。在做了这样的物质准备之后，剩下的问题是，如何在显存中布置我们所要显示的图像？

这里有几种可能。第一种前面已经说过了，那就是简单地把要显示的内容快速地写入显存。显卡总是在不停地读显存并加以显示，显存里的内容更新得有多快，屏幕上的图像就变换得有多快。

第二种是动态生成的。比如要在屏幕上画一条直线或者一个圆，按照常规的方法，需要事先将组成这些图形的每一个点保存起来，下次显示的时候再原样写入显存的相关单元，就像保存和显示一幅照片那样。不过，要是你《几何》这门课学得好，你就会知道，只需要给出一条线上首尾两个端点的坐标，或者圆心的位置和半径，直线或者圆上的其他点都可以通过数学公式计算出来。

所以，很好，这样就大大减轻了我们编写程序的负担，每次只需要指定一些参数，计算机就能自动得到其他点在屏幕上的位置，并自动填充显存。非但如此，其他一些显示效果，比如半透明、渐变、暗化、亮化、图像填充、动画过程，等，都可以自动完成。要想完全了解这些术语的意思，就得用功学习计算机图形学。

不管采用哪种方式在显存中布置图像，遗憾的是存储器一直不够快。所以要想快速地显示动画，传统的方法是将显存分成几个部分，称为位平面，每次只把一个位平面上的内容呈现在显示器上。在一个位平面正在被显示的同时，另一个位平面也在快速地填充，然后瞬间切换，于是你就看到了无比流畅的运动图像。

以前，上面所说的这些计算任务都是由中央处理器负担的。中央处理器很忙，干这些事情会很吃力，所以现在都交给了显卡上的微处理器，称为图像处理器（Graphic Process Unit，GPU），实际上也就是数字信号处理器 DSP。我们现在的个人计算机上，GPU 的复杂程度可能不亚于中央处理器 CPU。

现在，图形图像已经成了一个热门的领域，动漫制作、平面设计也已经成为一种行业，并且正在吸引着无数的人从事这方面的工作。如果你也有这方面的艺术天赋，那还犹豫什么？

## 14.4 辅助存储设备

计算机工程师们用纸带来记录程序指令可能是有道理的，尽管在计算机内部，程序指令都是一些电信号，但是纸带却是它们非常直观的写照，这差不多也能表明技术人员是一种奇怪的动物，骨子里总是喜欢追求那种既直接又朴素的美感。

不过，万事万物都在变化，除了死亡和税收（说得好。不过还有一种说法是：世界上唯一不变的就是一切都在变化）。很快，纸带被淘汰出局，取而代之的是磁记录技术，而那些专职在纸上打眼儿的行家里手也许要面临失业（所以说这并不完全是一个好消息）。

磁记录不是为了庆祝电子计算机时代的到来而做出的发明创造。相反，它有着更奢侈的目的——把声音保存下来，想什么时候听就什么时候听，比如一边吃着烧烤喝着冰镇啤酒，一边让大明星为你歌唱。同时，这个发明也造就了无数的就业机会和饭碗，产生了诸如无线电厂、电器批发商行、唱片公司、歌唱家和明星保镖这类新生事物。

正如我们已经知道的那样，声音，从本质上说是一种振动。1877 年，考虑到这种振动可以连续地记录在一个圆盘或者滚筒上，爱迪生发明了留声机。留声机可以用电动机驱动，也可以像他的发明人一样用手摇。而那个圆盘的表面则是一层锡纸、蜡或者虫胶。当大声说话的时候，声波会迫使一根针在圆盘的表面留下深深浅浅的坑。同样是这根针,播放的时候正好相反,深深浅浅的坑让它以不同的幅度推动一个纸片,纸片迫使空气振动,我们就听到美妙的声音了。据说这东西拿出来之后,竟然使得位高权重、英明仁慈、似乎什么世面都见过的总统先生在它旁边晃悠了两个小时。

美中不足的是,这东西刚刚发明出来的时候,声音太小。这是可以理解的,记录的时候,就算炸雷也凿不出多深的坑,播放的时候这些坑引起的空气振动不知道赶不赶得上苍蝇扇动翅膀。直到后来出现了电子管和晶体管,才改变了这种局面。

留声机之后,人们又发明了钢丝录音机。同样,这是很好理解的技术,因为在当时已经有了电话,而且人们已经掌握了用电子管把信号放大的技术。人们把细钢丝绕起来,在电动机的牵引下运动。钢丝上有一个电磁铁,在这里被称为磁头,当通上音频电流的时候,会在钢丝上留下剩磁,等于是把声音信号记录下来了。播放的时候,钢丝上的剩磁会在磁头上感应出微弱的电流,经过电子管的放大,推动扬声器发声,如图 14.27 所示,随着音频电流强弱的变化,在钢丝上留下的微小磁场也会有强有弱。

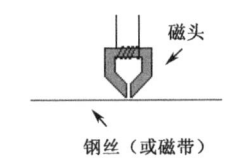

图 14.27　传统的录、放音原理

想必很多人都知道瞎子阿炳和他的《二泉映月》。阿炳真正的名字叫华彦钧,双目失明,一生坎坷、悲惨凄凉,但拉得一手好二胡。电视剧《暗算》里,一位剧中人曾经这样评价他的绝世曲调,说他"把二胡拉得跟哭似的"。

《二泉映月》能够流传下来并为很多人所熟知,多亏了 1950 年用钢丝录音机为它录了音。这件事情的经过我在上初中的时候就从一本杂志上读过,印象很深刻。但杂志的名字记不太清,好像《名人传记》,说是为了录这段音乐,他们好不容易从别处借了一台从苏联买回来的钢丝录音机。在当时,估计这样的宝贝全国也就那么几个,不像现在,就算是一部简简单单的手机也能录制声音,半个世纪不算长,但是天翻地覆。不过同样是这台录音机,多年以后的今天,据说其实是香港的一位朋友赠送的。无论如何,这都不重要,重要的是录完音之后没几个月,华彦钧就溘然故去,而为他录制的 6 首曲子成了绝唱。

钢丝录音机的音质并不好,而在当时又十分昂贵,所以并没有像它的发明者所期望的那样迅速流行和普及。相反地,有一种新型的替代品——磁带走进了人们的生活。

# 第14章
## 核心与外部设备

磁带录音机的原理和结构与钢丝录音机非常相似，只是它用的是磁带——有点儿像一大卷布条那样的很柔软的带子，用塑料制成。在它的表面是一层磁性材料，如三氧化二铁，或者氧化铬，在电动机的牵引下可以用磁头记录或者重放声音。为了保证稳定性和可靠性，磁带被封装起来以便于存放和使用，现如今年龄在30岁往上的人都不会对它感到陌生。

磁带录音机在20世纪七八十年代之后达到了流行和普及的顶峰，在当时，能够拥有一台这样的机器是一件值得骄傲和自豪的事情，也是家庭财力的一种展示。

就在大批科学家忙着将声音和图像录制在钢丝、磁带上的时候，那边厢，大批的计算机学者们正穿着白大褂在电子计算机旁边给纸带打眼儿。当他们抬起头来的时候，蓦然发现磁带这种东西正是他们所需要的。他们认为，用磁带来记录计算机的数据和指令，会给他们带来前所未有的方便。于是乎，磁带顺理成章地成了当时那些大型计算机的重要外部存储设备。不过使用磁带有一个显然不是很方便的地方，那就是在磁带上寻找想要的数据很不直接——简直是太不直接了，因为磁带是绕成卷的，如果想要的数据恰好在磁带的末端，还得"咻咻"快进一会儿才能找到它。换句话说，这东西是顺序检索的。

最开始这还能将就，但是随着计算机在各个行业上的应用越来越广泛，自然对速度提出了更高的要求。于是，1956年9月13日，一个名叫雷诺·约翰逊的人和他的同事们首次将一个叫硬盘的大家伙安装到计算机上。这宝贝足有两个冰箱那么大，重达1吨，从侧面看上去像一把巨大的梳子，但是容量，以今天的眼光来看实在是太小了，只有4.4MB，勉强存得下一首MP3歌曲。

在当年约翰逊带队的硬盘小组中，有一个名叫艾伦·舒加特的人特别引人注目，他后来发明了历史上第一个双面硬盘。舒加特和他的王朝曾经主导了整个硬盘产业的快速发展，在短短的几十年里使硬盘无论从体积还是容量，乃至速度都发生了翻天覆地的变化，成为全球增长最为迅猛的计算机产品。如今，因为他的功劳，非但我们的生活离不开硬盘，更实现了他让硬盘"更大、更快、更便宜"的愿望，而他自己也成了当之无愧的"硬盘教父"、"旋转博士"、"磁盘驱动器之王"。

1998年，他突然被自己19年前创办的公司踢出门外。董事会要求67岁的舒加特退休，但是他没有答应。于是董事会痛下狠手，将他强行解雇。"他们用电话通知我，"老人愤愤不平地说道，当然是为他自己的遭遇，"当时我的狗就在旁边，它狂吠了一阵，因为连它都听懂了他们的一派胡言。"

硬盘的构造称不上复杂，但毫无疑问非常精密。它由一个以上的盘片组成，构成盘片的基本材料一般是铝，上面镀一层磁性材料，这也是它之所以被称为硬盘的原因。这几个盘片像烤馒头片一样穿在同一根棍子（用机电上的术语来说就是"轴"）上，在电动机的驱动下高速旋转。

为了在硬盘上读/写数据，每个盘片都需要两个磁头——上、下各一个。像普通的录音机一样，二进制的 0 和 1 被转化成两种强度不同的磁场，通过磁头记录在盘片上。

磁带是顺序存取设备，要在它上面读程序和数据，通常只能从头到尾慢慢地找。要是你每天的工作就是干这个，非窝一肚子火不可。为了快速地访问程序和数据，硬盘提供了更好的解决方案（但不一定是完美无缺的解决方案——历史证明了这一点）。

首先，硬盘的盘片是圆的，磁头位于它的表面，可以将转动着的盘片表面磁化，通过这样的方式来记录数据。这意味着，在盘片上写数据的时候，会在转动着的盘片表面形成一个圆形的磁化区域，这称为磁道，不过由于我们肉眼凡胎，不可能看见。

其次，磁头也是可以移动的，从盘片的中心到边缘，或者从边缘到中心，这样磁盘表面就不止一条磁道。尽管看不见，但你可以想象它们将在盘片上形成密密麻麻的同心圆。为了读/写某条磁道上的数据，磁头可以快速地移动到那里，仅凭这一点就和磁带有了本质上的区别。

现在的硬盘都不大，通常比一本 32 开的书还要小。如图 14.28 所示，这是一个拆开的硬盘。要看到一个硬盘的内部是很不容易的，毕竟，要不是坏了，没有谁舍得把它拿出来示人。

图 14.28　硬盘的内部构造

硬盘的盘片从 0 开始顺序编号，第一个盘片的正面是 0，反面是 1，第二个盘片的正面是 2，反面是 3，如此，等。由于每个盘面都有一个磁头，故通常不说"盘面号"，而称之为"磁头号"。在每一个盘面上，各个磁道也从 0 开始有一个顺序编号，也就是磁道号。现在，闭上眼睛想象一下，在所有盘面上，位置相同的磁道会共同形成一个"圆柱"，这就是柱面。

"柱面"这个概念的形成是有原因的。在多数人的意识里，硬盘记录数据的方式是以盘面为单位的，一个盘面满了，再使用另一个盘面。实际上，这并非是一种高效的工作方式。相对于处理器的工作速度，读/写硬盘时，移动磁头寻找磁道

（寻道），是一个需要浪费大量时间的机械动作。为了加快硬盘的读/写速度，如果一个磁道容纳不下的话，最好是保持磁头不动，而把数据分散于各个盘面的同一磁道上。换句话说，柱面是硬盘读/写的一个基本策略。

磁道还不是硬盘读/写的最小单位。事实上，磁道进一步被划分成细小的片断，由于磁道是个圆环，所以这些片断也呈弧形，称为扇区。在扇区与扇区之间，有一个小小的间隔，可以用来减小彼此之间的干扰。可以想到，基于相同的原因，磁道之间也会有一个小小的间隔。

每个扇区以一个扇区头开始，在这个区域里标记了该扇区所在的磁头号、磁道编号，以及自己的编号。另外，在扇区头里还有一个二进制标记，表明该扇区是不是因为物理上的损坏而不能再用。

扇区头还有其他几样东西，但已与我们现在的话题无关。接下来，对于每个扇区来说，真正用于存储用户数据的地方是在扇区头之后，一般有 512 字节。

硬盘属于旋转设备，磁头只能在盘片的半径方向来回运动，对磁道的读/写必须依靠盘片的高速转动。盘片的转速非常高，每分钟旋转 3 600 圈[①]现在被认为是很低了，这个速度目前可以达到每分钟 7 200 圈到 1 万多圈，通常认为较快的转速对于缩短硬盘的读/写时间是有利的。

和所有连在计算机上的物什一样，硬盘，包括后面将要讲到的其他辅助存储设备都属于 I/O 设备，有自己的 I/O 接口电路。换句话说，它们都有自己的 I/O 端口，并且善解人意，知道处理器很忙，会用中断和处理器联络。同时，因为存储设备总是和大量的数据相关，所以毫无疑问地会采用 DMA 机制，真能干。

存储设备的 I/O 接口不是一成不变的，因为我们总是希望它们的数据传输速度能更快。要知道，尽管处理器一直对内存的速度感到不满，但硬盘的速度实际上比内存还要慢 10 000～100 000 倍。为了提高内存和辅助存储设备之间的数据吞吐量（每秒钟传送的比特数或者字节数），人们发明了不同的 I/O 接口，比如先进技术外设（Advanced Technology Attachment，ATA，习惯上我们一直称它为 IDE 接口）、串行先进技术外设（Serial Advanced Technology Attachment，SATA）、小型计算机系统接口（Small Computer System Interface，SCSI），等，这还不是全部。各种不同的接口都有自己独特的地方，特别是接口电路和硬盘实体之间的连线形式（决定连线形式的，是它们内部迥然不同的工作机制）。比如 ATA 是并行传输，SATA 则是串行的。但是说来说去，人们最关心的其实还是速度。

硬盘读/写的基本单位是扇区。要做到这一点，那些希望在硬盘上写数据，或

---

[①] 圈/分钟通常表示为 r/min，即 rounds per minute，也称为转/分钟。

者从硬盘上读取数据的软件程序必须通过中央处理器给硬盘 I/O 接口发出指令，把磁头号、柱面号、扇区号，以及数据在内存中的地址等，告诉 I/O 接口的端口寄存器。这样，剩下的工作就由硬盘来自动完成。

在这个世界上，胜利总是暂时的，王者永远不会寂寞，因为总是有挑战者伺机取而代之。首先发起冲锋的是光记录技术，也就是我们现在常用的光盘。世界上第一个光盘产品诞生于 20 世纪 70 年代，它的主要原理是用激光的两种不同反射状态来记录二进制数据。光盘记录数据的主要材料是能够在激光的照射下改变状态的化学材料，以及位于其后方的反射层。通过控制大功率激光束的有无，可以达到使某些地方的化学材料透光性变差，而另一些没有变化的目的。以后要读取这张光盘时，将根据反射光线的强弱有无来还原这些数据。

存储技术的竞争通常集中在两个方面：容量和成本。在 20 世纪 90 年代，人们普遍认为硬盘的记录密度很难再进一步提高。就在人们引首期盼存储领域里的新君主时，传来的战报是硬盘又控制了局面，恢复了秩序。传统的硬盘和老式磁带录音机一样，用电磁感应的原理工作，但是随着比特密度的提高，每个比特的磁场越来越弱，读取越来越困难，更不要说为了进一步提高位密度。后来又发明了一种方法，将每个比特的磁场立起来，像钉子一样楔入磁层中，这就是垂直记录技术。

1988 年，法国人阿尔贝·费尔和德国人彼得·格林贝格尔分别发现，有些东西的电阻会受到磁场的影响，非常微弱的磁场变化就能显著地改变它们的电阻（从而显著地改变电流），这一发现被称为巨磁阻效应。1994 年，世界上第一块采用巨磁阻磁头的硬盘诞生，记录密度一下子提高了十几倍，容量从 4GB 提高到 600GB 甚至更高。采用巨磁阻技术的硬盘使用两个磁头，写入的时候还是采用传统的电磁感应方法，而在读出的时候则采用巨磁阻磁头。

2007 年，阿尔贝·费尔和彼得·格林贝格尔共同分享了 2007 年诺贝尔物理学奖。有人认为，那些发现了物理学新原理，并使这一原理得到广泛应用的科学家正日益得到诺贝尔物理学奖评审们的关注。

光盘有自己的优势，比如便于随身携带，或者保存暂时不用的数据，后一种情况使得它更适合用于备份，即把目前用不到的数据记录在光盘上，并存放到安全的地方以备不时之需，同时将其所占用的硬盘空间腾出来。总地看来，光盘与其说是取代硬盘，还不如说它是硬盘的有益补充，至少目前来看是这样。

另一种看来有希望从传统硬盘那里夺走权杖的是集成电路可擦写只读存储器，俗称"闪存"，这种东西已经在前面的章节里有所介绍。由于技术的进步，特别是集成电路制造技术的进步，已经可以在很小的硅片上集成容量巨大的闪存，而且可以根据需要反复重写。

受体积和内部空间的限制，移动智能设备，如平板电脑和手机等，只能使用大容量的闪存做为内部存储,也就是我们平时所说的 ROM。这些设备将可擦写只读存储器与控制器紧密结合在一起形成了所谓的手机 ROM,用于存储各种手机上的各种应用,类似于桌面计算机中的硬盘。当然,象手机这类设备也是电子计算机,也需要有自己的 RAM,只是将传统的硬盘换成了 ROM。

在传统形态的电子计算机上,取代传统旋转式硬盘的是固态磁盘(Solid State Drive:SSD)。固态磁盘也使用闪存,但不同之处在于它的控制器与传统的磁盘 I/O 接口兼容,这样就能够把它当成传统的硬盘来使用而不会出现兼容性的问题。如图 14.29 所示,固态磁盘可以做得很轻、很薄,因为它内部只有集成电路芯片而没有机械旋转部件。

图 14.29 当下流行的固态磁盘

固态磁盘也有自己独特的地方,那就是质量很小,不需要电动机和盘片,没有磁头,更不要说旋转。要是它掉在地上磕碰了一下,你唯一可担心的就是有没有沾上灰尘——如果你有洁癖的话。但是传统的硬盘则不同,由于位密度很大且磁场太弱,碰头几乎要紧贴着盘片。因此,当它正埋头工作的时候你也不小心来这么一下,很大可能就是"嘎——"的一声停止工作,盘片表面上的坏块就这样产生了。

最新的情报是"战争"才刚刚开始,固态磁盘还处于劣势,原因很简单,无非就是容量、性能和价格。传统的旋转硬盘,或者简称 HDD 硬盘,可以提供几兆和几十兆字节的容量,注意,20 世纪 90 年代初能够买到 1 个多吉(G)字节容量的硬盘已经令人欣喜不已,但是现在,这个数字已经达到几个 TB。

现如今各行各业在数据存储上的胃口越来越大,但是从综合性能和实际应用上来说,SSD 硬盘的应用看起来并不那么乐观。对于服务器来说,增加高速缓存并使用 HDD 硬盘,相比单纯使用 SSD 能在价格和性能上取得平衡;而对于个人计算机用户来说,使用 SSD 只是让个人电脑启动更快,或者启动程序更快。除了用于高端游戏之外,大多数个人电脑的程序只需要少量的 DRAM 内存,因此 SSD 硬盘不能提供其他显著的性能改进。

最后,我们来说说大家都非常熟悉,甚至天天都要用到的 U 盘。尽管制造 U 盘的材料也是闪存芯片,但它毕竟不同于手机的内存存储,也不同于传统硬盘或者固态磁盘，它的 I/O 接口是通用串行总线接口（USB）。所以，它们在工作方式上是不同的。U 盘的发明者是哈尔滨朗科科技有限公司，这是几十年来，中国在计算机存储领域里唯一的原创性发明专利成果。谁都想轻松赚钱，但大多数时候都不过是痴人说梦，除非你拥有专利。"市面上在卖的……U 盘，公司都要向它们收取专利费用。因为 U 盘是我们发明的，我们申请了专利。"面对记者的采访，朗科科技有限公司的代表自豪地说道。

# 第15章

# 数字化生存

在电子计算机如此普及的时代，它已经和通常意义上的家用电器没什么区别了。想买一台放在家里，对一般家庭来说也不再意味着需要节衣缩食和节约开支。尽管计算机说不上是多娇贵的东西，但是在历史上有那么一段时间，我们把它奉若神灵，不但要用上好的布擦来擦去，防止它粘上尘土；还爱屋及乌，连给它遮风挡雨的房间都要一尘不染。这还不说，要是条件好，还要为它配上空调，铺上防静电的地板，任何人想要去看它一眼，都得换衣换鞋，那郑重其事的样子就像去朝圣。俗话说酒品见人品、文风看世风，著名信息科学家陈禹在1995年写了一本书，名字叫《中小学生电脑入门》，其中的一段文字就很能说明问题：

舅舅下班后径直来到燕灵家。晚饭后，第一课终于开始了。舅舅揭开罩在计算机上的绿色绒套，一台崭新的台式计算机出现在面前。乳白色的主机箱显得十分端庄，黝黑的显示屏幕给人一种深而远的神秘感，可移动的键盘带来方便舒适的亲切感。舅舅检查了一下电线及插座，仔细地把键盘及前前后后的各种插口检查了一遍，然后按下了标有"POWER"的按钮。

在使用计算机这件事上如此谨小慎微，这很容易就让我想起了法国大化学家、微生物学家巴斯德。他对身边的微生物如此小心，就连放到面前的每盆菜肴都要用放大镜仔细看一眼。正如旅游文学作家比尔·布莱森所评价的那样，"由于他的这个习惯，很多人可能不会再邀请他吃饭。"

在当时，人们普遍害了这种幼稚病[①]，这是一种普遍现象，因为电子计算机这东西既神秘又昂贵，不是一般人能买得起的，大家也不明白把它买回来到底有什么用。现在，计算机的应用越来越广泛，它的样式也越来越多，价钱也越来越便宜，谁也不那么爱惜了。象手机这样的智能设备就不用说了，我们天天拿在手里，

---

[①] 我当然不是在反对要好好爱惜自己的爱机，特别是有些计算机需要全天候为大量的人群服务，对温度和湿度及电磁环境都有要求，这样才能保证不发生或者少发生故障。但凡事都有个度，把自己弄得神经兮兮就不好了。

也不觉得它有多珍贵，而对于那些体积大一些的台式机来说，也不会在开机前像找一根丢了的绣花针那样检查一遍，往往是走到计算机跟前，"扑通"往椅子上一坐，"扑哧"按下电源按钮，这就开始了。

## 15.1 数字化浪潮

电子计算机当然是很有用的。一开始，人们的目的很简单，就是想造一种能够计算数学题的机器。不过，人类的需求很多，他们总能发挥聪明才智，让这些需求和电子计算机扯上关系。

在这个时代，我们很难细数电子计算机都可以帮人类做哪些事情。不过，无论电子计算机能干多少事，这都是外部设备的功劳，都是因为我们为它添加了新的外部设备，扩展了它的功能，使它能做更多的事情。

我们知道，电子计算机的核心部分是全数字化的，程序指令本质上是一堆数字，而程序所要处理的东西也是一堆数字。然而，在我们所赖以生存的这个世界上，大部分东西却并不是数字的。电子计算机的优势大家是知道的，精确、高速、自动执行，可以灵活设计程序，以完成各种不同的操作，甚至显得有些智能。在这种情况下，很多原本是模拟设备，现在已经被重新改造为数字设备，也就是进行数字化改造；有些无法改造的，则通过 I/O 接口来进行模拟和数字转换，这也是数字化。

正如我们在生活中已经看到和已经感受到的，电子计算机的应用越来越广泛，已经渗透到生产和生活的各个角落，形成了一股潮流，一种数字化的潮流，有人称之为数字化浪潮，以表明我们已经进入了一个数字化的时代。

二十年前，有手机的人还不多，单位在做信息采集的时候也不要求填报手机号码，你没有手机也不觉得有多不方便。但是现在不同了，人与人之间，单位和个人之间都要通过手机来联络，你没有手机已经很难开展工作，也很难及时与外界沟通。

十年前孩子上小学时，教育部门要求家长在网上报名，就连我这个搞了几十年计算机的人也不适应，觉得太超前。我不担心自己，我只是在那一瞬间想到还有很多家长会很为难，因为那个时候互联网还不是那么普及，有很多家庭没有上网，甚至都没听说过互联网。现在呢，对于学校和单位让我们上网的要求，我已经不再感到别扭了，毕竟这十年里变化太大，我亲历并目睹了互联网进入千家万户的过程，接受了每个人都在上网的现实。

本质上，因为电子计算机是基于数字的自动化机器，所以，所有基于电子计算机的应用都应该被称为数字化的应用；而依赖于电子计算机的工作和生活也都应该被称为工作的数字化和生活的数字化。既然一个现代人从出生到死亡都越来越离不开电子计算机，那么，我们可以说，现代人的生存本身就是数字化的。问题在于，现在已经很难穷举出电子计算机的每一种应用，来说明人类的生存是如何被数字化的，但可以通过描述几个典型的场景来说明这一点。

在我们的一生中，经常是不可避免地要写些什么——记几个电话号码、写一封家书、给杂志社投稿，或者在办公室里起草各种各样的文件。在没有计算机的年代，纸和笔通常是做这些事情的不二选择。不过，用纸和笔有一些令人感到不快的地方，最主要的是修改起来很麻烦。写错了字，就得划掉在旁边重写；想调整一下段与段之间的位置，恐怕就得撕了重写，这样改来改去，很快就把纸弄得一塌糊涂。

用电子计算机来处理文本和表格是非常轻松的事，可以随心所欲地指定和修改文字的效果，比如字体形状、文字大小、颜色、加粗、加下画线，等；同时，可以调整字间距和行间距，选择文字内容的对齐方式，也可以在文字中间插入各种图片。弄错了也没有关系，可以删除并重新来过，不会浪费一页纸，因为它根本就不用纸，除非你要把它打印出来。

不同类型的电子计算机，有不同的文字处理软件。你比如我们常用的 Windows 系统，就有微软公司的 Office 套件和如图 15.1 所示的国产 WPS[①] Office 套件。

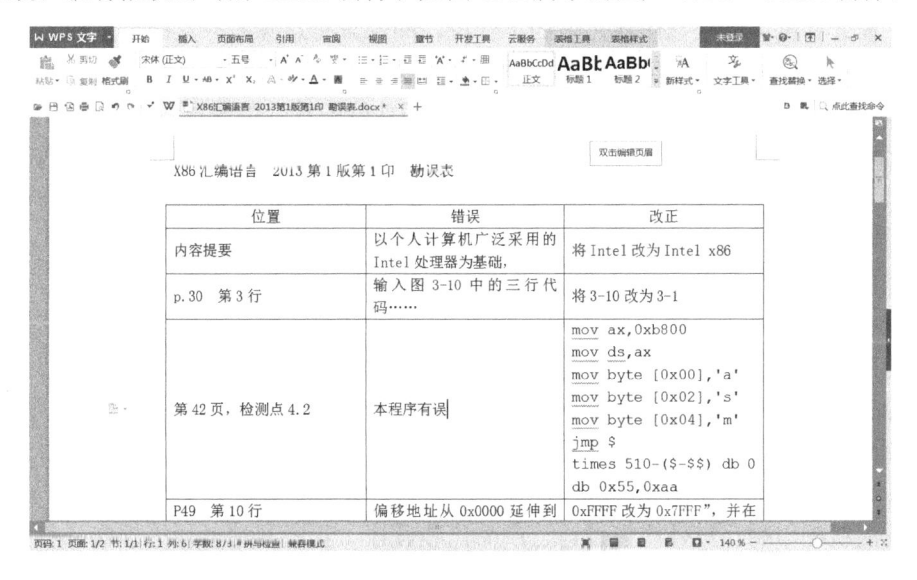

图 15.1　国产文字处理系统软件 WPS

---

① WPS 是 Word Process System 的缩写，即文字处理系统。

WPS 最初的开发者是求伯君，这是个不寻常的人，1964 年 11 月 26 日生于浙江省新昌县西山村。在地图上，上海的下面是宁波，它们都是离海很近的地方。从宁波再往下，就是新昌。

求伯君学的是和计算机有关的系统工程专业。考虑到当时的情况，他的目标是开发出一套能在个人计算机上运行的中文文字处理软件，这在当时是一个空白。从 1988 年 5 月到 1989 年 9 月，在吃了一年多的方便面、得了几场肝炎之后，WPS 诞生了。这个过程让一名网友很是佩服，他说，"吃了 3 个月方便面竟然没有吐，不愧是国防科大的，能吃苦！"

真是久旱逢甘霖，WPS 在软件功能上的定位很准，一经面市即大获成功，市场占有率一度达到 95% 以上。即使是现在，稍微年长一些的人，但凡用过计算机的，几乎没有不知道或者没用过 WPS 的。而且你要知道，在那个时候，名震天下的微软 Word、Excel 等这些软件还没有出现。

在电子计算机发明之前，人类的娱乐很多，比如打牌、下棋、看戏、围在一起聊天，这些活动都不费电。在电走进人类的生活之后，人们还可以看电影、看电视。据科学家们的研究表明，人类通过眼睛获取的信息是最多的。

在过去的若干年里，数字图像的使用增加了。增加的原因是显示器的发明和显示技术的飞速发展。图像就是图像，之所以称之为"数字图像"，是因为在计算机内部，图像不过是大量的二进制数据。

在计算机可以处理图像之前的年代里，图像只是意味着一支画笔，或者一架塞有胶片的照相机或摄像机。但是，要让图像进入计算机，就需要使用将图像变成二进制数据的设备，如数码照相机、带照相功能的数字摄像机或手机、扫描仪。

对图像数字化有三个好处。第一，最新的存储技术可以保证它不容易被破坏，可以无限制地复制，存储成本也较小；第二，可以在个人计算机、手机这类设备上随时随地浏览和观赏；第三，不像传统的纸张和胶片，可以通过软件来改变图像背后的二进制数据，从而实现对图像的编辑。

编辑图像需要借助于专业的图像编辑软件。通过这种工具，可以改变图像原有的效果，甚至可以得到自然界中从来没有过的图像。如果需要，你可以把一个人脸上的痣去掉，改变肌肤颜色，换一种发型，改变人物后面的背景，等，这一切都可以做得天衣无缝。这就是现代科技的好处。

近年来，半导体图像设备和图像编辑软件的发展造就了一些新的职业，有很多人活跃在印刷、户外广告设计、产品包装设计、互联网站设计等领域，所有这些通常称为平面设计。我只能说，对于那些有艺术天分的人来说，这是一个非常有前途的行业。

图像文件的主要内容是像素数据，也就是一系列的二进制字节，代表着图像上每个点的颜色。以一个 24 位真彩色图像为例，每个像素点需要使用 3 字节来表

# 第 15 章
## 数字化生存

示（分别是它的红、绿、蓝三基本色调配比例）。如果图像的分辨率是 1 280×1 024，那么这幅图像在存储器中总共需要占用的空间是：

$$1\ 280×1\ 024×3 = 3\ 932\ 160\ 字节 = 3.75\ 兆字节$$

现在来看，3.75MB 好像算不了什么。可是，我们每个人在生活中说不准什么时候就会收集一些图片，时间长了数量也不少，磁盘空间迟早会超出我们的预料。再把时间往前推移，不久前，互联网速度还不是很快，但是图片在网上的应用很广泛，不但网页需要它来点缀，就是我们自己也喜欢在网上传来传去。所以，即使是现在，太大的图片对我们的耐心和互联网带宽[①]都是个考验。

为了缩小图像的尺寸，可以采用压缩技术。压缩文件和解压缩不是最近才冒出来的需求。事实上，它很早就有了。在没有互联网，甚至连 U 盘还没有出现的时候，人们习惯于用软盘在计算机之间复制文件。典型的软盘容量是 1.44MB，当然是很小了。要最大限度地利用软盘的空间来保存更多的文件，压缩和解压缩就很关键了。

通过压缩可以改变（通常是减小）数据量，但如果需要，还可以保证不损失原有的信息。比如，原本一个 5MB 的图片，经过压缩后可以变成 1MB，压缩率是 20%。注意，通常情况下，压缩必须是无损的。换句话说，必须保证压缩/解压缩过程中恢复的数据与原始数据完全相同。想想看，如果一个可执行文件解压缩之后有一些字节发生了变化，那么就意味着指令的改变。指令的改变势必使程序发生不可预知的错误。再比如，解压缩之后的金融数据被改变了，这同样会导致严重的后果。既然是这样，大家一定急于知道，为什么一个数据能够被压缩？这是什么道理呢？

首先，我们知道，数据都是大量的二进制比特，它们以字节为单位存放。至于这些二进制数据代表什么含义，取决于其生成者和使用者之间的协议。

其次，在很多时候，这些二进制数据可以用另一种更简短的形式来表示。这个时候，称这些数据是可压缩的。比如，一个最容易理解的例子是行程编码。

行程编码的思想是观察被压缩的数据，看它是否带有重复的内容。假如我们要压缩这样一串数据：

**AAAAAFFRRRU**

那么，因为我们发现有些字母是连续重复出现的，所以，这串数据可以简单地表示成：

**5A2F3R1U**

注意，计算机只接受二进制比特，所以 "AAAAAFFRRRU" 在存储器和磁盘中其实是这样的：

---

[①] 带宽也称吞吐量，是指一个特定时间内（通常是 1 秒），网络所能传送的比特数。例如，如果每秒能传送 1 000 万个比特，就称此时的网络带宽是 10 兆比特每秒，即 10 Mega-bits per seconds，记做 10Mbps。

01000001　01000001　01000001　01000001　01000001　01000110　01000110　01010010　01010010　01010010　01010101

按照上面所讲的行程编码方法，压缩之后的结果是这样的：

00000101　01000001　00000010　01000110　00000011　01010010　00000001　01010101

可以看出，压缩之后显然节省了若干字节。如果一个软件知道这些数据是用行程编码压缩的，它就懂得如何恢复原来的内容。

很显然，并不是所有数据都可以被压缩，尤其是不存在重复内容的时候，压缩之后反而会增加数据量。不过，行程编码的方法对于压缩图像特别有效，因为图像由像素组成的，而像素则是一些表示颜色的二进制数据。最关键的是，图像中总是包含大量具有相同颜色的像素。

行程编码不是唯一的数据压缩方法。但是，不管有多少种方法，基本的思想没有改变，那就是为被压缩的内容找一种更简短、更节省空间的表示方法。

显然，如果使用无损压缩方法来缩小图像的尺寸，则并不能保证总是有效，特别是对于那些"含水量"不是太多的复杂图像。在这种情况下，1986年，国际标准化组织和国际电话电报咨询委员会等几个组织，共同组成了一个致力于改善图像压缩方法的联合图像专家小组（Joint Photographic Experts Group，JPEG），"联合"的意思恰如其分地指出了该小组的成员都奉命来自各个地方，同时也表明了这是一个各方联合的成果。1992年，表决通过了该标准的第一部分。

专家们都不是等闲之辈，JPEG的研究既涉及对人体视觉特点的分析，还要借助于复杂的数学公式。一般来说，每一幅图像都具有一个总体的色调和基本特征，以及一些反映局部细节的微小变化。

基于这个原理，JPEG将图像分成8×8块，然后一块一块地对图像进行处理。首先，第一个环节是分析图像，它的核心思想是找出那些观看图像所必需的总体特征和那些不太必要的、在有些情况下人眼几乎感觉不出来的细微特征。直白地说，这一步的作用是决定哪些图像信息是可以删除的。

接着，JPEG使用精心选取的64个数作为除数，一对一地将上一次输出的结果截短（做了除法之后当然是变小了）。这64个数也是按8×8排列的，称为量化表。根据对图像压缩品质的要求，JPEG准备了好几套量化表，这就好比是准备了好几个粗细不同的筛子。要想理解量化的过程，可以想象你准备压缩100以内的几个数，比如43、25、69、81和7。你可以将它们统统除以10，分别得到几个近似的结果4、2、6、8和0。这样，你就可以用4个比特来保存它们，而不是平时的1字节。当然，不同的是，JPEG的压缩使用量化表，而不是单个固定的数字。在这个过程中，很多对分辨图像来说不太重要的部分都变成了0。

最后，也就是第三步，要对量化之后的数据按传统的方法进行压缩。量化过程是有损失的,但第一步和这一步则没有。

通过选择不同的量化表和其他一些参数,就能控制压缩率和逼真度。一般公认的是,JPEG 能以 30∶1 的比率压缩 24 位真彩色图像。注意,这是一个多元化的世界,而 JPEG 也不是唯一的图像压缩标准。正是因为这样,除了 JPEG,你还能看到 GIF、TIFF、PNG 这类图像格式。

考虑到人们对电影和电视的偏爱,除了编辑和浏览图像,计算机也可以编辑和播放视频。事实上,这已经成了人们最主要的娱乐项目之一。

在电影院里,运动的图像由单个的电影胶片一张一张快速显像而形成的,利用的是人眼的视觉暂留特点。在计算机上,活动的视频也是由单个的图像在屏幕上快速切换显示而成的,这些单独的图像称为帧。

麻烦的是,如果用未经压缩的图像来拼凑一部完整的电影,将占用大量的存储空间。而且,看视频没有声音绝对不能接受,但未经压缩的声音数据也要占用可观的存储空间。如果考虑到现在很多人都通过网络在线观看视频,凭目前的互联网带宽,这对于那些喜欢在网上看电影的朋友们来说绝对不是一个好消息。

为了压缩或者播放(解压)视频,同样需要一个标准。为了在光盘这样的介质上存放电影和音频,1988 年,国际上成立了运动图像专家组(Moving Picture Experts Group,MPEG),专门研究活动的视频压缩方法,以减少它们的数据量。

MPEG 不仅定义如何压缩视频,还定义了压缩音频的标准。它有三个音频压缩级别,分别对应于不同的压缩比率,其中第三个级别是最常用的,在这个级别下既能够保证音质,也能提高压缩的比率,称为 MPEG Layer 3,或者 MP3,这就是 MP3 的由来。视频和音频的压缩是有损失的,毫无疑问应该有个限度,不能超出眼睛和耳朵的容忍范围。特别地,人类对劣质图像的容忍度要比声音高,图像模糊我们还可以容忍,但声音听不清就无法忍受了。

顺便说一下,MP3,以及其他各种随身听装置可能不是一个好的发明。尽管这些轻巧便携的电子产品能够让你很时尚,但长期不合理地使用它们却会让你能够卖弄时尚的时间缩短几十年。由于享受这些随身听产品通常需要使用耳机,如果音量太大,或者每天听的时间太长,你的听力就会受到损伤,而且不容易恢复。除了听力下降、耳朵疼痛之外,你还会患上一种特异功能,特别是到了晚上,你能听见别人听不到的声音:汽车发动机的嗡嗡声、风声、汽笛声,等,吵得你睡不好觉,然而要想收了这个神通却并不容易。

为了压缩视频,MPEG 可以采用 JPEG 的方法来压缩视频中的每一帧,因为运动图像就是以某个速度连续显示的静止图像。但是,问题只解决了一半,还不能到此为止。我们知道,为了得到稳定的画面,电影的播放速度一般是每秒钟 24 帧,要在计算机上播放,可能还要高一些。尽管帧是经过压缩的,但数量很大,仅仅压缩静止的帧是远远不够的。

不过，请考虑一下，如果视频中没有许多活动，比如一个变化不大的面部特写，两个连续的视频帧会包含几乎相同的内容。即使视频是活动的，很多时候也只是它在屏幕上的位置发生了变化，上一帧到下一帧也会有大量的冗余内容。认识到这一点，MPEG还必须删除帧到帧之间的冗余部分。

这意味着，经过MPEG压缩后，组成视频的帧不再是传统意义上的静止图像那么简单。事实上，这些帧分为三种。第一种是参考帧，它是独立的，理论上包含完整的画面信息；后面两种类型的帧是不完整的，不能独立存在，要依赖于前面的帧、后面的帧，或者参考帧。最后，MPEG的压缩比可以达到150:1。一般来说，能达到90:1已经算是不错。

根据不同的应用场合及对图像清晰度和声音效果的不同要求，MPEG标准实际上分为好几个层次。比如，MPEG-1是VCD使用的编码标准，而现阶段比较流行的DVD光盘则采用的是MPEG-2。仅从视觉效果上来看，DVD显然比VCD要清楚得多，不是吗？

如果你经常关注数字视频产业，应该知道MPEG并不是唯一的视频编码标准。比如，国际电信联盟电信标准部（ITU-T）还定义了"H"系列的标准H.261和H.263。它们与MPEG的工作很相似，但在细节上有所区别。

计算机硬件的发展，再加上显示技术越来越先进，越来越逼真化，大大促进了广播电视、电影和动画产业的数字化进程。以前，所有的电视台都用录像带来记录和播放电视节目，录像带用电磁感应的原理记录声音和图像。最近若干年，这一切都数字化了，图像和伴音不再是模拟的，而是被编码成了二进制比特。促使人们进行这种转变的原因，是计算机只能处理二进制数据。在把图像和伴音数字化之后，就可以把这些电视节目拿到功能强劲的计算机上，对它们进行字幕叠加、淡入淡出、画中画等特技处理。有多少种编辑效果我也说不清了，但是，如果没有数字技术，你现在不会在电视上看到那么多特殊效果的画面。

我们知道，传统的动画制作是非常麻烦的，需要用卡片一张一张地作图。每一幅图都和上一幅有那么一点点细微的差别，当它们连续拍摄和播放的时候，就看到了连贯的动作。这就是利用人类视觉暂留特点制作和播放动画的过程。

以前，制作一部动画片是很累人的事情，光是卡片就要画不知道多少张。现在，动画大师们可以用特殊的软件在计算机上做这些事情。甚至，通过给软件输入一些参数，就可以控制细微的面部表情和肢体动作，以达到非常逼真的效果。这一切，相信大家已经在某些票房很高的动画片中看到了。

既然都说到了视频应用，那么接下来不妨讲一讲电视技术的数字化。早先，电视台发送的是模拟电视信号。大家知道，CRT是用电子束以帧为单位扫描图像，而每一帧又包含很多行，当电子束在行与行之间和帧与帧之间切换时，需要关闭电子束的发射，这称为消隐。

在那个时代，电视台的摄像机只能输出模拟信号，这种模拟电视信号里面包含了行、场同步信号、图像信号和行、场消隐信号，它们之间用不同的电压来加以区分。对于电视机和电视信号接收设备来说，行、场同步信号用于识别某一行或者某一场的开始；行、场消隐信号用于控制电子束的发射，使之截止。

除了摄像机，电视台还有各种放像设备，用于播放录制好的节目。典型地，电视台使用的关键设备是切换台，它连接了多个摄像机和多个放像机，以便在播出过程中选择任意一路作为节目输出。

切换台的输出原则上就是电视台播出的节目，和摄像机的输出一样，包含了同步信号、图像信号和消隐信号，称为全电视信号。但这只有图像，没有声音。在模拟电视时代，电视节目的图像和声音是分开传送的。

在以前，电视节目都保存在磁带上，使用的是磁记录方式，播放的时候使用磁鼓来读取。使用磁带的缺点是时间长了容易磨损，使信号衰减。模拟信号的衰减意味着同步信号丢失或者图像信号变差，从而使得图像不稳定，甚至图像的亮度和色彩发生改变。而且，对于电视台来说，播出机房里天天都堆满了要播出的磁带，还需要人工将磁带送入放像机或者从放像机里取出。

现在，几乎所有的电视台都实现了电视节目的数字化。首先，摄像机可以直接输出数字信号；其次，录制设备可以将节目录制到内存卡或者数字磁带上；最后，所有的信号处理设备（包括切换台）和信号传输设备（比如将一路视频信号变成多路输出的视频分配放大器）都可以处理数字信号。

典型的数字电视信号是串行数字接口（Serial Digital Interface：SDI）信号，它是对传统模拟视频信号的数字化，采用串行的比特流来传送视频信号。在模拟时代，行场同步信号和消隐信号用于直接控制电视机的图像扫描，在数字时代，这些同步信号和消隐信号可以简单地用固定的数字取代，对传统的模拟图像信号则可以直接进行量化处理。

使用数字来传送电视信号，可以保证节目的传送和接收都与原来发送的内容相同，不会产生畸变。使用数字信号来传送电视节目并不能保证信号不会中断，录有数字电视信号的磁带也不能保证不会磨损，但只要信号能够到达接收方，或者信号还能从磁带中读出来，还能够分辨出它的每一个比特，就能保证它和原来的一样。

## 15.2 互联网时代

最早的时候，电子计算机的使用者并不是普通大众，他们也玩不转，毕竟玩起来太复杂。但是现在，普通人的生活也和电子计算机密切相关，并且越来越离不开它，人类的生活已经越来越数字化了。

君不见，数字已经左右了我们的生活。上网阅读新闻取代了传统的报纸；网络购物取代了逛商场，在桌面电脑和手机上就能买到车票；即使是出门购物，我们也不用携带现金，直接用手机就可以便捷支付。

当然，所有这些活动之所以能够如此便利，而电子计算机之所以能够如此迅速地融入到普通人的生活，完全依赖于一项基础设施的推进和应用：互联网，没有全球范围内的互联网络，就掀不起全球范围内的数字化浪潮，也没有今天的数字化生存。

不过要说起来呢，这最早的网络也不是现今规模上的互联网络，而且发明网络的目的也不是给普通人用。这也难怪，那个时候的科学家怎么能想到现在的人会在网上购物？自然，他们也不会因为现在的人要在网上聊天或者付款而发明互联网。

将计算机联网的目的是在它们之间互相发送数据，这些数据可能是程序、消息、文档内容、商务或者金融方面的信息，等，我们称之为通信。而为了组成一个网络，需要将每台计算机都彼此连接起来，这是很容易理解的事情。

为了将计算机连接起来，可以根据实际情况使用不同的介质。例如，如果距离很近，可以使用普通的同轴电缆或者双绞网线，如果不在乎成本，也可以使用光纤电缆；如果距离较远，可以铺设光纤；如果铺设光纤比较困难，可以使用利用现成的电话线路；如果距离实在太过遥远，还可以租用卫星，通过卫星进行中转连接。

同轴电缆已经看不到了，要想过过眼瘾，估计只能到电脑历史博物馆，而双绞线并不是指绞合在一起的照明电线，而是指我们现在很常用的网线——那种相对柔软的、带有胶皮外壳和水晶头的管子，在胶皮外壳里，是很多股两两绞在一起的铜线。

我们现在用的双绞线，是由 8 根带皮的铜线两两绞合在一起，安装在一个接头上的，通常叫水晶头，因为很多家庭和办公室都要联网，所以这种线和接头大家应该都见过。有一次，我正在单位的前楼工作，后楼的朋友打电话说他们正在自己做网线，但是遇到问题了，让我赶紧过去救驾。

8 根线不是两两绞合的么，要安装到水晶头里，必须把这 8 根线解开，拉直，并排平放，然后塞进水晶头里用压线钳压紧。他们就捋啊拽啊，弄完之后发现 8 根线不一般齐，长的长，短的短，不知道怎么才能把它掐齐了。我说这压线钳上不是有一个小铡刀吗，用它一铡不就整齐了吗！大家一听，连忙说："哎呀，惭愧！真的是不知道啊！"

至于光纤，就是光导纤维，它是玻璃或塑料制成的纤维，可以因为它优良的全反射性能而传导光线。光纤非常细微，并且被封装在塑料护套中，这样它就能够弯曲而不至于断裂。相对于电力在电线上传输的损耗，光在光导纤维中传导时的损耗要低得多，所以光纤被用作长距离的信息传递。商业化的光纤产品出现在 1984 年，但光纤的正式大规模采用是 1993 年之后的事。铺设电缆要消耗大量的铜，而光纤则不需要。

1966 年，光纤通信之父、华裔科学家高锟首次在论文中提出，建议使用玻璃纤维来实现光通信，这一概念性的提法开启了现今光纤通信的帷幕。他认为，只要解决好玻璃的纯度和成分等问题，光纤即可成功用于通信，高纯度的石英玻璃是制造这种光纤的首选材料。

在高锟本人，以及整个通信行业的努力下，光纤对后来的整个通信产业起到了革命性的影响，也成为整个通信行业的基础，有力地推动了诸如互联网等全球宽带通信系统的发展。在如今的地球上，每时每刻都有光流动在纤细如线的玻璃丝中，向四面八方传递着文本、音乐、图片和视频。正因如此，2009 年 10 月 6 日，高锟获得了 2009 年诺贝尔物理学奖。

图 15.2　光通信之父——高锟

不同的联网介质决定了信息是如何被转换和传送的。例如，使用光纤，则计算机内的二进制数据将用于对光波进行调制；如果使用电话线，则二进制数据必须调制为语音信号以适应电话网络的要求，或者调制成能够同语音通话信号相互分离的高频信号；如果使用无线电波，则需要用二进制数据进行调制，有点类似于通过无线电波传送声音和图像。

不管是采用什么介质，如何转换，在信息的接收方还要将数据解调为原来的二进制形式。为此，每台计算机都应当配备网络 I/O 接口。我们在上一章里已经讲过 I/O 接口，网络 I/O 接口用于进行上述双向转换。在桌面计算机里，这样的网络 I/O 接口就是我们通常所说的网卡。

今天的全球互联网又称因特网，其结构非常复杂，要想把它的每个细节都讲得清清楚楚，不是一本书能够做到的。但是，如果仅仅是科普，观其大略，它又是非常简单的。

如图 15.3 所示，在全球范围内，所有参与网络的计算机都可以根据自己的现实条件来选择连接方式。比如，移动设备用户可以在家里使用 WIFI，在外面可以使用 GSM 蜂窝移动网络，这都是无线上网；再比如，家里或者公司里的桌面计算机可以使用双绞网线或者光纤连接到互联网络，条件比较差的地方可以使用现成的电话线路。

很显然，要把所有用户都连接起来，共同组建一个能够互相访问的计算机网络，靠个人是无法完成的，需要有实力的大公司才行。他们采购设备，铺设线路，而个人和家庭里的计算机只是他们的一个个终端。各个大公司以及它们的子公司通常只在有限的地理区域内运作（比如一个县、一个市或者一个省），但它们之间可以互相连接，这样才能真正形成全球范围内的互联网络。

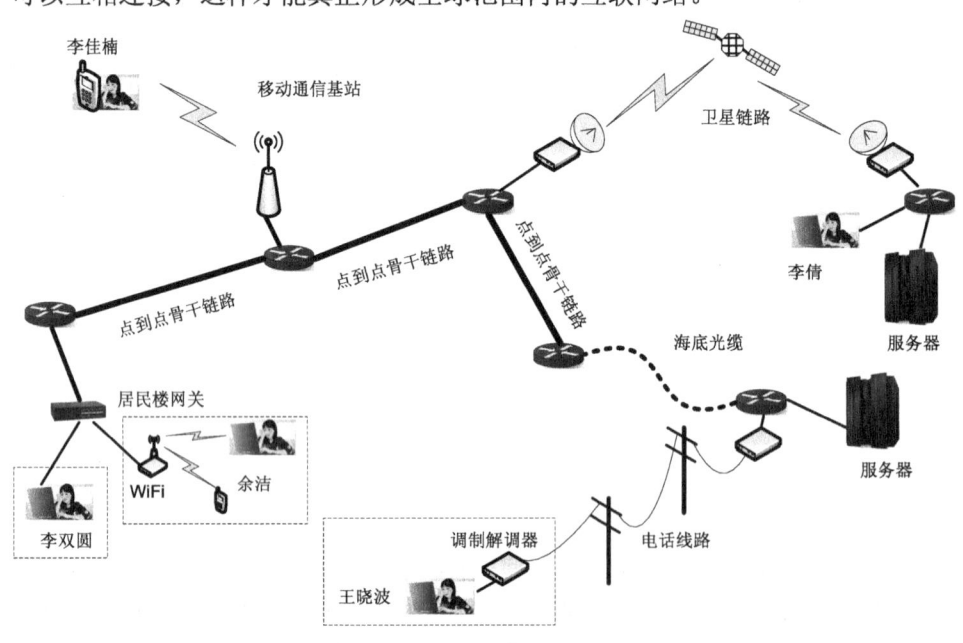

图 15.3 互联网络示意图

在互联网上，任何计算机要发送数据，都必须先切割成较小的片段，而不是连续传送。但是，为什么我们不能象打电话那样连续传送呢？

打电话时，最困难的工作不是等你把话说完，然后撂下电话，而是为本次通话建立起一条处处连通的线路。一旦这些工作做完，剩下的事就简单了，你说的话和对方说的话将在这些建立好的线路上来回传输，这也是为什么每通电话的第一分钟收费较贵。

# 第15章
## 数字化生存

但是，计算机之间的通信带有突发的性质，而且非常频繁，这就和打电话不同了，谁没事总打电话？但计算机却需要时不时地交流一番。如果计算机们每次对话时都要花很大代价来实现到目的地的处处连接，整个系统的工作效率也会大打折扣。这还没考虑一对多的计算机通信，这在网络中是非常正常的需求，但电话系统用于支持多方通话的成本更高。

电话网的容量是有限的，允许多少人同时打电话，这有一个极限。当你摘机并拨号后，如果电话系统找不到空闲的线路，你就会收到电话局提前录制的、温柔的提示音："线路忙，请稍后再拨"。就象我们说的，人们不会没事整天在那里打电话，所以遇到线路忙的几率较小。

计算机网络的容量当然也是有极限的，而且由于计算机通信的突发性和频繁性，它比电话网络更繁忙。如果计算机之间的交流也采用按需的固定连接，那么它将比电话网络更容易陷入瘫痪。在最极端的情况下，如果所有的计算机都在下载大片，而且是一直在线，整天成宿地下载；与此同时，有一个用户想发送一个非常简单，但却非常重要的消息，尽管只需要不到一眨眼的工夫就能完成，但却不能分配到空闲的线路，该怎么办？

考虑到上述因素，互联网的先行者，这些绝顶聪明的蜘蛛们，决定改弦更张，使用全新的方案。他们的计划是这样的：在这张网上，任何计算机想要说话，都不必提前建立固定的连接，直接说出来就行了，直接发送到离它最近的那台电子计算机，由这台计算机负责处理就可以了。不过，它所说的话将被拆分成固定长度的片断后才能一个一个地发送出去。

然后，在这个片段到达目的地之前，它将经过不同的网络和不同的路径，而这条路径上的每一个节点都将把这个片段存储起来，然后向另一条线路转发，这就是存储－转发技术。

存储－转发是一种多路复用技术，这就好比是城市交通，车很多，但不可能为每辆车都修一条专用道路。所以，这些车必须在同一条道路上行驶，这就是复用，实现多路复用技术的典型设备是交换机。

如图15.4所示，余洁、李倩和李惠可以互发消息，李双圆、王晓波和李佳楠也可以互发消息，这是肯定的。但是，如果她们要通过两台交换机向远端互发消息，则，这些消息就要经过中间的公共线路。此时，这些消息先在左边那台交换机的公共线路端口排队，然后一个一个地发送到另一台交换机。

而对于右边那台交换机来说，它需要一个一个接收这些数据块，然后再一个一个地发送到它们的目的地。如果任何一台计算机发送的速度过快，交换机来不及将它们排队和转发，则有些消息将会被丢弃，这称为"拥塞"。

余洁　　　　　　　　　　　　　　　　　　　　　李双圆

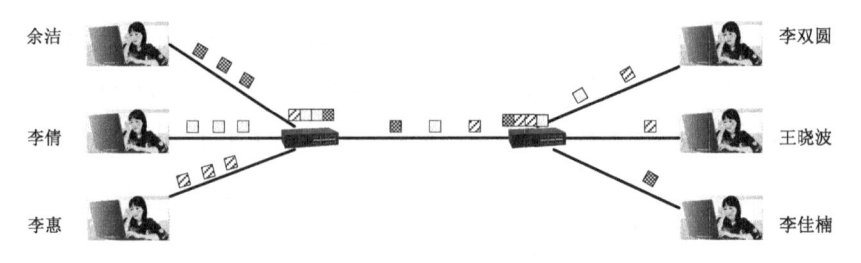

李倩　　　　　　　　　　　　　　　　　　　　　王晓波

李惠　　　　　　　　　　　　　　　　　　　　　李佳楠

图 15.4　基于交换机的多路复用

实际上，你家的楼道里就可能有这样的交换机，它用于汇集你家所在的那个楼单元的所有上网用户；然后，又有一台交换机用于汇集整个小区的上网用户，最终，整个城市的所有上网用户的数据都又汇集到一个中心设备里，在这里与其他城市互联。

问题在于，整个因特网是众多小网的集合，是小网的互联，它们之间的连接错综复杂，当一个数据片段离开某个计算机后，这一系列中间的环节是如何知道将它发送到哪条线路呢？它如何知道向哪条线路转发才能到达目的地呢？

秘密就在于互联网里的哼哈二将——IP 地址和路由器。为了能够彼此交流信息，每台接入互联网的计算机都必须分配一个独一无二的 IP 地址（当然，由于 IP 地址越来越紧缺，还是有办法让一些距离很近的计算机共享同一个对外可见的 IP 地址，比如家里的台式 PC 和移动设备，它们共享同一个出口地址）。

IP 地址是一个 32 比特的二进制数字，存储在每台上网的计算机里。这 32 个比特折合 4 个字节，在生活中，我们习惯于把每个字节的数值用十进制写出，字节之间用"."分隔，这叫做"点分十进制"。因此，一个可能的 IP 地址是这样的：

202.98.5.68

因为每个字节可以表示从 0 到 255 的数，所以，4 个字节可以表示的 IP 地址，从理论上来说是 0.0.0.0 到 255.255.255.255，共有 40 多亿个。当然，也不是所有的 IP 地址都用于分配给网络上的计算机，有些 IP 地址有特殊的用途。

IP 地址是紧缺的资源。表面上看，40 亿个很多，但实际上能用的很少，其主要原因，一是上网的设备越来越多，二是有很多 IP 地址在当初就被做为参与因特网建设的功勋奖赐给了一些大公司（虽然他们用不完，但也不愿拿出来）。尽管很早以前就提出了一个 128 位的新编址方案，但完全部署尚需时日。

当一台计算机向另一台计算机发送数据时，如果数据量较大，将被切割成小的片段，然后，安装在计算机上的网络程序将对这些片段进行封装，就象把信装进信封，或者将物品捆成包裹。封装无非就是在原有的内容上添加额外的数据，包括本机的 IP 地址和目标计算机的 IP 地址，等。一旦封装完成，数据片段就成为（被称为）IP 分组。

全球范围的互联网，或者说因特网，是各种不同网络的互联，而不同的网络使用不同的组网技术，如图 15.3 中的点到点链路、卫星链路和电话网络。之所以存在这么多种网络，无非是因为它们有着各种不同的组网条件、目标、成本和技术考量，而且大多数网络类型在因特网组建之前就已经存在了，因特网的想法是利用现有的网络基础设施，而不是另起炉灶。

和交换机一样，路由器也是多端口的设备，在图 15.3 中我们用小圆饼一样的图形来表示。但是，与传统的交换机不同，路由器的每个端口工作在与它相连的网络上，并且与同它相连的网络使用相同的工作机制，就象是那个网络里的一台普通电脑一样参与所在网络的运作。这是一种伪装术，路由器的每个端口被设置成不同网络内的成员，而且遵循相应网络的通信规程。

所以，在离开发送者的计算机或者离开路由器的某个端口之前，IP 分组还要再加一层封装，以适应当前网络的传递格式，否则它无法在当前所在的网络内部传送。不同的网络将使用不同的封装方法和封装格式，这称为帧。

同一个网络内部的所有计算机都能够识别当前网络的帧格式，毕竟它们是一家人。当然，与该网络连接的路由器端口也被视为这个网络的成员，也能够识别该网络的帧格式。

每台路由器都有个电子表格，称为路由表，它记录了每个出口都对应着哪些 IP 地址。因此，当路由器从某个端口收到一个帧时，它将帧的封装去掉，取出里面的 IP 分组，查看目标计算机的 IP 地址。然后，通过检索路由表，就知道从哪个端口发送出去。同样的道理，这个端口也与另一个网络相连，因此，路由器在转发之前，要将 IP 分组重新封装成那个网络的帧。

对于路由器，一个可能的问题是，每台路由器的路由表有多大，它是否包含了地球上每一台上网的计算机的 IP 地址？答案是不必要，也不太可能。路由器的内存空间有限，存不了太多条目；即使是能够存得下，那么，光是检索路由表就得费大量时间，不能容忍。

按照互联网管理机构的建议，IP 地址应当按层次进行分配，这样的话在同一个方向就能够实现聚合。如图 15.5 所示，这是一个大的网络，通过左边的路由器与其他网络互联，所以这个路由器也叫边界路由器。

为了将这个大网接入因特网，需要由互联网地址分配机构从整个地址空间中割出一块来分配给它。假定分配给它的地址块是 181.2.*.*，星号的意思是数字由这个网络自行分配给内部的每台计算机，所以这个大网将将有 6 万多台计算机可以上网。

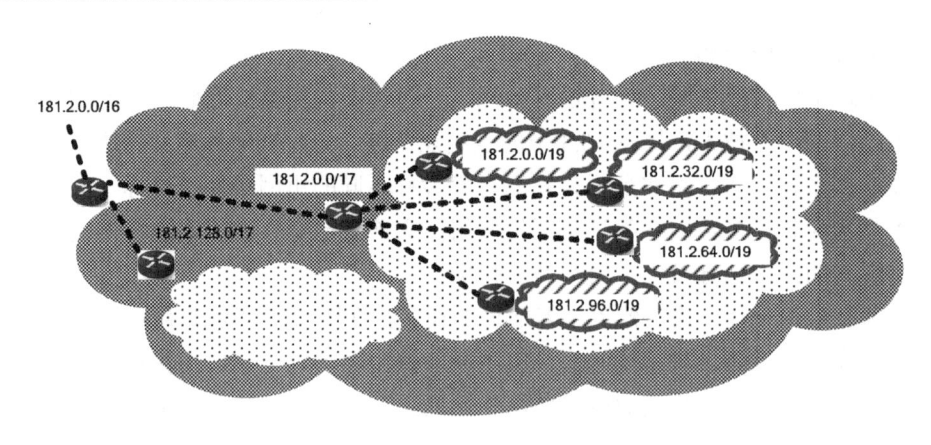

图 15.5　路由的分层和聚合

在这种情况下，用于连接这个大网的路由器端口并不需要 6 万多个条目，它只需要一个条目：181.2.0.0/16，意思是，在收到一个 IP 分组时，如果其目的 IP 地址的前 16 位可以用点分法表示成 181.2，就转发到这个大网。

由图中可以看出，这个大网实际上由一些小网通过路由器连接而成。但是使用相同的方法，依然可以实现分层的路由聚合。

再高精尖的东西，只要是和衣食住行玩能挂上钩，就能在普通大众里普及开来，尽管他们原先是毫不关心这些东西。十年前，"流量"和"兆"在计算机科学中还是非常专业的词汇，只有这个领域里的行家才明白它们的意思。两年前，当智能手机逐渐普及时，我在公交车上听到一对情侣在谈论他们的手机每个月有多少流量，男士说："我这个月还有五十艾姆。"我一听就明白了，噢，其实就是 50 兆啊，通常记为 50M。

这也难怪，事物的发展都是渐进的，在大爆发大流行之前都有一个高不成低不就的青涩期。在这个阶段，人们正慢慢接受一件新事物，但还没有完全了解和适应，因此，50 兆也就很容易变成 50 艾姆。这让我想起了二十多年前，国产的文字处理软件 WPS 甚至比 WORD 还要流行，但是我听说有人将它读成"窝婆丝"，他是故意的吧？

面向大众的互联网应用最早可以追溯到网页浏览、网络论坛、电子邮件，随后又扩展到网络社交、网络金融、网络教育、网络视频、网络音乐、电子商务、网络游戏、移动支付，甚至连各级政府都成立了在线服务。现在，我们出门可以通过网络 APP 打车，自己开车的时候如果不知道路线，还可以用手机导航；购物可以通过手机支付；吃饭可以在网上订餐；出门可以通过网络购票；业务交流可以通过即时通信软件；没事的时候还可以发发微博。

除此之外，与我们生活息息相关的还有网络医疗、网络地产信息服务、网络招聘、网络旅游信息服务、以网络为依托的婚恋交友、母婴服务、网络文学、网络科普，等。

互联网的发展有一种将所有东西都连到网上的趋势，因为人们越来越倾向于通过网络来实现各种设备的定位、跟踪、监控和管理。比如说，家里的热水器可以连到网上，当你下班的时候，在路上就可以远程打开热水器并设定温度，到家就可以立即洗澡；再比如，城市里的每台公交车都可以安装卫星定位系统，并通过网络将自己的位置上传到服务器。这样，市民就可以通过自己手机上的公交 APP 获知下一趟公交车什么时候到站，合理安排出行。

拿我自己的情况来说，我从学校一毕业就一直在外地工作，很少待在父母身边，后来更是在东北的长春成了家，娶了个地地道道的长春姑娘为妻。这样说来，离父母远吗？当然，离我的岳父母倒是不远，坐上车一溜烟就到了，可是你要知道，我老家在湖北丹江口市，离长春足足有 2000 多公里。

我母亲现在七十多岁，再过几年就八十了。她住在城市郊区，那里是全市的制高点，旁边是园林局的地盘，草木葱郁，空气很好，推开门，整个城市尽收眼底。她习惯单住，不愿住在儿女家里，觉得自己一个人生活很自由，还能在道边开几垄小地，点几枚豆，种几片芝麻，排几趟葱，无比快活。更何况，这个地方离我二姐和我二哥家不远，方便照应。

年轻的时候，总是在往前奔，极少回顾过往；上了年纪之后，反而越来越容易想起以前的事情，特别是小时候的事情，这是我的人生体会。很多时候我在想，如果我不跑这么远，就在老家找一份工作，每天都在离她几米之内的地方出现，每天睡觉的时候也只是隔着一堵墙，每天都会说话，无所谓说的是什么杂七杂八的事，即使不用刻意为她洗脚，也是一种只能体会而不需要言传的幸福。

好吧，我们可以远距离通信，这是唯一的弥补之法。所幸的是现在不但电话费低，而且网络发达。每天晚上我都要和母亲大人通话，因为她不会使用智能终端，所以我给她打长途电话，每个月套餐内的通话时长可能还使不完。相比之下，我和哥哥姐姐们交流则使用即时通讯软件，通过视频进行。前几天他们都回我妈家吃饭，而我也正在吃饭，于是我们通过视频交流。电脑终端就在我面前，他们那里也是一样，我们互相能够看见，也能听到对方说话。我们彼此通过屏幕频频举杯，快乐交谈，仿佛就在同一个桌子上吃饭。如果条件允许，我更希望能在我家客厅和我妈的客厅里装上大屏幕和摄像头，彼此都能实时看到对方家里的情景，也许能让我们感觉彼此是生活在一起的，尽管我们实际上相隔两千多公里。

互联网上的任何两台计算机都可以发送和接收数据，这是一对一的通信。然而，由于公众的参与，现今的互联网更象是一个大规模的服务提供网络，这就造成了一对多的通信更为常见。

如图 15.3 所示，在互联网上，除了普通的计算机之外，还有一些特殊的计算机，叫做服务器。相对于普通的计算机，服务器有更大的内存，更快的处理器，还有更大的磁盘空间，而且象磁盘和电源系统都有备份以支持全天候的运行并保证不会失效。

服务器的典型例子是 WEB 服务器，它允许全球范围内的用户向它请求一个网页。当你在浏览器的地址栏里输入 http://www.huawei.com/时，就会出现华为公司的主页，如图 15.6 所示。

图 15.6 访问 WEB 服务器的例子

实际上，所有在互联网上提供的公众服务都依赖于一对多的通信，从购物、订餐、购票等。

尽管因特网给我们带来了那么多的好处，但它也有很多负面的东西，甚至会给我们带来生活带来风险。自从智能手机出现之后，无论是在路上，车上还是在各种社交场合，到处都是低头看手机的人，于是有些人撞了车，有些人掉进了河里，还有些人在饭桌上被长辈掀了桌子。

除了让人受伤和影响亲情，其他风险则体现在数据被破坏，或者财物的损失上。基于互联网的破坏行为和欺诈行为层出不穷，手段花样翻新，已经成为一个严重的社会问题。

爱玩是人类的天性，在电子计算机刚发明还没多久的时候，就有人琢磨着编写个游戏程序来玩，这些人还都是研究电子计算机的专家！电子游戏依赖于高性能的显示 I/O 接口，比如显卡。时至今日，有些显卡 GPU 的性能已经超过了计算机内部的中央处理器 CPU，有些显卡的价格比普通的桌面计算机都贵。

然而我们在这里要说的并不仅仅是图形处理技术，而是很多社会大众已经沉迷于网络游戏而无法自拔。特别是学生，由于沉迷于网络游戏，很多人学业荒废，视力下降，严重影响了他们的生理和心理健康。

从过去的经验来看，人类社会的数字化进程加速了社会成员在知识、技能和劳动机会上的分裂，产生了所谓的数字鸿沟。尽管现代的社会提倡按劳分配，但是劳动机会并不均等，谁都想待在洁净明亮的办公室，衣着光鲜地从事轻松的劳动，而不是象我哥哥一样从事繁重的家庭装修工作，但这样的好工作并不是人人都能够得到。

工业革命时期，机器代替手工生产是一大进步，但这种进步是以大量产业工人失业为代价的。此时，懂机器的人能够获得劳动机会，而不懂机器的人则面临失业。从人类历史长河来看，机器代替人力是一种进步，但具体到那个时代，具体到每个家庭，自有其酸甜苦辣和悲欢离合。

在现今的数字化时代，不懂得如何利用计算机和数字技术的人，即将或者正在随着他们的岗位被数字化而淘汰和边缘化，这已经不是长辈和后辈能不能有共同话题或者老年人如何学会使用手机那么简单了。

## 15.3 大数据和人工智能

不管是哪个年龄阶层的人，多学点计算机知识没坏处，起码不会被买卖人糊弄住，因为他们喜欢发明各种术语。

基于服务器的网络服务应用可以收集用户的行为数据，从而形成一个具有海量记录的数据库。一个典型的例子是互联网购票，每个用户通过桌面计算机或者移动设备购票时，都要填写出发地和目的地，以及出发时间等资料。这样，就会产生巨量的购票记录，这些数据可以帮助交通运输单位分析各种出行数据，包括哪些线路较为繁忙，从而有助于通过调整车次等措施改进运输状况。

不单单是交通运输业，其他通过网络提供服务的行业也能采集到海量的数据，包括金融、电子商务和网络社交等。这本是很自然的事，但是它竟然成了一门学问，海量的数据成了所谓的"大数据"，还要通过专门的手段来加以研究、分析和决策。

相比之下，人工智能并不是一个新的术语，但已经被滥用以致于让人们觉得现在的机器已经能够媲美人脑。

早在1950年以前，计算机专家们就开始思考机器是否能够具有人类的思维和智能的问题。当年，英国数学家阿兰·图灵设计了一个测试，试图让人通过电传方式与机器对话，如果在5分钟内，人无法分辨出对方是一个人还是机器，则机器便可以被认为是具有人工智能。

可以想象，在后来的几十年里，机器当然是无法冒充人类，人机对话始终是不成功的。我们不否认随着技术的进步，人类能够以大量的数据为基础，并在这些知识之间建立有益的关联来模拟人类的思维过程，但是，除非人类对自己大脑的工作机制有充分的了解，否则这依然不会有什么大的进展。

当然，专家们肯定也认同这一点，所以才提出了机器学习的概念，以模拟人类大脑的学习过程。程序员可以把自己的思维过程变成指令来让处理器代替人工过程，而且随着处理器的速度越来越快，数据存储量越来越大，人类可以用更多的数据让计算机做出更加精细的判断处理（决策）；同时，我们可以编写程序，让机器在与外部环境的交互过程中，根据外部的反应来积累有用的"经验"数据，这就是机器学习。

正是引入了机器学习，2016年3月，由谷歌旗下团队开发的AlphaGo与围棋世界冠军、职业九段棋手李世石进行围棋人机大战，以4比1的总比分获胜；2017年5月，在中国乌镇围棋峰会上，它与世界围棋冠军柯洁对战，以3比0的总比分获胜，并引发了新一轮的人工智能热潮。

人与低级动物的区别之一就是人类具有自我意识，会思考自己从哪里来到哪里去，也就是"我是谁"；同时，人类还具有学习和思考的能力。从物质的观点来看，既然人类就能演化出智慧，为什么就不能有这样的机器？如果有一天人类破解了大脑的秘密，是不是就能造出这样的机器？

我相信很多人会持这样乐观的态度，但要想成为现实则需要一个过程。毋庸置疑的是，人工智能这个词在当下被过度使用了，以至于无论什么东西，但凡能够有一点自动化的，就敢被称为人工智能。难怪在2017年，清华大学的一个王姓知名教授在接受记者专访时说："胡扯，所谓的人工智能都是胡扯！"